U0186295

机器改变世界

吴保来◎著

光明日报出版社

图书在版编目（CIP）数据

机器改变世界 / 吴保来著．-- 北京：光明日报出版社，2022.5

ISBN 978-7-5194-6622-0

Ⅰ.①机… Ⅱ.①吴… Ⅲ.①科学技术—技术史—世界 Ⅳ.①N091

中国版本图书馆 CIP 数据核字（2022）第 094087 号

机器改变世界

JIQI GAIBIAN SHIJIE

著　　者：吴保来

责任编辑：石建峰　　　　责任校对：张彩霞

封面设计：中联华文　　　　责任印制：曹　净

出版发行：光明日报出版社

地　　址：北京市西城区永安路 106 号，100050

电　　话：010-63169890（咨询），010-63131930（邮购）

传　　真：010-63131930

网　　址：http://book.gmw.cn

E - mail：gmrbcbs@gmw.cn

法律顾问：北京市兰台律师事务所龚柳方律师

印　　刷：三河市华东印刷有限公司

装　　订：三河市华东印刷有限公司

本书如有破损、缺页、装订错误，请与本社联系调换，电话：010-63131930

开　　本：170mm×240mm

字　　数：316 千字　　　　印　　张：17

版　　次：2023 年 5 月第 1 版　　　　印　　次：2023 年 5 月第 1 次印刷

书　　号：ISBN 978-7-5194-6622-0

定　　价：98.00 元

前 言

20 世纪 90 年代末笔者曾看过一本武侠小说，名字叫《寻秦记》，是香港著名武侠小说家黄易的作品。这部小说共 25 卷，主角是一个来自 21 世纪特种部队的精锐战士，他因为时空机器发生意外而穿越到 2000 年前的战国时期。在那个中国最动荡和变化最剧烈的时代里，小说叙述了他崭露头角、流连情场、纵横七国，最终帮助嬴政统一天下后又避走塞外。这部小说可以说是穿越小说的鼻祖。自 2010 年以来，穿越时空已经成为一种潮流，小说、电影、电视剧、歌曲都开启了“穿越风”，好像已经达到“无处不可穿”的境地。

绝大部分的穿越故事都是从现代穿越到古代，还有很小一部分是从古代穿越到现代。现代穿越到古代的故事比较多，主要是方便主角把现代的科技知识带到古代社会，利用后世几百年、上千年知识累积的优势，进而站稳脚跟、走向成功，改变历史、拯救世界。那些穿越到古代的现代人对古代生活并不会感到很惊奇，即使有所惊奇，也能很快以开放性的思维坦然接受。

假如唐朝的大诗人李白穿越到现代，只不过跨越 1300 多年，但是，即使像他那样狂放不羁、豪迈洒脱的人，当他环顾四周时，也一定会对现代社会的“活色生香”感到惊诧。那么，什么最有可能让他啧啧称奇呢？如果是白天，肯定是街道上川流不息的车流，还有高耸入云的摩天大楼；如果是夜晚，一定是那能把黑夜渲染得五光十色的霓虹灯。他会发现自己处在一个完全陌生的、无法理解的世界。无论是汽车还是霓虹灯，它们都是现代科技的典型代表，是人类发明的一种伟大的物件——机器所创造的奇迹。

机器是从什么时候开始在人类历史上诞生，逐渐影响社会生活的方方面面，并最终成为决定世界未来的关键呢？很多人马上想到答案：工业革命时期。这个答案虽然没有错，但是仅仅把机器的作用提前到 18 世纪 60 年代未免有点狭隘。实际上，机器不仅在很早之前就已经出现，而且还渗透到人们的生产生活中。只是由于古代的历史变化缓慢，当时的人们难以观察到它的威力，还意识不到它未来将产生的巨大作用。

这里涉及的一个主要问题是：我们该如何定义机器？如果只有蒸汽机才能被称为真正意义上的“机器”，那么，它的确是伴随着英国工业革命发明出来的。但是如果认为近代之前没有机器的话，那么，我们把那些攻城机、投石机、水车、“木牛流马”等称为什么呢？机器等同于工具吗？毫无疑问，机器是由人类创造出来的工具，但是它只属于最常用的实体性工具，人们的思考方法、解决各类问题的方法也属于工具的一种。很显然，工具的范围要比机器更大一些。人们把那些能够代替人的劳动、进行能量转换、信息处理以及做有用功的东西都称之为机器。因此，可以说，机器贯穿于人类历史的全过程。从人类开始使用工具之后，就产生了机器，并且它帮助人类在漫长的历史进程中与大自然相抗争，使人类从弱小走向强大，从愚昧走向文明，从低级走向高级。

也许机器的轰鸣声打破了往日世界的宁静，也许汽车、火车的疾驰破坏了人们的平静，也许钢筋水泥筑造的摩天大楼消灭了陶渊明茅草屋“采菊东篱下”的悠然，粉碎了梭罗在瓦尔登湖边小木屋的简单，但是世界终究会变，而且不断在变化着。即使这种变化可能不是我们想要的，我们也无法回到过去那种想象中的美好，因为古代的美好真的就是一种想象。

现代世界虽然远远称不上完美，但与过去几百年相比，已经有了很大进步。有的人可能会不屑地反问：难道现代社会就是人间天堂？马克Ⅰ型坦克等新式武器被投入到第一次世界大战中，使索姆河、凡尔登变成了人类战争史上著名的“绞肉机”；广岛、长崎的原子弹爆炸导致几十万人死亡使日本被迫投降；号称“永不沉没”的泰坦尼克号在它的处女航中便遭遇海难，导致1517人丧命。污水横流、垃圾遍地、空气污染、动植物灭绝在最近几百年日趋严重。这些事件难道还不足以说明问题吗？我们以为的科技进步、社会发展，会带来了更大的灾难吗？

的确，这些都是因为改变付出的惨痛代价。每当笔者爬山时，看到发射塔伪装成松树就觉得莫名的好笑；还有在山巅上，那些巨大的风力发电机的扇叶在缓慢地转动时，感到特别违和；一些景点被拧成一团乱麻的电线围绕，也十分魔幻；夜深人静时，被邻居家嗡嗡的电钻声吵醒后更是让人懊恼。但是，我们也因改变而变得越来越富有，拥有更多琳琅满目的商品，更便捷的交通工具，更多的交流和娱乐设备，更长的寿命。

现代世界何时形成的，又是如何改变的？世界如何变成了现在这个模样？在这种改变背后隐藏着什么东西，是什么力量在操纵着这些改变？我们生活的世界是一个崭新的、被创造出来的世界吗？有哪些东西改变了，哪些东西却没改变呢？这些问题都是本书要关注的重要问题，但是由于自然界自身的不断演化，再加上人类历史的久远性、社会的复杂性，我们不可能在一个短小的篇幅中解释所有问题，只能尝试着去描述一下历史变迁过程中一些较大的轮廓，试着去解答造成这些变化的原因，无法面面俱到。

当然，这个世界也不是一下就变成这个样子的。人类世界最大的改变是从西欧开始的，这是有目共睹、无可置疑的。具体来说，最初的迹象是从英国出现，然后逐渐扩展到亚洲、非洲、美洲，再蔓延到全世界。因此，近代以来，西方的工业文明主导了世界的进程，形成了一个机器时代。直到今天，机器时代仍然在持续地朝着未知的方向发展着，尤其是人工智能的快速演变让一部分人欢欣鼓舞，却让另一部分人忧心忡忡。

我们的科技在发展，新的机器不断产生，在不远的将来，我们能够移民到火星甚至更遥远的星球，一个新的世界又将呈现在我们眼前，宇宙的浩渺需要人类不断探索。如果没有人类自身思想观念和行为的改变，还是把私欲和利益当作出发点，那么，不断推进的改变到底有什么意义呢？仅仅是物理世界的改变还是不够的，最关键的是要改变人心，改变那种愚昧、落后、狭隘的世界观和价值观，同心协力，共同努力，朝着更崇高、更文明、更有意义的方向进发，我们才能开创一个更美好的未来。

目　录
CONTENTS

第一章　什么是机器

想必很多人都听说过《人是机器》这本书，它是法国医生、哲学家拉·美特里（La Mettrie）于1748年在荷兰以匿名的方式发表的一部著作，引起了巨大的争议，拉·美特里被视为18世纪启蒙运动唯物主义的代表人物。在这本书中，拉·美特里明确指出：人的身体是一架巨大的、极其精细而巧妙的钟表，而且人的精神活动也完全由其身体状况决定。宇宙间存在着一种物质组织，而人则是其中最完善的。作为一名医生，拉·美特里是成功的，他从不缺少病人，而他却在由他治愈的一位贵族为他举办的宴会上暴饮暴食后死去。但这并不妨碍他在哲学上的成功，他的小册子一经发表，立即引起了教会等势力的激烈反击，讨伐的浪潮随之而来，甚至连思想比较开明的荷兰人都难以接受书中的观点。于是，他不得不迁移到柏林，成为当时实行开明专制的普鲁士国王腓特烈二世的御医。

自从《人是机器》发表以后，人们关于生命本质的争论一刻也没有停止过。人到底是什么？为什么要把人比喻成机器，而不是把机器看作人呢？难道机器不是人模仿人类自己的器官创造出来的工具吗？为了驳斥美特里的观点，出现了《人不是机器》《论人的机器与灵魂》《驳人是机器》等著作。1926年，意大利哲学家里格纳诺发表了《人不是机器——生命终极目的论研究》，该研究从目的论的角度否定了美特里的观点。这引起了另外一位中国科学技术史造诣很深的科学史大家李约瑟的不满，他很快发表了同样名为《人是机器》的书反驳之，只不过该书有一个副标题，名为“答里格纳诺的一部无事实根据的非科学著作《人不是机器》”。

李约瑟在书中指出：唯物主义和机械论是科学思想的根基，而以往绝大部分哲学家如柏拉图、亚里士多德、培根、笛卡儿、莱布尼茨、休谟却过多地赋予目的论以意义，所以在科学内消除目的论的唯一方式就是像卢克莱修那样宣布目的论并不存在。他认为，目的论和机械论虽然都不应被忽视，但二者无法统一起来，尽管它们相互补充，但是只有在超验事物上，二者才能统一起来。

存在两种解释世界的观点是源于我们自身思考问题的方式不同，科学的机械论其实是不干涉或排斥泛目的论在其中起作用的哲学思辨。正是基于这样一种主观感觉，他把人称为机器，否则科学便不可能存在。这种立场被李约瑟称为“新机械论”，用以区别新活力论和新目的论。他指出，新机械论既确立了生命机械论的最高地位，又承认这是一种方法论上的虚构。那么，什么是机器？

一、中国典籍中的“机器”

古代汉语中“机”和“器”具有不同的含义，“机”有机械、机关等含义，如《战国策·宋策》中有“公输盘为楚设机，将以攻宋”的句子，意思是：公输盘为楚国制造攻城的云梯，预备用来攻打宋国。《后汉书·文苑传下·赵壹》中有“有一穷鸟，戢翼原野。罼网加上，机阱在下”。唐高宗的儿子章怀太子李贤解释为：“机，捕兽机槛也。阱，穿地陷兽。”东汉的张衡发明了地动仪，《后汉书·张衡传》对此是这样描述的：“衡善机巧。”意思是说：张衡善于器械制造方面的巧思。

张衡到底有多擅长制造器械呢？书中是这样记载的：顺帝阳嘉元年，张衡又制造了候风地动仪。这个地动仪是用纯铜铸造的，直径有八尺，上下两部分相合盖住，中央凸起，样子像个大酒樽。外面用篆体文字和山龟鸟兽的图案进行装饰。内部中央有根粗大的铜柱，铜柱的周围伸出八条滑道，其中还安装有枢纽，用来拨动机件。外面有八条龙，龙口各含一枚铜丸，龙头下面各有一个蛤蟆张着嘴巴，准备接住龙口吐出的铜丸。仪器的枢纽和机件制造得很精巧，都隐藏在酒樽形的仪器中，严密得没有一点缝隙。如果发生地震，仪器外面的龙就震动起来，机关发动，龙口吐出铜丸，下面的蛤蟆就把它接住。铜丸震击的声音清脆响亮，守候机器的人因此得知发生地震的消息。地震发生时只有一条龙的机关发动，另外七个龙头丝毫不动。按照震动的龙头所指的方向去寻找，就能知道地震的方位。用实际发生的地震来检验仪器，彼此完全相符，地动仪真是灵验。有一次，一条龙的机关发动了，可是洛阳并没有震感，京城的学者都奇怪它这次没有应验。几天之后，传送文书的人来到洛阳，证明在陇西地区发生了地震，大家这才叹服地动仪的绝妙。从此以后，朝廷就责成史官根据地动仪记载每次地震发生的方位。从以上的描述中，我们看到中国古代的机器制造还是可圈可点的，甚至在今天，我们也无法完全模拟制造张衡的地动仪。当然，史书中的记载也不能全信，也会有夸张或想象的成分在里面，毕竟不是作者亲眼所见，以讹传讹的可能性也是有的，何况即使是亲眼所见，在当时的条件下也无法像今天的科学实验那样进行验证。

“器”的字形就是四周各有个“口”，“犬”在中间。《说文解字》中对“器”的解释是：皿也。象器之口，犬所以守之。皿就是盛饭用的东西，器物很多，所以要用狗来看守。清代的段玉裁在他的《说文解字注》中这样解释：有所盛曰器。无所盛曰械。能够盛放东西的就是“器”，不能盛放东西的就叫“械”。如：枷械、攻城的云梯等都是“械”。

《论语》中有一句话：君子不器。如果直译就是“君子不是器物”，但是显然这样翻译后还是不知道这句话的真正含义。孔子认为，君子不要把实用和功利性的价值追求作为最终目的。有时候追求看似无用的大道比追求一时有用的小道更可贵，就像庄子说的“无用之用”。

正如很多人都在说：哲学没有什么实用性，基础科学不能创造眼前利益，我们没有必要那么在乎。这就使 20 世纪 50 年代以来，哲学、基础科学几乎没有什么发展，它们都处于停滞状态。无论是人类的精神层面，还是世界的物理层面，我们都好像触碰到了一个天花板，或者说，我们处在一个“低垂的果实”几乎已经被摘完的时代。各个学科能够摘到的“果实”都已经被摘完，那些处于大树顶端的果实，必须要有所突破才能摘到，但突破并不简单，往往需要付出巨大的代价。还有人用《三体》中的“智子”来形容今天的状况，三体人因为担心地球科技的发展加速，所以用“智子”锁死了地球科技的发展。如果我们不能打破横亘在我们面前的这堵“墙”，没有对世界本质的持续渴求，那么，技术也只不过是更精细化，机器也无非更加精良化，世界虽然会改变，但是绝不是朝着我们所想要的方向改变。

“机器”这个词在古代也有连用的时候，如北宋的黄庭坚在《和谢公定河朔漫成》中写道：“直渠杀势烦才吏，机器爬沙聚水兵。”他以此讽刺新党用铁龙爪、浚川耙等机械爬沙治河犹如儿戏。明朝的何景明在《水车赋》中写道：“曰有机器，用以斢水，方轮圜枢，运之则起，矫若从逆，顺若易挠。”他这里就把水车称为机器。

到了清朝末期，“机器”一词的使用才逐渐多了起来。如 1842 年，魏源在其编撰的《海国图志》中记载：“不致毁裂机器也。”1859 年，李善兰在《重学》中用“火机器”一词指代蒸汽机。此后，洋务运动就开始大量使用“机器”一词。李鸿章在致总理衙门的函中介绍了他的洋炮局从上海迁到苏州的情况，他写道：“敝处顷有西人汽炉、旋木、打眼、铰螺旋、铸弹诸机器，皆绾于汽炉，……不靠人力之运动。惜所购机器未齐，洋匠未精，未能制造轮船长炮，仅可铿铸炸弹而已。”洋务派官员的奏折和论著中越来越多地使用“机器”一词。1865 年，李鸿章创办江南机器制造总局，随后，清朝先后开办了二十几个

“机器局”。上海、广州等城市也出现了一些民营的机器厂，机器这个词的现代含义也与西方接轨，并成为西方技术和产业的代名词。

与“机”“器”“械”相类似的词中，还有一个“机械”，在古汉语中也可以找到印迹。如早在战国时期，《庄子》中的一段文字描述了古老的桔槔（一种原始的汲水工具，在商代就已经开始使用，俗称“吊杆”“称杆”），其中既解释了“机”，又解释了“械”，还有两者连用的“机械”一词。

《庄子·外篇·天地》中有这么一段话：子贡南游于楚，反于晋，过汉阴，见一丈人方将为圃畦，凿隧而入井，抱瓮而出灌，搰然用力甚多而见功寡。子贡曰：“有械于此，一日浸百畦，用力甚寡而见功多，夫子不欲乎？”为圃者仰而视之曰：“奈何？”曰：“凿木为机，后重前轻，挈水若抽，数如泆汤，其名为槔。”为圃者忿然作色曰：“吾闻之吾师，有机械者必有机事，有机事者必有机心。机心存于胸中，则纯白不备。纯白不备则神生不定，神生不定者，道之所不载也。吾非不知，羞而不为也。”

从这段话中可以了解到：“机”是组成桔槔这种“械”的基本组成部分，指的是零部件，“械”指的是这类装置的整体，“机”使“械”具有用较少的力做更多功的功能，所以，“机械”是指“机巧”或“灵便”的装置，是由机巧的零件组成的装置，这就概括了机械的最基本的特征。

《韩非子》中也有类似的说法：“舟车、机械之利，用力少，致功大，则入多。”这同样强调了“机械”的特点。后来，汉朝的《淮南子》一书中写道：“故机械之心，藏于胸中，则纯白不粹，神德不全。”这显然是承袭了《庄子》有关“机心”的说法，把“机心”扩展为“机械之心”，便包含有了机巧、机诈的含义。于是，后人的文章中多次出现“机械”一词，就是告诫人们在为人处世时，要以诚信为本，少一些偷奸耍滑之心。

当然，“机械”作为指各种机巧的装置的本义也在古代典籍中经常使用，如晋朝的陆机在《辩亡论》中用“机械”表示某种军用器械：“昔蜀之初亡，朝臣异谋，或欲积石以险其流，或欲机械以御其变。”北宋诗人苏轼在《东坡志林》中称盐井的“取水筒”（一种提水装置）为“机械”，“凡筒井皆用机械，利之所在，人无不知”。

王祯的《农书》和宋应星的《天工开物》中都曾用“机械”一词强调那些机巧的器械。丁拱辰在1843年出版的《西洋火轮车火轮船图说》中介绍了欧洲的几种机械，他写道：“又有机械奇器，内安风鼓、磨、碓兼备者，俱不假人力，惟用水火牛马运转。”这里描述的是农业机械，使用了蒸汽机。19世纪后期，用“机器”要比用“机械”的场合更多。直到1895年，盛宣怀创办天津中西学堂，他以美国哈佛大学、耶鲁大学的学制为蓝本，设立四个“门”，其中就有“机械工学”。于是，机械终于成为一门学科的标志性词汇。特别是20世纪以来，机械成为各种装置的总称，它包含了“机器”。

1930年，刘仙洲参考19世纪后期和20世纪初期西方教科书中对机械的定义，给“机械”下了一个中文定义：“机械者，两个以上之物体之组合体，动其一部则其余各部分各发生一定之相对运动或限制运动，吾人得利用之使一种天然能力或机械能力发生一定之效果工作者也。”如果按照这个定义来看，许多简单工具都可以划入机械的范围之中。

二、西方人眼中的“机器”

在英语世界里，机器与机械的词根是一样的，它们都起源于希腊语μηχανή，意思是“诡计、机器、引擎”等，我们可以从中推导出“权宜之计、补救措施”等含义。它不是一种精巧的技术装置，只不过是被戏弄或者被欺骗所造成的后果。

16世纪40年代，机器在中古法语中是指“装置、计谋、设备”等含义，在拉丁语中，Machina是指“引擎、军事机器、装置、诡计、仪器”等。Machine这个单词在16世纪后期和17世纪早期出现，主要是指剧院中的一种工艺，安装在屋顶上的索具用来升高或降低布景或演员，或者指军事攻城战争中的一种攻城装置。

牛津英语词典将机器正式的现代含义追溯到约翰·哈里斯（John Harris）编撰的《技术词典》（1704年）中，其中有机器一词，意思是指有足够的力来提高或停止一个物体的运动的任何东西。按照这个定义，他把简单机器分为六种，即平衡、杠杆、滑轮、车轮、楔子和螺丝。复合机器，也被称为发动机，则不计其数。发动机这个词最终是来自拉丁语的ingenium，即指“聪明才智，一项发明”。

为什么简单的工具也被认为是机器呢？原因很简单，因为像其他所有的机器一样，它们通过改变力使工作变得更容易。简单机器利用物理规律使工作变得更轻松，但是大多数机器都是复合机器，这意味着它们是由两个或更多的简单机器共同构成。机器制造者将简单的装置连接成精心设计的复合机器，他们主要通过杠杆和螺丝将简单机器连接起来，形成了复合机器。如锄头就是一个杠杆和一个楔子组合而成的工具。自行车也是复合机器，它由许多简单机器组成，如杠杆、车轮和车轴等。排水泵也是一个复合机器，它包括一个排列整齐的系统，可以连接到花园的软管上。

19世纪工业文化的高峰时期，机械理论家弗朗茨·勒洛（Fran Reuleaux）把机器定义为一种残忍的转化器，它把“自然力量无尽的自由”转化为“普通的外在力量不可撼动的秩序与规则”。他抓住了机器的欺骗本质，回到了古人对机器的观点。有人认为，我们一旦认可了每一项新技术都是一种尝试，要让自然服从于它的规则，达成这个目的的物质手段就是机器。

查尔斯·巴贝奇（Charles Babbage）在他的经典著作《论机械与制造业的经济学》中指出：一部机器能够精确地记录蒸汽机汽缸里活塞来回运动的次数。

总之，一个机器可以是任何设备，通过改变力，使工作变得更加容易。每当力使物体移动一段距离时，就完成了做功。完成的工作量由等式表示：功=力×距离。

当人使用机器时，人会对机器施加压力，这个力被称为输入力。反过来，机器对物体施加力。这种力称为输出力。输出力可能与输入力相同，也可能不同。施加到机器上的力施加在给定的距离上，被称为输入距离。机器施加到物体上的力也施加在一段距离上，被称为输出距离。输出距离可能与输入距离相同，也可能不同。

机器是一种机械机构，它使用电力或某种其他形式的动力源来施加力并控制运动。它这样做的目的是为了执行特定的操作，机器的操作可能涉及将化学能、热能、电能或核能转化为机械能，反之亦然，或者它的功能可能只是改变和传递力和运动。所有机器都有一个输入、一个输出和一个转换、修改和传输的设备。它可以增加或替代人类或动物为完成任务而付出的体力。人、动物、自然力、化学制品、电力或热量等都可以驱动机器。早期的机器是指由人类或动物驾驭的机械设备。

从自然来源（如气流、流动的水、煤、石油或铀）获得输入能量并将其转化为机械能的机器被称为原动机。风车、水车、涡轮机、蒸汽机和内燃机都是原动机。在这些机器中，输入各不相同，输出的通常是旋转的轴，能够作为其他机器的输入，如驱动发电机、液压泵或空气压缩机。后面三种设备可用于驱动具有各种输出的机器，如材料加工、包装或输送机械，如缝纫机和洗衣机等电器。所有其他既不是原动机、发电机，也不是电动机的机器都可以被归入操作机中。这个类别还包括各种手动操作的仪器，如打字机。

三、早期人类使用的机器

中国人都听过盘古开天的传说，盘古是创造人类世界的始祖，相传他手握盘古斧朝着一团混沌劈去，这样才有了天和地之分，但是他担心天地重新合拢，于是就头顶天、脚踏地，以自身为支柱，为刚刚诞生的世界保驾护航。这样日复一日，年复一年，不知道过去多少年，天地构造已经稳定下来，他终于可以休息了，然而他太累了，轰然倒下后就死去了。

很多人质疑他的斧子的来源，既然是混沌一片，肯定没有金属、石头之类的东西。从最早东汉末期徐整著的《三五历纪》中可以看到，记载中的盘古并没有斧子，斧子是到了明清时的《开辟演义》中才加上去的，后人可能觉得开辟天地总要有个工具，却没想到，加上一把斧子反而留下了破绽。

按照简单机器的定义，斧子真的有可能是人类最早发明的“机器”，尽管它和我们今天所说的机器相比要简陋得多，但是想到它距今有几十万年的历史，也就不能那么苛求先民了。早在旧石器时代，原始人类就地取材，从身边随处可见的石头中挑选了几块，经过磨制，石头成为粗糙的石斧，它可以砍伐树木、挖掘鲜嫩多汁的植物根茎、捕猎禽兽，终于迈出了成长为万物之灵的重要一步。

手斧是通过敲打燧石形成的楔子，通过人手的挥动，可以将工具的力和运动转化为工件的横向劈裂力和运动。手斧是楔子的第一个应用，是六种经典简单机器中最古老的一种，大多数机器都是以它为基础的。

古希腊提出的第二个古老的简单机器是斜面（坡道），自史前以来，斜面就被用来移动重物。斜面是一种倾斜的平板，能够将物体以相对较小的力从低处提升至高处，但提升物体的路径长度也会增加。

在中国的古典书籍中也有关于斜面的记载，如《荀子·宥坐》中记载：“三尺之岸而虚车不能登也，百仞之山任负车登焉。何则？陵迟故也。”这就是说：人不能将空车子举上三尺之岸，却可以将满载的车子拉上山，这都是山坡斜缓的缘故。《墨子·经下》中利用斜面做实验，指出“不止，所犁之止于拖也”，就是说可用斜面提升物体，当改变升角时，所需的牵引力随之改变。这是墨家约在公元前5世纪得出的科学结论。

此外，墨家还制造了一种斜面引重车，用来验证斜面能够省力。该车前轮矮小，后轮高大。前后轮之间装上木板，就成为斜面。在后轮轴上系紧一根绳索，通过斜板高端的滑轮将绳的另一端系在斜面重物上。这样，只要轻推车子前进，就可以将重物推到一定高度。

在河南辉县、河北易县都出土过战国铁犁铧，均呈V字形，中间有一凸起的脊，使犁体略呈斜面，随着犁壁的使用，犁铧与犁壁相结合，成为真正的斜面体，这不仅改善了犁的入土性能，而且起到了翻垡、碎土的功能，这是犁的一次重大改进。

日常生活中也会使用到斜面。像金字塔、楼梯、盘山公路等都是斜面的具体应用场合。

其他四种简单机械是在古代近东发明的。轮子以及轮轴机构是在公元前4000年在美索不达米亚（现代伊拉克）发明的。杠杆机构首次出现在大约5000年前的近东地区，它被用于简单的天平秤，并在古埃及用于移动大型物体。杠杆还被用于提水装置，就像前面介绍的桔槔，这是一台起重机，大约在公元前3000年出现在美索不达米亚，然后在公元前2000年左右的古埃及得到应用。滑轮的最早使用证据可以追溯到公元前2000年的美索不达米亚，以及古埃及第十二王朝时期（公元前1991—公元前1802年）。螺丝是最后发明的简单机械，首次出现在美索不达米亚的新亚述人时期（公元前911—公元前609年）。埃及金字塔的建造使用了六种简单机械中的三种，即斜面、楔子和杠杆，创造出像吉萨大金字塔那样的结构。

公元前3世纪左右，希腊哲学家阿基米德研究并描述了其中的三种简单机械：杠杆、滑轮和螺杆。阿基米德发现了杠杆的机械优势原理。后来的希腊哲学家定义了经典的五种简单机械（不包括斜面），并能大致计算出其机械优势。亚历山大时期的赫伦（约公元10—75年）在其作品《机械学》中列出了五种可以“使负载运动”的机械：杠杆、辘轳、滑轮、楔子和螺丝，并描述了它们的制造方式和用途。然而，希腊人对机械的理解仅限于静力学（力的平衡），不包括动力学（力和距离的权衡）或功的概念。

最早的实用水力机械，即水车和水磨，出现在波斯帝国（现在的伊拉克和伊朗），时间是公元前4世纪初。最早的实用风力机械，即风车和风泵，出现在黄金时代的伊斯兰世界（现在的伊朗、阿富汗和巴基斯坦），时间是公元9世纪。最早的实用蒸汽动力机器是由蒸汽涡轮机驱动的蒸汽千斤顶，1551年由塔齐·丁·穆罕默德·伊本·马鲁夫（Taqi ad-Din Muhammad ibn Maruf）在奥斯曼埃及记录的。

公元6世纪，印度发明了轧棉机；11世纪初，伊斯兰世界发明了纺车，上述两者都是棉花工业发展的基础。纺车也是纺纱机的前身，而纺纱机是18世纪早期工业革命期间的一项重要发明。曲轴和凸轮轴是由伊斯梅尔·贾扎里（Ismail al-Jazari）大约于1206年在美索不达米亚北部发明的，它们后来成为现代机械的核心，如蒸汽机、内燃机和自动控制。

文艺复兴时期，人们开始从机械力量（简单机器被称为机械力量）的角度研究机械能完成多少有用的工作，最终得到了机械工作的新概念。1586年，佛兰德工程师西蒙·斯特文（Simon Stevin）得出了斜面的机械优势，并将其与其他简单机械放在一起。1600年，意大利科学家伽利略在《机械论》中提出了完整的简单机械动态理论。伽利略是第一个发现简单机械并不创造能量，它们只是转化能量的人。

长期以来，哲学家们一直希望发现人类有哪些特有品质。法国哲学家勒内·笛卡儿（René Descartes）相信人类由非物质的心灵引导，而自然的其余部分（包括所有动物）只受物理定律的驱动，狗和猴子与时钟和风车没有什么区别，所以笛卡儿不会对这些动物产生任何的关心或同情。

在笛卡儿时期的消遣活动之一是建造“自动机”，这是一种外观和动作像人或动物的发条玩偶。在他的著作《方法论》中有一个引人入胜的部分，笛卡儿建议：如果有可能设计一个具有猴子或“其他缺乏理性的动物”的器官和外形的自动机，那么我们就没有办法告诉一个真正的动物，这是假的。但是模仿人类的机器会很容易被发现，因为人类有两个特殊的特征，可以将其与自动机（与动物）区分开来。

其一，根据笛卡儿的说法，一台机器“永远不能像我们那样使用单词或组合其他符号来向他人表达我们的想法”。当然，人们可以建造一台说出单词的机器。例如，如果你在一个地方触摸它，它会大声说你在伤害它，但它不能给出一个“适当有意义的答案，就像最无趣的人所能做的那样”①。

其二，自动机缺乏一般的推理能力：“即使这样的机器可以做一些和人类一样或更好的事情，但它们在其他方面不可避免地会失败，这表明它们不是通过理解而是仅仅通过物理定律来行动的。换句话说，机器有一组零件来应对特定的情况，而人类的理性是一个普遍的可以在各种情况下使用的仪器。”②

笛卡儿提出人和机器之间的差异并没有引起人们的重视，他也没有暗示像“灵魂”或“情感”这样的品质使我们与机器区分开来。相反，他指出了两个可测试的人类特征：有意义的语言使用和一般推理能力。语言和推理仍然是当今人工智能研究的中心主题。

笛卡儿认为人和机器之间存在根本差异并不奇怪，因为当时唯一的机器要么是人类肌肉的替代品，如风车；要么是高度专业化的记录机器，如时钟；要么是设计精巧的玩偶，那只是模拟人类的外表和动作。

在笛卡儿写《方法论》的同时，另一位法国哲学家帕斯卡正在设计一种可以进行加减法计算的机械计算器，1670 年，莱布尼茨建造了一个可以乘除的计

---

① Hanoch Ben-Yami. Descartes' Philosophical Revolution：A Reassessment［M］. Hampshire：Palgrave Macmillan，2015：124.

② STEPHEN V. Essays on the Philosophy and Science of Rene Descartes［M］. New York：Oxford University Press，1993：178.

算器。尽管非常原始，但它们仍然是专门用于执行小范围计算任务的专用机器。

巴贝奇是一位古怪的英国数学家、发明家兼机械工程师，他计划建造两台不同的机器。他将第一个称为“差分机”，用于计算数学表格。这是一个优雅而复杂的设备，但就像帕斯卡的计算器一样，它用于单一任务。他将第二个称为“分析机”，它是一个通用计算器，是数学洞察力和机械技能完美结合的产物。“分析机”具有现代计算机的许多功能，它带有一个中央处理单元（帕斯卡将其称为“磨机”）、一个数据存储器和一个控制单元，并且与以前的计算器不同，它可以通过编程来执行不同的序列操作。

不幸的是，两台机器最终都没有建成，不是因为设计有问题，而是因为19世纪的工程技术达不到数百个齿轮一起工作所需的精度。直到1985年，伦敦科学博物馆决定照着巴贝奇的图纸，打造一台完整的差分机引擎出来，即便是以现代的技术水平，也一共花了17年的时间，这项工程于2002年完工。

因为只是纸上的概念，巴贝奇并没有注明材料、工艺等事项，因此工程学家只能用现代技术去反推当时的技术上限，确保做出来的机器是那个年代也能完成的。机器的运作一如巴贝奇的描述，虽然单论运算能力来说比今日的计算机差远了，但至少证明了巴贝奇的设计并没有错。

尽管分析引擎的目的是用作数字计算器，但巴贝奇和他的朋友们足够敏锐地意识到可以设计类似的机器来处理其他类型的符号数据。他们还推测这种机器是否可以被称为智能机器。巴贝奇的一位同事叫阿达洛夫莱斯，她在巴贝奇的讲义的书面评论中写道：“分析机无权说出它创造出什么新的东西，它能做的都是我们知道怎样命令它去执行的事情。”①

这让人想起笛卡儿的论点，即机器不能推理（因为推理涉及新思想的创造），而计算机不能具有创造性的观念一直持续到今天。当然，计算机是受程序直接控制的，但这不是对它的某种限制，原因很简单，我们可以对计算机进行编程以使其具有创造力。

机械自动化成为当今科技发展的主要目标之一。在中国浩如烟海的历史文献中，也埋藏着一些惊人的“神器”，如能歌善舞的“机器人”，流光飞舞的走马灯、飞鸢等，它们闪耀着“高科技”的光辉，其中蕴含的自动化技术，有的成为西方科技的灵感来源，但也有一部分至今也无法解释。可惜这些科技发明仅仅是昙花一现，最终消失在历史的长河中。

---

① 韦鹏程，冉维，段昂．大数据巨量分析与机器学习的整合与开发［M］．成都：电子科技大学出版社，2017：308.

《列子·汤问》中记载了工匠偃师向周穆王进献歌舞机器人的故事。周穆王西游昆仑，在回国的途中，遇到一位请求献艺的工匠偃师。周穆王问他："若有何能?"偃师回答说他已经造了一件东西，想让穆王观赏。周穆王说："日以俱来，吾与若俱观之。"第二天，偃师带了一个"人"来拜见穆王。穆王问他带来的是谁。偃师回答说这是他制造的歌舞"机器人"。随后穆王便召集盛姬等嫔妃一同观看表演。在表演快结束的时候，这个歌舞"机器人"竟然对穆王身边的嫔妃暗送秋波。穆王大怒，立刻就要诛杀偃师。偃师大惊失色，立即把歌舞机器人拆开给穆王看，里面就是用皮革、木头、树脂、漆做的。穆王感叹道："人之巧乃可与造化者同功乎?"

偃师制作的歌舞"机器人"其实只是虚构出来的，作者将人的情感、神态、动作赋予木头做的"人"，所以其和现代机器人相比看起来更加智能先进。但这只是古人的一种幻想。

指南车被称为古代车辆导航的"机器人"。指南车与靠地磁感应的指南针不同，它不依靠磁性，而是利用齿轮传动系统和离合装置来指定方向。其原理就是利用两轮的差速和行星轮来指定方向。指南车在西汉就被发明出来了。《西京杂记》中记载："司南车，驾四，中道。"后来东汉时期的张衡、三国时期的马钧、南北朝时期的祖冲之等人都复原过。

宋朝记载了指南车的具体构造。《宋史·舆服志》记载，是由燕肃、吴德仁制造指南车，并详细记载了齿轮的直径、周长和控制齿轮离合的方法。指南车成为汉代到宋代帝王出行的仪仗车之一。

四、蒸汽机及其后的机器

蒸汽机可以说是工业革命中最重要的发明，其促进了采矿、制造、农业和运输领域的重大进步。它也可以说是推动了人类文明运转的机器，人们最为熟知的是瓦特发明了蒸汽机，但这个说法是不准确的，只能说瓦特改良了蒸汽机，使蒸汽机的效率提高了四倍，不能说蒸汽机是由他发明的。因为在瓦特之前，托马斯·赛维利、钮科门等发明家为他改良蒸汽机做了铺垫。

1765 年，瓦特通过添加一个单独的冷凝器来避免在每个冲程中加热和冷却气缸，从而大大改进了钮科门发动机。瓦特改良的第一台发动机只输出大约 6 马力——并不比第一台钮科门发动机大多少——但它体积更小，而且消耗的煤相比钮科门发动机要少得多。在不到 20 年的时间里，瓦特将蒸汽机的输出功率提高到了 190 马力。

尽管瓦特改良的发动机非常出色，但它并没有主导生产。到了 18 世纪末，英国已经建造了2000多台蒸汽机，其中，瓦特改良的蒸汽机不到500台。实际上，蒸汽机在18世纪从未成为主要动力源，大部分动力仍然来自水车和风车，蒸汽机工厂每年的总功率从未超过几百马力。但是蒸汽动力承担了工业革命必不可少的那些特殊任务——比如从矿井中抽水，这样我们就可以获得我们需要的煤炭和矿石。可以说，蒸汽动力是改变19世纪生活的重型动力工业的基础。

蒸汽机并不是一夜之间改变了英国，但蒸汽机是世界上有史以来最伟大革命的推动者，远远超过了其创造者所想到的任何事情。瓦特对蒸汽机的改良，再加上博尔顿的以蒸汽为动力的愿景，促进了蒸汽机在英国，乃至美国的迅速普及。到19世纪，蒸汽机为磨坊、工厂、啤酒厂和许多其他制造业提供动力。蒸汽机在火车、轮船上的广泛使用将公众推入了20世纪。

1831年，英国科学家法拉第发明了第一台发电机，为第二次工业革命吹响了号角。到1877年，世界上许多城市的街道都被弧光灯照亮，各种家用电器也纷纷被发明出来，世界终于发展成为我们今天熟悉的样子。

“一切机器改良的一贯目的和趋势，就是要完全取消人的劳动。”① 在某种程度上，人类文明从一开始就是围绕着工作的概念而构成的。从旧石器时代的狩猎到新石器的农耕，从中世纪的手工业者到现代的装配线工人，工作成为人类生活不可或缺的一部分。然而，机器时代的到来正在系统地将人类劳动从生产过程中消除。智能机器正在无数工作岗位上代替人的劳动，曾经成为社会主流的“工人阶级”正沦为等候救济的失业者。早期的工业技术代替的是人类劳动的体能方面，以机器代替人类的肢体和肌肉，而新的基于电脑的技术所取代的却是人脑本身。在大多数工业国家，75%以上的劳动力从事的是简单的重复劳动，自动化机器和机器人正在取代人类。现代社会直接用于生产的时间已降低到社会总时间的3.5%左右，而且这一比例还在降低。

彼得·德鲁克在《工业人的未来》中说：在大批量生产技术中，工人只不过是一台设计马虎的低劣的机器。标准化的互换的原子化的工人没有身份、没有个性，他们只是精密机器的一部分。② 经过几百年的发展，好像又回到了拉美特里的时代，甚至比那时还要严重。

“西方历史的先知”斯宾格勒指出，机器带来的浮士德文明已经彻底改变

---

① 中共中央马克思，恩格斯，列宁，斯大林著作编译局．马克思恩格斯全集（第四十七卷）［M］．北京：人民出版社，1979：574.

② 彼得·德鲁克．工业人的未来［M］．北京：机械工业出版社，2006：65-66.

了世界，人类已经被机器这个魔鬼控制，“机器在形式上越来越不近人性，越来越折磨人，神秘而奥妙。……浮士德式的人已经变成了他创造的奴隶。他的命运和他的生活安排，已经被机器推上了一条既不能站住不动又无法倒退的道路”。①

① 奥斯瓦尔德·斯宾格勒．西方的没落［M］．北京：中国社会出版社，1998：592.

第二章　时间机器及人类时间观念的改变

说起时间，现代人肯定要比古人熟悉的多，因为我们每天都要看几次表或是手机，查看一下时间。这已经成为一种习惯，是现代社会正常运转的一种保障。但这并不能说明我们每一个人都比古人对时间的领悟更深刻。毕竟，古代一些先贤对时间发出感叹的语句在今天仍广为流传。我们先来看一看古人是怎样形容时间的。

2500 年前，孔子曾望着泗水（今黄河）有感而发："逝者如斯夫，不舍昼夜。"这位儒家圣人的这句感叹，表面上是指奔流而去的河水日夜不停，实际上也可以指天地中所有的事物，无论天地、花草、动物、人、朝代，无不像流水一样一经流去，便不会流回来。这里就包含了对时间一去而不复返的体悟。不过孔子没有深入阐释时间是什么，也没有分析时间的产生原因。由于这两个问题涉及时间的本质和本源，即涉及时间的原本，因此孔子感觉到的时间依旧隐于具体的事物运动或人生变化中。

《庄子·知北游》中也有"人生天地之间，若白驹之过隙，忽然而已"的句子。庄子的这句话除了感叹人生的短暂之外，更多的是为了说明生与死是相生相立、相互转化的，人与宇宙万物都是顺应变化而生，也顺应变化而死。因此，要顺其自然，自然中的一切都有其自身的规律，不可改变。日月星辰乃至宇宙尚且不能永恒，更何况短短不过百年的人生呢！

李白在《春夜宴从弟桃花园序》中写道："夫天地者，万物之逆旅也；光阴者，百代之过客也。"这篇诗作反映了李白感叹天地广大，光阴易逝，人生短暂，欢乐甚少。隐含着既然浮生若梦 ，因此要及时行乐的心情。

时间是什么？亚里士多德是第一个追问这个问题的人，他认为时间就是对变化的量度。也就是说，当我们提起时间时，其实就是说正在发生变化的事情。比如，有人要出差两天，这里的两天就是他从离开到回来的时间，在这期间太阳会在天上循环两次。看起来好像已经很简单地回答了"时间是什么"这一问题，但是并不是这样，我们从奥古斯丁的一句名言中就可以感受到时间的复杂性："时间究竟是什么？没有人问我，我倒是清楚，有人问我，我想说明，便茫然不解了。"

的确，时间可以说是人类有史以来最大的谜团。古往今来，无数的哲学家、思想家、科学家进行了许多研究与探索。但是迄今为止，没有得到真正令人信服的答案。

时间与所有的存在者关系都非常密切，我们每一个活着的人作为生活的参与者，往往同时知道又不知道时间。我们已经找到了测量和计算时间的方法，我们也深知报时机器在我们日常生活中占有着重要地位。但是，我们却很难定义它，又不得不面对它。

人类的起源最早可以追溯到几百万年前的东非地区，当时主要靠采集和狩猎维持生存的人类祖先已经能够使用石器工具。2015 年，考古学家在肯尼亚的洛迈奎地区发现了一些有人工改造迹象的石块，经过深入分析，学者证实这是人类最古老的石器工具，其历史可以追溯到 330 万年前。

随着人口的增加，洛迈奎地区当地的生活资料无法满足人们的需要，于是，人类祖先便分别朝南和北两个方向迁徙，到达了南非和北非尼罗河流域。到达南非的那一批人类祖先走入了死胡同，而向北迁徙的人类祖先则开创了古埃及文明，现代智人大约在 5 万年前从北非穿过地中海和红海之间狭窄的通道——苏伊士运河所在地，到达中东两河流域，由此开创了古苏美尔文明、亚述文明和古巴比伦文明。两河地区的智人通过高加索山脉和黑海、地中海之间的通道，大约在 4 万年前到达欧洲；另有一支队伍从中东地区向西迁徙，翻过天山山脉北麓和阿尔泰山脉南麓细狭的通道——欧亚大陆桥，于 35000 年前到达东亚；还有一支队伍南下进入印度次大陆，然后通过中国东南沿海进入东亚，这两支队伍中的智人构成了中华民族的血统基础。

东亚人沿着太平洋西海岸继续北上，最后通过北极浅海区，在 1.4 万年前的冰河时代通过连接亚洲和北美（阿拉斯加）的陆桥抵达美洲，其迁徙到美洲的时间比较晚，因此美洲的文明也就相对较弱一些。

大约在 1.2 万年前，第四纪冰期才算结束，人类的农耕文明开始发育，文明主要发生在欧亚主大陆上。在这里简单回顾人类早期的变迁，是因为以狩猎和采集为主的早期人类对时间的意识并没有那么敏感，他们肯定也有白天和黑夜，也能感觉到这种变化，但是他们不会去思考这种时间变化的意义。但是，对于农耕文明来说，时间的重要性就凸显出来。什么时候播种，什么时候收割等一系列问题都是必须要掌握的技能。正是看到了农作物的生长、发育，人们才开始探寻时间的意义，思考与时间相关的各种问题。

一、古人的计时工具及日常生活

《诗经》是中国诗歌的源头，是农业文明时代的产物，里面有大量先民对时间的感受以及与农时、物候密切相关的诗句。如“一日不见，如三秋兮”“昔我往矣，杨柳依依。今我来思，雨雪霏霏”“日之夕矣，牛羊下来”等。时间是生命的存在方式，先民从对时间的感受中体悟了生命的存在，切身感受到生离死别的无奈，诗化的语言就是他们表达情绪和感情的载体。时间的漫长越发反衬出个体生命的短暂，时间的易逝又促使他们思考如何增加生命的密度，提高生存的质量。

中国是世界上天文学发展最早、最快的国家，原因很简单，农业生产与天象、季节有着密切的关系，农业的发展推动了天文学的发展，反过来，天文学的发展又促进了农业的进步。中国古代的天文历法知识就是不断在农业实践中积累起来，又间接为农业生产服务。

在农业中，如果没有历法作为耕种、收割的指导，那么，精细生产是无法想象的。中国最早的历法是物候历。古人在采集狩猎的时期，就已经对昼夜交替、太阳出落、月亮圆缺、星象变化以及四季冷暖、草木荣枯、动物出蛰等一系列自然规律有了一定的认识。随着时间的推移和早期农牧业的兴起，以自然界物候现象来定季节的自然历便应运而生，这实际上就是一种物候历，它可以对季节更替有一个大致的认识和预测。但是太过笼统，无法指导生产，对农业的进一步发展没有太大帮助。

我国古代较为成熟的物候历见于《夏小正》。《夏小正》把一年分为 12 个月，并把各月的天象、物候和农事对应起来。这段时间正是从观测物候来定历法向观测天象定历法的过渡时期，同时也是我国天文发展的萌芽时期。

紧接着，殷商时期的古人在开始研究天文现象的时候，设置专人观象定季。随着对把握农时季节有更高要求的农业生产的发展，《夏小正》那种分辨斗柄上、下来确定季节的简单方法就完全不能满足了，《尧典》中记载的圭表测影，比通过观测星辰来定季节的精度更高。这表明商周时期我国的天文观测和历法已有较高水平，由此也促进了农业的发展。这一时期的农业已有相当的规模和水平。

到了战国至汉初，牛耕、土地田制以及铁器的出现大大提高了劳动生产力。农业生产的迅速发展对天文学研究形成了强大推动力。这一时期对星空的划分机制（天宫和二十八宿）的建立和成熟、四分历和古六分历的出现就是标志。四分历确立了一个回归年为 365. 25 日，并采用十九年七闰的置闰法，此历法标志着观象授时进入比较成熟的时期。制定于战国后期的古六分历还包含了节气的概念，即把一回归年分为若干等份，每一份用气候、物候和农业生产的特征来标志它，这使传统的阴阳历能够更准确地反映太阳一年的变化，并基本满足了农业生产的迅速发展对时节的较高要求。一方面农业的发展对天文形成了强大推动，另一方面天文的发展也大大促进了农业的发展，这一时期中国农业精耕细作的基础已基本奠定。

由于古代的天文历法，不仅可以预测天象，而且它与祸福吉凶相联系，所以一直受到帝王的重视，拥有一部可靠的历法成为帝王追求的目标。此后，天文观测及历法就沿着这条路线继续完善，历法不断精确，秦颁行《颛顼历》，使全国历法得以统一。长沙马王堆出土的《五星占》《云气景象杂占》对金木土星的会合周期已确定得相当准确。汉初制定《太初历》，历法达到一个高峰，它已经具备了后世历法的各项主要内容，如节气、朔晦、闰法、五星、交食周期等。后又经过后汉四分历、景初历、乾象历、大衍历、统天历、大明历等，直到元代《授时历》完成。《授时历》是中国古代最精确的历法。与此同时，天文学由于定量化以及天文仪器的不断发展，逐渐形成了完备、精确的中国古代天文学体系。中国古代天文学促进农业生产的同时也间接受到农业生产的影响而蓬勃发展。

中国古历采用的是阴阳合历，即以太阳的运动周期作为年，以月亮的圆缺周期作为月，以闰月来协调年和月的关系。古人根据太阳一年内的位置变化以及由此引起的地面气候的演变，把一年又分成 24 段，分列在十二个月中，以反映四季、气温、物候等情况。这就是常说的“二十四节气”。这种由太阳运动而确立的二十四节气反映了一年中四季的变化，与农牧业生产密切相关，因此又叫农历。在汉初的《淮南子・天文训》中首次出现了完整的二十四节气名称，与现今通行的名称一致。节气产生于中国古代，它反映了地球绕太阳公转时地球上四季的变化，反映了农时季节，直到今天依然被广大中国老百姓使用。

为了便于记忆，人们编出了歌谣：“春雨惊春清谷天，夏满芒夏暑相连，秋处露秋寒霜降，冬雪雪冬小大寒。”古诗文中常用二十四节气来记日，如《扬州慢》：“淳熙丙申至日，予过维扬。”夏至白天最长，冬至白天最短，因而古人称夏至、冬至为至日。

长时段可以用历法来反映四季的变换、气温的升降、庄稼的播种和收割，人们日常生活则发展出另外一套计时的技术和计时工具。古人最早通过观测太阳来测时，测量时间可以追溯到 5500 多年前，早期文明在底格里斯河和幼发拉底河之间的河谷中诞生。这个地区是苏美尔人的家园，一个古老而创新的社会，其基于数字 60 的数字系统演化成 60 秒、60 分钟和 12 小时以及 12 个月的日历。

古埃及的科学家和天文学家也发现，他们可以利用天体的运动来计算时间。尽管他们与苏美尔人的一些想法接近，但他们的方法不同，因为他们的天文系统是基于太阳而不是月亮。日照时间是他们的基本时间单位，他们将其分为 12 个相等的部分。这就是日晷——第一个时间追踪装置——在 3000 多年前被发明。

地面上一系列测量日影的标记使埃及人能够轻松地计算时间，甚至知道季节的作用。大型埃及日晷方尖碑于公元前 3500 年竖立在北非，这意味着较小的日晷方尖碑肯定更早就被使用了。

3000 多年前的周朝也发明了测时仪器“日晷”，日晷利用太阳照出影子的长短和方向来测算时间。古人把时间称为光阴，所谓“一寸光阴”原意就是日晷上一寸影子的意思。日晷把一昼夜划分为 12 个时辰，一个时辰是两小时。日晷最小的刻度合今天 15 分钟，所以古人把 15 分钟叫一刻或一刻钟。在古代，一天是 12 个时辰，1 个时辰是 8 刻钟。

图 1　埃及卢克索神庙前的方尖碑

图 2 公元前 1 世纪发现于玛甸沙勒带有阿拉姆人铭文的日晷

图 3 中国汉代的托克托日晷，现存于国家博物馆

日晷在阴天和晚上就没用了，古人又发明了不受天气影响的计时器——水钟。水钟是整个古代世界报时的标准工具。水钟在中国叫“刻漏”“漏壶”。根据等时性原理，滴水记时有两种方法，一种是利用特殊容器记录把水漏完的时间（泄水型），另一种是底部不开口的容器，记录它用多少时间把水装满（受水型）。

水钟在雅典等城市成为一道常见的景观，如今在这些城市中发现了公元前 35 年左右建造的“城钟”遗迹。这种钟的运行由一块浮标控制，当水从底部的一个小出口慢慢流出时，浮标也一点点地下沉。浮标与一根圆杆连接，圆杆下沉时指示柄随之移动。通向水井的台阶磨损表明，每天都要有人给蓄水池倒满水。

希腊也拥有较为精致的水钟，发明家克特西比乌斯于公元前 270 年左右制造了一台水钟。这台水钟的水流由多个活塞进行精确控制，能驱动从响铃和活动木偶等各种自动装置——这或许就是最早的布谷钟。雅典的“风之塔”是天文学家安德罗尼卡于公元前 1 世纪初建造，顶部有多座日晷，内部有一只复杂的水钟，时间在刻度盘上显示，围绕刻度盘转动的圆盘可显示恒星运行和一年中太阳在各星座间运行的轨迹。

柏拉图曾在公元前 330 年撰文，把律师们说成是“受漏壶驱动……从无闲暇"[①] 的人。水钟甚至开始影响到文学。亚里士多德抱怨说:"悲剧的长度不该由漏壶……而应由与情节相适宜的东西来决定。"水钟在希腊和罗马宫廷发挥了更为宝贵的作用,在那里,水钟被用来确保发言者讲话不超时;如果议程临时中断,如中途研究一下文件等,就要用蜡将出水管堵住,直到发言重新开始。罗马在举行运动会时,水钟被用来为赛跑计时。

哈里发哈伦·赖世德曾派使臣由巴格达启程,将一台特别精致的水钟送往神圣罗马帝国开国皇帝查理大帝(742—814年)的宫廷中。11世纪,阿拉伯的工程师在西班牙的托莱多建造了一对大水钟,钟上有两个容器,月满时,水慢慢注满;月缺时,水慢慢排干。这些水钟结构精巧,历时百年而无需校正。

《周礼·夏官》上已经谈到设置专门的官员来管理漏刻,说明处于奴隶社会的周朝已经在用简单的铜壶滴漏来计算时间了。中国的水钟,最先是泄水型,后来泄水型与受水型同时并用或两者合一。自公元85年左右,浮子上装有漏箭的受水型漏壶逐渐流行。漏刻是往铜壶里装入一定量的水,让它慢慢漏出,通过漏出水的量来确定时间,又叫"铜壶滴漏"。早期的漏刻有一个严重缺陷:由于水位高低不同产生的压力差,会出现"水位高时漏得快,水位低时漏得慢"的现象,这样计算的时间就会有较大误差。到了东汉,天文学家张衡改良了漏刻,将其设计成二级漏壶,即增加一个漏壶,让水的高度变小,流得更匀速,减小了时间计算的误差。后世沿用了这种方法,在宋元时期还出现了更为精确的四级漏壶。

在古代,这种计时仪器可以分为两种:单壶和复壶。中华人民共和国成立后,在陕西兴平、河北满城,以及内蒙古均发现"单壶",它是西汉初期(约公元前100年)使用的计时工具。"复壶"为两个以上的贮水壶。古时著名的"复壶"属元延祐年间(1314—1320年)的"漏壶",是"用四只铜壶,由上而下,互相迭放"而构成的计时仪器。现在,北京故宫博物院的中路"交泰殿"里,陈列着由五个水壶构成的铜壶滴漏。更有趣的是在西路的"翊坤宫"里,还存有杜甫《奉和贾至舍人早朝大明宫》一诗的录贴,第一句即是"五夜漏声催晓箭",漏声指的是铜壶滴漏之声。这个"铜壶滴漏"也是属于"复壶",它比元延祐年间的漏壶,多了一只贮水壶,是由五个水壶构成的。

---

① JOWETT B. The Dialogues of Plato [M]. New York: Random House. 1892: 231.

图 4 汉代计时工具——中阳铜漏

图 5 北京故宫博物院“交泰殿”的五个水壶的铜壶滴漏

除了有用水的漏壶外，后来又出现了用沙的漏壶。最著名的沙漏是《明史·天文志》中记载的，在 1360 年詹希元创制的“五轮沙漏”。流沙从漏斗形的沙池流到初轮边上的沙斗里，驱动初轮，从而带动各级机械齿轮旋转。最后一级齿轮带动在水平面上旋转的中轮，中轮的轴心上有一根指针，指针则在一个有刻线的仪器圆盘上转动，以此显示时刻，这种显示方法几乎与现代时钟的表面结构完全相同。此外，詹希元还巧妙地在中轮上添加了一个机械拨动装置，以驱动两个站在五轮沙漏上击鼓报时的木人。每到整点或一刻，两个木人便会自行出来，击鼓报告时刻。这种沙漏脱离了辅助的天文仪器，已经独立成为一种机械性的时钟。后来周述学加大了流沙孔以防堵塞，并将五个转子改成了六个轮子。

由于无水压限制，沙漏比漏刻更精确。宋濂（1310—1381 年）著的《宋学士文集》中记载了沙漏的结构，有零件尺寸和减速齿轮各轮齿数，并说第五轮的轴梢没有齿，上面还装有指示时间的测景盘。

生产的发展离不开科学，科学的发展又促进了生产的发展，在计量时间方面也是如此。生产工具的改进、社会生产力的不断提高，要求人们把计时精度不断提高到新的水平。不管是日晷、水钟，还是沙漏、滴漏，都有它们固有的、无法克服的缺点。这就需要人们不断寻找新的计时方法，探索新的计时器，以满足生产发展的需要。

西欧人一直宣称，时钟制造业的第二次飞跃——机械钟的发明是由他们完成的。有史以来第一个由基督教僧侣制作的时钟是由教皇西尔维斯特二世在996年左右建造的。教皇西尔维斯特是一位学者和教师，他促进了数学、希腊—罗马算术和天文学的研究，他甚至将浑天仪和算盘引入欧洲。在教皇西尔维斯特建造钟之后，其他僧侣建造了更多复杂的教堂钟楼和钟。

最早记录的重量驱动机械钟于1283年安装在英格兰贝德福德郡的邓斯特布尔修道院。罗马天主教会在时钟技术的发展中发挥了重要作用，这并不令人惊讶：修道院严格遵守祈祷时间，因此需要一种更可靠的时间测量工具。此外，教会不仅控制着教育，而且还拥有雇佣最熟练工匠的资金。到了1300年，工匠们开始为法国和意大利的教堂建造时钟。由于最初是通过敲钟来显示时间（从而安排周围社区的日常工作），这种新机器以拉丁语的铃铛（clocca）命名。

这种新计时器的革命之处，既不是提供动力的下降砝码，也不是传递动力的齿轮，而是被称为擒纵机构的部分。这个装置控制齿轮的旋转，并传递维持振荡器运动所需的动力，振荡器是调节计时器运行速度的部分。

然而，在这些早期欧洲时钟问世数百年之前，聪明的中国人就已经发明了机械钟。中国人发明机械钟是为了满足精确记录皇位继承人出生时刻的需要，这样，御用占星家就能够确定天象的影响，从中挑选最佳者继承皇位。中国人在几个世纪内发明了更为精确的水钟，但这些水钟仍然不能满足占星家们的特殊需要。

说到擒纵机构，不得不介绍中国的杰出天文学家一行，他生活于公元8世纪，他与另外一位中国发明家梁令瓒一起设计了名为“擒纵器”的装置，即所有机械钟中心部位的那套齿轮嵌齿结构。因此，他们发明的钟要比西方的机械钟早几百年，西方到14世纪时才建造了既大又不灵巧的机械钟。

唐开元十三年（725年），唐玄宗李隆基正在大明宫中听取僧人一行汇报新历的制定进度。在李隆基决定重新制定历法之前，通行的历法是李淳风制定的《麟德历》。这套历法出现了不少差错，最离谱的是，有一年掌管天文的官员根据《麟德历》推算出来数次日食，但每次汇报之后都没有发生。本应庄严神圣的“天变”成了朝野上下的笑柄，这就不得不让李隆基下决心改变历法。

僧人一行博览群书，还曾专门前往浙江天台山向一位老僧学习历法，故而被李隆基视为改历的最佳人选。一行选择了同样擅长天文术数的宫廷画家梁令瓒作为自己的帮手，二人开始为制定新历做准备。唐开元十三年（725年），一行和梁令瓒取得了新进展：一台名为“开元浑天俯视图”的巨型水力天文钟诞生。

按照《旧唐书》中的说法，这个庞然大物以一个表面刻有赤道和度数的铜球作为“天”的象征，用水流作为动力，使铜球以一日一夜为周期自转。一行和梁令瓒还有新的设计，他们在铜球外面加了“日环”和“月环”，以表现日月升落。铜球和两环的转动运行与真正的恒星、日、月运动相对应，因此可以精准地测出天体的运行规律，从而计算历法和时间。

一行和梁令瓒制造的这台天文钟令李隆基感到惊喜，更吸引李隆基眼球的，是天文钟上的另一处玄机：能够自动报时的木偶。“又立二木人于地平之上，前置钟鼓以候辰刻。每一刻自然击鼓，每一辰则自然撞钟。皆于柜中各施轮轴，钩键交错，关锁相持。既与天道合同，当时共称其妙。”《旧唐书》中仔细地描绘了两个报时木人。虽然一行和梁令瓒的这台天文钟的运转原理充满了争议，但是唐代这两个报时的小木人带给科学界的意义非常重大：它们的一敲一击，如同我们熟悉的钟表指针“滴答”作响，意味着时间第一次实现了数字化。

到了宋代，中国的水钟早已经不是一个简单的滴漏了，而是一套完整的，像钟一样的机械——它通过水的流动，带动一大堆机械的运动，并且有个类似今天钟一样的表盘，用来记录和显示时间。他的发明人是北宋当时的宰相苏颂，他发明的水钟据说高达三丈。当然，历史上对苏颂的记载大多是他的仕途生涯，因为他官至宰相，对于他在科学和发明上的贡献反而不太看重。

苏颂按照宋朝英宗皇帝的诏令进行设计并于公元 1090 年建成的“水运仪象台”堪称中古时代中国时钟的登峰造极之作。他的装置是一座天文钟楼，高约 12 米。顶部有一架体积庞大的球形天文仪器，名为浑仪。浑仪为铜制，靠水力驱动，用于观测星相。钟楼内放置天球仪，即浑象，其运转与上面的浑仪同步，故可随时对两者进行比较。钟楼前面是一座木阁，分 5 层各开一门，无论白天黑夜，每隔一段时间，便有木人出现。木人击鼓、摇铃、打钟、敲打乐器、出示时辰牌。所有木人都由巨大的报时装置操纵。这架装置则由巨大的枢轮提供动力，枢轮上有木辐挟持水斗，水从漏壶中滴入水斗，使整个仪器每个时辰前进一个水斗。

李约瑟称其为世界上最早的天文钟。根据苏颂所著的水运仪象台设计说明书《新仪象法要》记载：水运仪象台“高约三丈五尺”（约 12 米），宽约 7 米。它由三部分组成，上面叫浑仪，用于观测天体；中间的部分叫浑象，浑象就是天球仪，上面刻有天上的星宿；下面是报时机构，分五层：第一层用于每天的时辰报时，在每个时辰的时正报时；第二层用于看时辰的时初与时正；第三层用于报时刻，分初刻、二刻、三刻、四刻；第四层负责晚上日落、黄昏、各更、破晓、日出的报时；第五层用于展示夜晚的具体时间。

上面这三个部分靠齿轮和轴承相互连接，其核心动力系统叫枢轮，用漏刻中流出的水来转动枢轮，进而带动齿轮轴承转动，使整个系统运作起来。同时，控制运转还需要一个擒纵系统，平水壶中流出固定水量的水流推动齿轮匀速运转，其原理也运用在现代机械表中，擒纵系统使水运仪象台成为世界上最早的机械表。

苏颂的大时钟从1090年起一直运转到1126年，被金朝拆开后，运到北京，在那里又运转了几年。苏颂的“水运仪象台”是古代中国时钟制造的登峰造极之作。遗憾的是，因为战争，这些技术没有能够保留下来。

此外，元朝的郭守敬制造的大明殿灯漏，初步脱离了天文仪器的范围。大明殿灯漏是专门用于计时的一种机械钟，它能“一刻鸣钟，二刻鼓，三钲，四铙”。通过推算得知，它一定采用了齿轮系统和复杂的凸轮机构。元末的詹希元创造的五轮沙漏，已采用了完整的齿轮系统、凸轮和擒纵机构，它和后来的时钟很相似，都是我国早期机械钟的代表作。钟楼上的大时钟庞大笨重，有几层楼那么高，比如钟楼钟、宫殿钟、教堂钟，其中的一个棘轮的直径就有91厘米，重量达几百千克。由于零件很重，摩擦也大，需要经常保养、及时加以润滑，其走时误差每天大约几分钟。

这些计时工具自然不是每家每户都有的，甚至一个地方政府一台也没有。那么，古人是如何知晓时间的呢？主要是通过钟鼓楼。早在汉朝，我国就有了钟鼓楼报时制度。早期的钟鼓楼设在皇宫内，只为皇家服务。为了更准确地测定时间，人类不断地总结改进计时的工具和方法，钟鼓楼中的“铜壶滴漏+钟+鼓”的计时报时模式应该就是人们这种努力的结晶。

古人说时间，白天与黑夜各不相同，白天说“钟”，黑夜说“更”或“鼓”，所以有“晨钟暮鼓”之说。古时一些大的城镇都建有钟鼓楼，如北京、西安、洛阳、南京等。晨起（辰时，今之7点）撞钟报时，所以白天说“几点钟”；暮起（酉时，今之19点）敲鼓报时，故夜晚又说是几鼓天。夜晚说时间又有用“更”的，这是由于巡夜人边巡行边打击梆子，以点数报时。全夜分五个更，第三更是子时，所以又有“三更半夜”之说。“铜壶滴漏+鼓+钟”的报时机制成为一种常规性的报时方式。

在人类生活的早期阶段，对于生活在广大乡村的人来说，他们的日常生活就是日出而作、日落而息，根本不需要精准的时间，而且也没有那样的计时工具可以帮助他们按照规律的时间作息。中国2000多年来都是这样过来的，但是如果把镜头切换到大城市时，城市中人们的生活又是另一个样子。

唐朝经济发达、文化昌盛，中外交流频繁，因此唐朝人经商、求学、寻师访友、求仙学佛、旅游、赴任、从军、服役等活动较多，人口流动性大。唐代的旅游风俗以京师长安最为盛行。“都人士女，每至正月半后，各乘车跨马，供帐于园圃，或郊野中，为探春之宴”，当时长安城内外的乐游原、曲江池、杏园、慈恩寺和终南山是长安人最喜欢的旅游之地。

但是唐朝时也像汉朝一样实行宵禁制度，不允许人们在晚上出来瞎逛。宵禁制度在主要街道上都设立了街鼓，跟随着钟鼓楼报时，以便全城都能知道夜禁的开始。暮鼓敲完，所有人都不允许出来，否则抓住就会挨板子。这绝不是危言耸听，唐朝真的有因为喝醉酒犯宵禁而被杖杀的例子。

如果穿越回了宋朝，就不用担心了，即使是宋朝初期的宵禁制度也与唐朝相比有了很大的改善，至少人们可以一直活动到凌晨三点钟。到了北宋后期和南宋时，基本上完全废除了宵禁制度，大城市的主要商业街，都是通宵开市的。因此宋代的城市生活空前繁荣，宋人大多是“夜猫子”。“夜猫子”夜晚也需要知道时间，因此晚上也得报时。宋代夜晚负责报时工作的，一般是寺院的僧人，他们拿着铁牌子或木鱼沿街报时。古人将夜晚分为五更，每更一报时，所以报时又叫“打更”。这些僧人在天亮时还要兼职天气预报员，顺便报一下当天的天气，非常贴心。

据史料记载，当时东京汴梁有一条商业街叫马行街，这条街由于通宵开市，整夜都会点燃街边的油灯照明。结果灯油烧得太多，整条街整个夏天连一只蚊子都找不到。有了路灯，人们的夜生活自然也有了保障。因此，宋词中才有了“蓦然回首，那人却在灯火阑珊处”的千古名句。

元明清三朝，不光都城设立钟鼓楼，其他大城市也设有钟鼓楼。北京的钟楼初名“齐政楼”，建于元朝，火毁后于明朝重建，现在看到的钟楼是清乾隆十二年（1747 年）建成的。北京鼓楼建于明永乐十八年（1420 年），也经历过火灾，于嘉庆五年（1800 年）重修。八国联军入侵时，钟鼓楼内的文物遭到了破坏，但建筑幸免于难。

元朝是由游牧民族建立的，他们入驻中原后，无论是宫廷和民间，一方面按照汉族传统习俗安排各种活动，另一方面也按照北方游牧民族的习俗开展各种宗教仪式和活动，像围猎、击球、射柳等活动都得到了蒙古皇室和贵族的重视。民间的节庆和生活也基本遵循了汉族的传统习俗。

明朝虽然推翻了元朝，却几乎沿用了元朝所有的制度，清朝则在明朝的基础之上更进一步加强了思想上的整合。受程朱理学的影响，明朝初期的士大夫追求的是一种“穷乐”的生活情调。到了中后期，士大夫却更多地追求一种适意享乐的生活。因为官方提倡的理学已经土崩瓦解，底层逐渐失去了精神信仰，所以士大夫阶层过着一种及时行乐式的、颓废的享乐主义的生活，他们广建园林，出现大量的“城市山水”。

据《苏州府志》统计，苏州在唐代有园林 7 处、宋代 118 处、元代 48 处、明代 271 处、清代 130 处。这些建造于 16 世纪至 18 世纪的园林，其精雕细琢的设计，既折射出中国文化中取法自然又超越自然的深邃意境，又反映了江南文人追求闲情逸致的精神境界。袁宏道提出的“五快活”，可谓这种生活态度的典型代表。

对于明代的农民来说，他们的生活无非是“耕织”和“服食”。男人耕地，种植稻、麦、豆、桑、麻、棉花等；女人在家织布纺纱，家里没有棉花、苎麻的，就替人纺织，每天不得空闲。他们的负担主要是来自国家赋税的征收与徭役的摊派，此外还有私租、高利贷等。农民的生活质量除了靠生产力的提高、大自然的恩赐之外，关键取决于负担的轻重。

二、欧洲中世纪的时间及人们的生活

在发明机械钟之前，中世纪的时间掌握在教会手中，修道院的僧侣有各种掌握时间的方式。常用的有原理和沙漏相似的水钟，通过观察蜡烛减少的刻度来读取时间的蜡烛钟。每到钟点时，教堂或修道院里都会敲钟，让教区的民众们不要忘了祈祷。当时没有那么多杂音，教堂的钟声会传得很远，因此居住在附近的人都会以教堂的钟声作为时间的标记。

例如，索尔兹伯里大教堂的钟建于 14 世纪，其没有表盘，也没有指针。在相对简单的农村，这样的钟就足够用了。10 世纪以后逐渐发展起来的城镇，需要时间来合理安排生活的，城镇同样要依靠教堂的钟来帮助人们知道时间。

我们可以看到这样一些例子：

1321 年，在法兰西鲁昂附近的一座修道院内，大钟上的一个机械装置曾奏出圣诗的曲调，而这台机械很可能是时钟。大约在同一时期，伟大的意大利诗人但丁在他的长诗《神曲》中描述过一只引人注目的时钟，1335 年的大事年表中，也有一段文字首次记载米兰圣戈特哈德教堂的一只时钟。在 14 世纪，一位名叫彼得·莱特福特（Peter Lightfoot）的修道士是格拉斯顿的僧侣，他制造了至今仍存在的最古老的时钟，现在仍被伦敦科学博物馆使用。

1324 年的根特，圣皮埃尔修道院的院长准许制毡匠用一座新钟报时。

1355 年的里斯河畔埃尔，阿图瓦省领地的总督准许市长、法官和城市团体建造一座钟塔，上面的钟专门为制呢业、织毯工人和其他按日工作的工人，行业而制造，这样可以使他们能够按照固定钟点上下班。

1358—1362 年，根特不服从工作钟指令的剪毛工将被处以罚款。如果工人们夺取这口钟作为反抗的信号，将会受到最重的处罚：敲钟聚众和携带棍棒前来的，罚款 60 巴黎利弗尔；敲钟来号召反抗国王、市长或者负责这口钟的市政官员的，将被处以死刑。

由此可见，在西方，基督教寺院是欧洲最早的钟表制造者。教会的生活使计时装置成为日常生活中的必需品，钟在召唤人们祈祷时起到重要作用。

英文的时钟最早是用单词 daegmael 来表示的，意思是 day measure（天数）。钟表的名字源自法语词汇“cloche”，它提示钟表和修道院频繁敲响的钟声之间的联系。“clock”大约在 14 世纪左右进入英文中，取代了以前的单词，从那时起，时钟就开始成为主流的表达词语。阿尔弗雷德国王曾经发明过一种烛光表，这种烛光表通过在蜡烛上画的圆线和蜡烛的缓慢燃烧来标记小时，因为国王曾许诺用每天 24 小时中的 8 小时做公共事务，8 小时休息，将剩下的 8 小时奉献给信仰。如果一个僧人想要过十分规律的生活，他就需要某种计时器来区分时间。

中世纪的人们是如何计算时间的？马克·布洛赫（Marc Bloch）的《封建社会》以及雅克·勒高夫（Jacques Le Goff）的《中世纪文明》中都有明确的记载。例如，在《封建社会》中，布洛赫曾用一句令人难忘的格言来总结中世纪人们对时间的态度：“对时间漠不关心。”当时的技术条件还很低劣，不能计量时间，而且人们很少有均匀的划分一天时间的兴趣，但是为了实际需要，人们不得不采用一些奇怪的计时方法，布洛赫举了威塞克斯王国的阿尔弗雷德大帝（849—899 年）的例子：这位国王为了计量时间，总是随身携带很多长度一致的蜡烛，依次将蜡烛点燃计算时间的流逝。布洛赫还很感慨：“对于我们已习惯于时不时瞧一眼钟表的人们来说，这个社会距我们的文明是何等遥远啊！在这个社会里，如果不经过讨论和研究，甚至法庭都不能确定一天的时间。”

勒高夫在《中世纪文明》中也是花了几十页的篇幅来具体论述中世纪不同群体的时间，这其中自然也有对中世纪人们是如何计量时间的具体描写。当然，中世纪的人们是不可能精准计量时间的，有文化的人可能还懂得把一天划分为 24 个小时，白天、黑夜各 12 个小时，但是对于占绝大多数人口的农民来说，他们根本不会这么做。因此，如果只是想知道中世纪的人们是怎样度量时间的，这个问题很好回答，就是直到 14 世纪初重锤平衡机械钟发明之前，中世纪的人们没什么好的度量时间的方法，而且绝大部分人也用不着精准的度量时间。

用勒高夫的话说就是中世纪的时间主要是一种农业时间，在这个以土地为基本资源的世界上，几乎整个社会（无论富人还是穷人）都依赖土地为生，其参考的主要时间点是农村时间。农村时间基本上是漫长的煎熬，农业上没有什么大事发生，无须日期，更确切地说，它的日期随自然规律稍稍变动，因为农业时间是自然时间。

另外，勒高夫在《试谈另一个中世纪》《中世纪文明》等书中详细讨论了中世纪社会中的不同时间形态。他认为一个社会中有多少分离的群体便有多少集体时间，他否认一种统一的时间能够强加于所有群体，因此，他区分了多种时间形态：

①宗教和教士时间：这类时间便是由上帝主宰、放置在永恒之中无法计量的时间，某种程度上这类时间也是中世纪的“官方意识形态”。

②商人时间：中世纪的时间观在14世纪慢慢改变了，随着城市发展与中产阶级——商人和雇主的进步，他们感到有必要超越传统的时间观，行会塔楼上的鸣钟宣告了世俗时间与以教堂大钟为标志的教士时间之间的对立。“商人的时间首要是获利时机……因为商人将其活动建立在抵押贷款基础上，时间是这种行为本身的脉络。”①

③自然时间：也称为日常时间、农村时间，它随自然节律稍稍波动，有明显的昼夜和季节，是人们在日常生活中“感受”到的时间，乡村是周而复始的田间劳作，在城镇中是市政当局或商人在上下班时敲响的钟。在《圣路易》的第二卷中，勒高夫认为中世纪各大修道院、教会以及工商市镇敲响的钟发出的悠悠铃声便是这种时间形态。

③劳动时间：顾名思义就是农民和工人的劳作时间。根据计量形式，劳动时间可以分为两种：一种是以乡村农耕节奏为主宰的时间，其随季节与气候的变化而调节，不需要考虑准确性；另一种则是以城镇的钟声为计量的工人们的上下班时间，这种时间在14世纪机械计时器发明后得到了更加有效的计算。

⑤领主时间：这一时间属于中世纪的领主贵族，他们的时间主要与战斗有关。“当战端再起、封臣开始服役之时，它强调时间。”领主时间同时也是封建军队的时间和治下农民服役的时间。

⑥钟表时间：这类时间便是以机械钟为代表的时钟作为计时基准的时间，相对于其他时间而言，它更加准确和便于控制。

在这几种时间形态中，有没有一种主流的或者说是官方“钦定”的时间观

---

① 雅克·勒高夫．试谈另一个中世纪——西方的时间、劳动和文化［M］．周莽，译．北京：商务印书馆，2014：54.

呢？当然有，那就是围绕基督教所搭建起来的一整套线性末世论时间观。按照洛维特的观点，主流时间观是目的论的末世时间观。这种时间观以未来为导向，以进入永恒为目标且整个进程均被高高在上的上帝所掌握，人类自身的发展无足轻重。因此，在这一末世论的时间观中，“未来是上帝新的创造，它不是原始时期的复归，也不是过去的延续。过去的历史和先知所应许的新的未来，不再属于同一个时间的连续体”。①

奥古斯丁作为基督教的神学家和新柏拉图主义的哲学家，曾系统地将时间置于神学的角度进行哲学式和理论化的思考，并且从拯救世界和捍卫上帝的绝对自由出发，开始了对基督教时间观的系统变革，形成了自己的时间观，该时间观的特质是把时间和人的精神、生命相结合，本质则是心灵的伸展，伸展的目的就是奔向永恒的上帝，这是一种线性的有限时间。奥古斯丁的历史分期奠定了一种悲观编年史理论，这种理论在中世纪的教会和修道院里常常被作为主流思想。

事实上，他的多部作品使他成了“随后到来的中世纪”的导师，在整个中世纪他都是被引用最多的神学家。基督教这种线性的时间观被一个中心点——道成肉身（即耶稣诞生）这个事件截为两段，基督教年表将耶稣诞生前后划分为公元前和公元后两部分，该年表直观地孕育了全人类的救赎史，人类的命运在基督的这边或那边有了天壤之别。这一年表便是现在国际社会通用的公元纪年，而奠定基督教年表的正是比奥古斯丁晚两代人的狄奥尼修斯·依希格斯（Dionysius Exiguus）。因此，根据奥古斯丁的时间观，中世纪不仅混淆了天堂和人间，而且将时间视为永恒的一瞬间，即自创世到审判的一瞬间，这其中的时间属于上帝，人类只能被动地生活在其中，把握时间、测定时间、利用时间是一种罪恶，滥用时间更属于一种盗窃行为。

如果有人穿越到中世纪，问一个路人现在几点了，那个路人一定会很困惑。虽然在很早的时候，人们就已经知道可以把日出到日落的时间分为 12 个等分。但这只是一种理论，在实际层面上非常难以操作。其一，划分 12 等分本身就充满了困难，要掌握一定的天文学和算学，这对于普通人来说，根本难以做到；其二，这件事情就算能做到，也只有在春分和秋分这两天有用，因为这两天白天和夜晚一样长。在冬天和夏天，昼夜时间相差太大，划分 12 小时就没有太多的实际意义，人们干脆就不再使用这样的时间分割方式。

---

① 卡尔·洛维特．世界历史与救赎历史［M］．李秋零，田薇，译．上海：上海人民出版社，2006：220-221.

当时最遵守时间的是那些需要按时祈祷的僧侣。写于6世纪初的《圣本笃规则》描述僧侣把一天的时间分为8个祈祷时间，分别是午夜去教堂参加Matins（晨祷），然后唱赞美诗，回宿舍第二次睡觉。6点钟被钟声叫醒，参加Prime（初时）第一次礼拜，9点的Terce（第3时）在教堂做弥撒，中午12点的Sext（第6时）回教堂参加祈祷，在食堂默默地吃一天的主食，下午3点的None（第9时）开始学习和工作，日落之后还有6点的Vespers（晚祷），9点的Compline（晚间休息），以及夜里某个时间的Vigils（警醒），根据季节的不同，还有前后一至两个小时的调整。

由此可见，教堂的钟具有非常强的“指事性”，每一个点代表着将要做一件事情。在分工发达的城镇，每个行业所要做的工作不同，当然不能按照教堂的钟来完成工作。因此，需要增加一些专业性较强的钟，比如市场钟、谷物钟，还有一种葡萄酒叫卖钟，因为只要卖葡萄酒的商贩来了，就敲钟，意味着该下工喝酒了。这么多钟往往会造成混乱。对“时间”的争夺，也就首先在城镇展开了。

而只有机械钟表能够可靠地区分时间，不同行业的钟才终于被统一起来。14世纪末到15世纪，商人们意识到资本有随着时间增值的属性，因此，按小时计算劳动价值和计算债务利息变得越来越常见。现代化的进程就像上满发条的齿轮，高速运转起来了。

紧随黑暗的中世纪的是罗马帝国的消亡、南部野蛮人的入侵和十字军东征，这些都已经成为过去，马可·波罗已经揭开了东方的神秘面纱，哥伦布在前往东方的另一条路上发现了新大陆，印刷术已经发明，新生的知识、艺术和科学在欧洲如雨后春笋般蓬勃兴起。中世纪时的知识几乎已经消亡了，类似的科学文化知识是靠修道院里的僧人们保存下来的。当时战乱横行，土耳其正打算横扫欧洲，在那兵荒马乱、野蛮无知的黑暗岁月里，充满耐心、有学问的僧人们努力保护着文明之火不致熄灭。至少在我们指责中世纪，甚至妖魔化中世纪的时候，我们也应该把钟表的出现特别归功于这些生活在公元1200年前后的僧侣们，正是他们身上承载的光明和希望，为即将到来的伟大工业时代准备了礼物。

三、近代西方计时工具的发展及中西方的交流所引起的变化

16世纪，中世纪的阴影才刚刚开始消散，钟表制造业却发生了巨大变化，这一切均得益于伽利略，这位伟人在许多方面改变了人们关于世界的认知。这时的钟表制造者都遇到了一个难题：必须有某种设计使动力能够规则使用，以便于机械装置可以有一个均匀的速度。伽利略发现了摆的等时性，通过摆的前

后摆动，可以规范机械的转动速度并且让表针匀速前进，这个发现无论是对早期的“摆钟”，还是对现代的机械钟表都有着极其重要的意义。

（一）钟摆和游丝的发明

伽利略是意大利人，出生于比萨，早年醉心于学习自然世界的律法。他制造了第一个温度计，据说他还是第一个把望远镜对准天空并有了许多革命性发现的人。当他在学校中宣称太阳是宇宙的中心而地球只是围绕着太阳旋转的时候，人们把他看作疯子。通过从比萨斜塔上抛下两个不同重量的铁球，他发现了自由落体定律。所有的这些伟大发现没有一个在实用性方面比得过他发现的另一个东西，那时他只有 17 岁，正对教堂里摆动的吊灯着迷。吊灯被长长的链子挂在天花板上，由于空气的流动作用而来回摆动，有时也会由于开门的强风而划过长长的弧线，过会儿又在空中轻微地晃悠。当吊灯的摆动吸引住这个小伙子的时候，周围的人正从边上走过，成千上万的人都曾看到摆动的吊灯，但伽利略是第一个注意到其中奥秘的人。他发现，无论吊灯是划过一个半圆还是只摆动一点距离，吊灯在摆动中每次出发和回到中心点的时间是一样的，由此，钟摆定律被发现了，这改变了钟表制造的整个进程。

伽利略抓住这个现象不放，他反复研究和实验。最后，他终于得出了一个结论，即伽利略单摆定律：摆的快慢与摆锤的大小和重量无关，主要取决于摆长。同时，这项发现使他产生了利用摆动来调节时钟的念头，但他并没有实际制作，他设计的摆钟的工作原理是这样的，它的动力来源仍然是靠重物的重力作用，产生使各个齿轮都运动起来的力，而这些齿轮的运动速度则由“单摆”控制，单摆对齿轮运动速度的控制是通过一套擒纵机构来完成的。到了公元 15 世纪，人们已将动力系统换成了轻便的发条，这就使摆钟的重量大大减轻了。初期的摆钟只有一根时针，到了 1550 年前后，才出现了分针，1760 年又出现了秒针，摆钟越来越精密了。

我们知道摆长是决定摆的快慢的关键，摆长即使有微小的变化，也会影响时钟的走时精度，而自然界偏偏提供了使摆长变化的外部条件：热胀冷缩，这是我们熟知的道理，即使用温度稳定性很好的材料来制造钟摆，它的摆长也会随着冬夏、昼夜的温度变化而产生一定的变化。比如钢摆的长度是在 0℃ 调节好的，那么，当温度变为 20℃ 时，摆钟就会走慢。为了补偿温度变化的影响，人们想了不少办法，比如哈利逊曾制成了“复合摆”。这种摆是由线胀系数不同的双数的锌轴和单数的钢轴组成的，将这些轴连接起来，它们伸缩的长度得以互相补偿。这就可以使摆钟的走时精度达到一昼夜相差百分之几秒。

摆钟的走时快慢除主要由摆长决定外，还与地心引力大小有关。1672 年，法国天文学家里彻被派到南美洲的法属圭亚那的卡宴进行天文观测。到了卡宴，里彻发现自己从巴黎带去的钟不准了，每天慢两分半钟，为了使钟走准，里彻把摆钟的摆改短了一些。当里彻从卡宴回到巴黎时，摆钟又不准了，每天快两分半钟，里彻把钟摆调节到原来的长度，钟又走准了。这是因为南美洲的卡宴和法国的巴黎地理位置不同、纬度不同，两地的地心引力也不一样，即重力加速度不同，所以同一个摆钟在不同的地方产生了走时误差。牛顿和荷兰天文学家惠更斯利用这一发现证明地球不是一个球体，而是两极扁平的（一个扁球体）。后来，经过精心设计的摆钟，如天文摆钟，每天的走时精度可达千分之几秒，国家开始用天文摆钟来记录准确的时间。此后，天文摆钟一直是天文台必不可少的计时工具。可以说，天文摆钟对人类计时做出了巨大的贡献。

尽管伽利略在 50 年后曾经建议制造摆钟，但他自己没有做，因为他的聪明脑袋还要思考许多事。直到 1656 年，荷兰天文学家惠更斯在海牙过圣诞节时，设计了第一个摆钟。第一个钟摆诞生后，惠更斯立即认识到他的发明拥有的商业价值和科学意义，他取得了第一个摆钟的专利。在随后的六个月内，海牙的一家本地制造商获得了制造摆钟的许可证。

下一个伟大的进步是用盘紧的弹簧代替重力的作用，用展开的弹簧给表提供动力，这一进步使制造出准确且纤薄的表成为可能。在制作摆钟模型 19 年后，惠更斯发明了一种弹簧——螺旋摆轮，也称为游丝。这个非常细的弹簧扁平盘绕，控制着摆轮的摆动速度。螺旋游丝彻底改变了表的精准度，使它们能够将误差保持在每天一分钟以内。这一进步立即在钟表市场掀起了一场改革，表可以放在口袋里，这是一种全新的时尚。

以上两个进步都很重要，因为 17 世纪后期的绅士不像他们的祖先那样喜欢在脖子上佩戴珠宝。他们需要一款能够计时并放入马甲口袋的表。英国最伟大的钟表制造商托马斯·托皮恩（Thomas Tompion）是最早将游丝成功应用于怀表的人，他的工作室共生产了 6000 多只怀表。这些精准的怀表的表面增加了分针。

近代钟表的普及和使用，使我们的生活发生了真正的改变，世界从此开始被计时器所左右，学校、工厂、火车、商店以及家里的一切活动都通过时间机器来安排，时间与每个人的生活息息相关。如果没有钟表，近现代世界几乎无法运转，有句话说得好："中世纪制造钟表，钟表制造了我们的世纪。"

随着钟表技术的发展、重要零件的发明，欧洲的钟表开始通过贸易船队和传教士来到亚洲。实际上，在进入中国之前，西式钟表就在打开日本大门的过程中起到了突出的作用，被称作“自鸣钟外交”。明朝中后期，西洋钟表作为礼物和商品开始进入中国，除澳门、广州之外，曾作为两广总督驻地的肇庆府也是西洋钟表的输入地，后来成为最早制造钟表的地方。

最早的自鸣钟是由耶稣会传教士先引进澳门，再辗转进入内地的。1557 年澳门被葡萄牙人租借之后，成为葡萄牙人在亚洲贸易和传教的基地，也成了西学东渐的重要窗口。当时葡萄牙人带来的西洋器物对中国人来说很新奇，其中，自鸣钟最能引起中国人的兴趣。王临亨（1548—1601 年）在《粤剑编》中写道：“澳中夷人有自然乐、自然漏……自然漏以铜为之，于正午十二时下一筹，后每更一时，筹从中一响，十二时乃已。”清初屈大均（1630—1696 年）在《广东新语》中称澳门“有自鸣钟、海洋全图、璇玑诸器”，而且当地西洋人能够造“月影海图、定时钟”。王士祯（1634—1711 年）在《池北偶谈》中也记载澳门有“小自鸣钟、自行表，皆极工巧”。

（二）罗明坚的自鸣钟

现存文献中，第一位将自鸣钟传入中国的是耶稣会教士、意大利那不勒斯人罗明坚（1543—1607 年）。罗明坚在明神宗万历七年（1579 年）来到澳门，在进入中国内陆之前的 3 年里，他一直在学习中国语言。为了进入中国内陆传教，罗明坚决定跟随葡萄牙商人一起，疏通中国的一些官员，以获得居留的权利。

明神宗万历八年（1580 年），住在澳门的葡萄牙人擅自选举首席法官，并在当地实施葡萄牙法律。次年新任两广总督陈瑞奉命前往查办此事。澳门葡方派出与中国官员关系密切的司法官本涅拉和罗明坚去与陈瑞周旋。他们对陈瑞大加吹捧，又把随身带去的一批天鹅绒、水晶镜等价值超过 1000 金币的厚礼送给陈瑞。陈瑞不再谴责澳门葡方的违法行径，并允许他们在澳门继续居留。

有了这一次的经验，随后，罗明坚又给陈瑞送去钟表和几只三角形的玻璃镜。这对中国人来说可是新鲜玩意，陈瑞随即分派给罗明坚他们一座宽敞的住所——天宁寺，还经常送去食物和用品。于是，罗明坚就在两广总督府衙所在地肇庆开始了传教活动。罗明坚携带的一座铜制自鸣钟意外成了耶稣会传教士打开中国大门的钥匙。正是陈瑞对自鸣钟的好奇，才使得罗明坚得以进入内地，并进一步获得中国官员的好感及礼遇。传教士在遭受了来自各方面的反对和打击后，终于开始着手建立在中国内陆的第一个传教根据地。

传教士之所以选择以自鸣钟作为礼物，其中一个原因是因为他们观察到中国只有用水、火或沙子来测量时间的计时仪器，而这些都极为粗简，比不上欧洲时钟的精美和准确。当时中国人还没有见过钟表，对他们来说，自鸣钟是一种新奇而神秘的东西。鉴于自鸣钟对中国人的吸引力，罗明坚希望能够通过进贡自鸣钟来接近中国皇帝。早在明神宗万历九年（1581 年）时就有一些广州官吏告诉他，最好能以教宗使节的名义去北京，并携带两只一大一小的豪华自鸣钟；随后罗氏在明神宗万历十二年（1584 年）寄给耶稣会总会长的信中再次索要作为供品的自鸣钟，希望借此要求中国皇帝允许他们在中国传播福音。然而，随着罗明坚于明神宗万历十六年（1588 年）回国，这项计划搁浅了。

罗明坚是第一个把自鸣钟传入中国的人。为了投国人所好，他还亲自调试自鸣钟，按中国人的习惯把欧洲的一日 24 小时改为中国式的一日 12 个时辰，同时把阿拉伯数字改成中文，取得了意想不到的效果。

“一支船队每年从里斯本起航，通常满载着羊毛织品、大红布料、水晶和玻璃制品、英国制造的时钟、佛兰德造的产品，还有葡萄牙出产的酒”① ——这是 110 年前，一位历史学者描写的开往广州参加明朝“交易会”的葡萄牙船队。这个于 16 世纪兴起，一年两次在现在的高第街一带举行的“交易会”，是今天我们所知自鸣钟贸易最早在广州出现的场所——具体时间大概在明神宗万历十年（1582 年）。

作为计时工具的计时器，中国自古就有圭表、日晷、漏壶等装置及少量自制的机械式计时器。它们在各自独领风骚的年代里，都是代表着最高计时水平的工具。但与建立在近代计时与机械技术上的西式钟表相比，无论体积、重量、便携程度还是精确性，它们都差距明显。因此，当中国人见到这种精巧的外来物品时，产生好感也是很自然的。

当时的中国人对西式钟表的爱好到了怎样的程度呢？1672 年，几位西班牙人从澳门偷渡进入广州后，试图前往山东。广东总督尚之信闻讯后，将他们拘捕，准备遣返澳门。就在这个时候，尚之信有一件西洋钟表坏了。西班牙人里有一位叫卞芳世的会修钟表，很快帮尚之信弄好了。尚之信很高兴，取消了他们的遣返令，并且把自己王府街对面的一所房子赐给了他们。

由于发现中国人喜欢西式自鸣钟，之后的西方人来中国时，越来越多地携带它们作为礼物。从利玛窦到汤若望，从万历到乾隆年间，双方之间的“钟表外交”进行得非常频繁。广州则是“钟表外交”的桥头堡。

---

① 李燕．明代朝贡贸易体制下澳门的兴起及其与广州的关系［J］．热带地理，2013，33（6）：756-765.

（三）利玛窦的自鸣钟

15至16世纪，地理大发现和东西方航路的开辟，激起了欧洲天主教向东方传教的热情。16世纪中期开始，欧洲的传教士陆续进入中国。那时的中国是一个被儒学思想滋养了2000多年，具有成熟文明的国家，从官方到民间，人们的观念、心态、行为方式，都被纳入儒学框架，对于天主教，整个社会抱着排斥的心态。

1601年，意大利传教士利玛窦将自鸣钟送给万历皇帝，钟表进入中国古代宫廷。到了清朝，上层贵族和官员已经普遍使用钟表作为计时工具了，钟表成为西方人进入紫禁城的第一块敲门砖。

利玛窦是意大利传教士，1601年，也就是明朝万历二十九年，他成为第一个进入紫禁城的西方人。这一年，利玛窦来到明朝的首都北京。他身穿儒服，头戴儒冠，俨然一副当时中国知识分子的打扮。这是利玛窦为了更好地接近中国士大夫阶层，传播天主教教义的一个策略。

利玛窦从他的先驱者身上吸取了经验，他颂扬中国文化的博大精深，又用西方的钟表、地图等先进科技产品吸引中国士大夫阶层的注意。事实证明，这一策略对他的事业大有好处，许多人慕名前来，与他讨论学术。其中就有一位中国科学史上著名的人物——徐光启。

利玛窦坚信，要想使中国人皈依天主教，就必须设法使中国的最高统治者——皇帝成为教徒，然后利用皇帝的权威影响他的子民。要实现向皇帝传教的理想，他必须要见到皇帝，而在当时，进献贡品几乎是外国人接近皇帝的唯一途径。

此行之前，他献给万历皇帝的贡品共有四十多件，其中包括自鸣钟、十字架像、圣母像、八音琴，还有两个玻璃三棱镜。天津税监马堂关于利玛窦进贡的奏章也早早地送达到万历皇帝面前。但奏章似乎并没有引起万历皇帝的注意，倒是利玛窦的两架自鸣钟令皇帝立即沉迷其中。

明朝万历二十九年（1601年），来华近20载的利玛窦在奏疏中以“大西洋陪臣”自居，向万历帝献忠言、贡方物。利玛窦的言语之间仿佛他是来自欧洲的使臣，但他实为耶稣会中国传教团的监督。此份奏疏所附贡品单明确记录“自鸣钟大小贰架”等物件，这条史料不仅对于研究中国钟表文化史非常重要，而且对于解读最早进入中国宫廷的西方钟表的文物脉络也相当关键。

16世纪的欧洲仍处于文艺复兴时期，此时钟表的制造呈现出微型化趋势，这有利于便携式钟表作为贵重礼物的互动。远在东方的耶稣会作为葡萄牙王室支持的团体，率先将“钟表外交”纳入传教策略。以西班牙传教士沙勿略向日本大名大内义隆赠送西方时钟作为开始（1551 年 4 月），此后在中国传教依然延续赠送自鸣钟这一惯例，而最重要的莫过于 420 年前发生在年关的“送钟”事件。

西班牙传教士庞迪我是当时陪同利玛窦一起入京的同伴。他曾写信给耶稣会西班牙托莱多省会长路易斯·德·古兹曼讲述两个自鸣钟的情况：

进献给皇帝的礼物包括两座时钟，一座是铁质的大钟，装在巧夺天工的钟壳内，钟壳表面刻有金龙图案。金龙是当朝皇帝的标志，如同双鹰象征神圣罗马帝国皇帝一般。另一座是造型美观的小钟，通体一掌有余并且镀金，是由我国最好的工匠运用最好的工艺制成。①

对于两座自鸣钟的来源，利玛窦也有提及：小钟由耶稣会总会长赠送，大钟原属于澳门耶稣会。小钟产自西班牙，此时西班牙已经在 16 世纪成为欧洲强国。1580 年，随着葡萄牙与西班牙同属菲利普二世（其父神圣罗马帝国皇帝查理五世是钟表爱好者）统治，更增强了西班牙对东方传教的使命感。这个小钟很有可能出自西班牙皇室，当时，汉斯·德·瓦尔斯（Hans de Evalo）就是西班牙皇室的宫廷御用钟表匠，他制作的时钟被当作外交礼物，于 1611 年送给第一任德川幕府将军，那也是日本现存最古老的一座机械钟，上面的发条上刻有瓦尔斯的署名。

大钟的描述更为详细，利玛窦曾记录：大钟用四根柱子支撑，两边各开一小门，以便上弦和调时，正面的钟盘用美观醒目的汉字标明时刻，时针被做成一只鹰或一只太阳鸟，用其喙来指明时刻，上面是个缀以饰物的庄重的圆顶。此钟产地不明确（有可能是澳门本土制造的教堂用钟），采用铁质机芯的框架结构，以重锤驱动齿轮运转。既然是汉字刻度，想必乃十二时辰对应的地支；一根时针以 24 小时旋转一圈，正好与中国时制相符。②

大钟的体积特殊，万历帝命人制作了木制阁楼予以放置，最终在御花园内安装并成为宫中的一道奇景。庞迪我曾于明万历四十四年（1616 年）在寿皇殿见过此钟。万历帝对进贡的小钟爱不释手，日夜带在身旁。后来，万历皇帝还传旨让利玛窦留在京城，并且允许他随时进宫调试钟表。因为钟表的关系，他曾进出皇宫长达十年。

---

① 万历皇帝的自鸣钟［EB/OL］. 搜狐网，2021-01-27.

② 万历皇帝的自鸣钟［EB/OL］. 搜狐网，2021-01-27.

（四）马戛尔尼访华时带来的钟

曾德昭是个天主教耶稣会神父，葡萄牙人。明万历四十一年（1613年）到达中国南京，明崇祯九年（1636年）返回欧洲，他在中国住了23年，历经万历、天启、崇祯三任明朝皇帝。

他在中国这段时间完成了一本书，名为《大中国志》，记录在中国的所见所闻。在这个葡萄牙人眼中当时的中国是什么样子呢？曾德昭笔下的明朝依然相当的富裕繁荣，在各方面都令人赞叹。如果把他笔下的明朝和1793年英国使者马戛尔尼笔下的清朝作一个对比，我们可以发现明朝远比那个所谓康乾盛世的清朝富裕文明得多，各方面也优越得多。

马戛尔尼记载下的中国南方港湾是那样的令人厌恶，而曾德昭却是这样写的："我曾在一个港湾停留8天……一个沙漏时辰过去，仅仅数数往上航行的船，就有三百艘！那么多的船都满载货物，便利旅客，简直是奇迹。船只都有顶篷，保持清洁。有的船饰以图画，看来是作为游乐之用的，不是运货的。"①

18世纪，英国进入了产业革命阶段，棉纺织业中首先采用了机器生产，接着蒸汽机被普遍应用，技术革命扩大到工业生产的各个领域。近代的工厂制度兴起，机器生产代替了手工劳动，生产力突飞猛进。稍后，美国、法国在经过独立战争和资产阶级革命以后，也开始了产业革命。新兴的资本主义国家需要更大的原料市场和商品市场，地大物博、人口众多的中国也就成了注意的目标。

为了取得对中国的商务利益与外交利益，英国在清乾隆五十七年（1792年），派遣以马戛尔尼为首的使团乘舰船前来中国。事前东印度公司派专人到广州通知了两广总督。使团一行700余人，携带大量礼品，这些礼品共有19项590余件。据说这些礼品都是精挑细选的，英国国王决定精选一些能够代表欧洲当时科学技术进展情况以及有实用价值的物品，作为向中国皇帝呈现的礼物。

最为引人瞩目的是一件大型天体运行仪。其中包括太阳系运转模型，指出天体蚀、合、冲等现象确切时间的计时装置，用以验证以上现象的反射望远镜等几个部分。此外，还包括大型太阳系仪、天球仪、地球仪、月相演示仪、测看天气阴晴仪、空气真空泵、力学架、聚光大火镜、"君主号"战舰模型、毛瑟枪、连珠枪、钢刀、铜炮、榴弹炮等，这些都是当时欧洲科学发展水平的代表性成果；最新设计的大型组合玻璃照明灯具、马车、马鞍；各种材料制作的用于室内陈设和装饰的花瓶等，用以展现英国手工技艺的水平；英国出产的各种羊毛、棉织制成品，如金线毯、羊毛毡等；表现英国文化艺术领域成就和社会

---

① 王健．中国大运河：文明延展的不朽篇章［N］．中国文化报，2013-07-18.

状况的绘画、版画作品，包括英王和王室成员、英国著名人物的画像，著名城市、教堂、公园、城堡、桥梁、湖泊、火山、码头、古迹以及陆战、海战、赛马、斗牛场景的图像。

去过故宫博物院的人都知道，故宫里面有个专设的钟表馆，珍藏着许多做工精美的西式钟表。当中不少是西方来华人士敬献给清朝皇帝的，也有不少是经由外贸渠道购买，由地方官员进贡内廷的。从明代的“广交会”发展到乾隆时期，中西钟表贸易发展到鼎盛。如清乾隆二十六年（1771 年），两广总督李侍尧进贡的物品中就有“洋镶钻石钟一对、洋珐琅表一对、镶钻石花自行开合盆景乐钟一对”。① 同年 6 月 28 日，广东巡抚德保进贡物品中就有“乐钟一对、推钟一对、洋表一对”。清乾隆四十三年（1778 年），原粤海关监督德魁之子海存，将家中预备的自鸣钟等 105 件贡品，敬献给乾隆，被全部接受。据统计，仅乾隆时期广东进贡的钟表约有 1400 多件，约占各地进献钟表的一半。地方进贡内廷的西式钟表，随着时间推移，也有着从少到多，从普通到精致，从海外进口到自制并行的趋势。

钟表馆里的明星是一座产于 18 世纪末期的“铜镀金写字人钟”。它的保存状况相当不错，现在仍然熠熠生辉。

这座写字人钟高 2. 31 米，外形犹如一座精巧的凉亭，亭柱和屋脊上还有精工雕饰的小动物和花草。写字人钟从上到下一共分了四层，每一层都有特殊的设计，除了第二层负责老老实实地报时之外，其他各层都暗藏绝技。最下面的一层最抢眼，也就是那位“写字人”。这俨然是欧洲 18 世纪的一位绅士，他正伏案持笔，全身心地投入眼前的“创作”当中。无论是他的装束还是他的小案儿，都是当时欧洲流行的“罗可可”风格，装饰华美。

如果为他手中的毛笔蘸好墨，再打开开关，他就能写出“八方向化，九土来王”这八个富有气魄的汉字。对于 200 多年前的人来说，这绝对称得上神奇了。如今，他的作品就摆在面前的案几上，还是毛笔楷书的汉字，竟然写得相当工整有致，连顿挫的笔锋都清晰传神。

这座钟是 18 世纪晚期的纯机械作品，竟然能够操控柔软的毛笔写出这样“有灵魂”的毛笔字，可见其制造工艺难度之大，机械设计之精密。

除了这八个字，这座钟还有更令人称奇的设计：钟的第三层上有一个敲钟人，每逢 3、6、9、12 点准点，他都会按时奏乐报时，乐声响起，最上面一层

---

① 黄庆昌．清代广州制造的西式钟表及其历史背景探析［J］．南方文物，2011（3）：190-195，202.

便会转出两个手举圆筒的小人，圆筒打开便亮出一道横幅，上书四个大字：万寿无疆。

“铜镀金写字人钟”的故乡在英国，他的制作者是英国伦敦的制钟高手威廉森，而订制者则是英国特使马戛尔尼，马戛尔尼要拜访的是乾隆皇帝。他此行的目的是为了与中国通商。此前，英国人每年都要从中国进口大量的茶、丝绸等物品，中国却几乎不从英国进口任何东西。此次他们志在必得，钟表就是让他们满怀信心的物品之一。这个新奇有趣且寓意美好的礼物果然深得乾隆喜爱。据说，进贡给乾隆的钟表不止这一个，其中还有不少是产自瑞士的“高档货”，但乾隆皇帝始终对写字人钟最为满意。

“八方向化，九土来王”，没有哪个皇帝不期待这样的盛况。不过，乾隆皇帝对这座钟的新鲜感只持续了一阵子。因为清朝的匠人很快开始模仿英国制钟高手的手艺，通过自行研发技术，不久便造出了自己的机械钟表。

马戛尔尼一行于清乾隆五十八年（1793 年）7 月 25 日到达大沽口，稍事休息，即往北京。除留部分人在圆明园和故宫安装所带仪器外，主要成员赴承德避暑山庄谒见乾隆皇帝。清政府官员与使团成员曾就关于觐见皇帝时需行跪拜之礼一事发生争执，最后以马戛尔尼行单膝下跪之礼达成一致。乾隆皇帝在避暑山庄的万树园会见了英使团。

英使团返回北京后，向清政府提出允许英国商船在舟山、宁波、天津等处登岸，经营商业；允许英国商人在北京设一洋行，买卖货物；于舟山附近划一未经设防之小岛，供英国商人居住、存放货物等要求。清政府拒绝了英国使团的一切要求。虽然要求没有得到清政府的应允，但马戛尔尼一行通过实地观察，收集到大量情报。

据当年英国使团副使斯当东《英使谒见乾隆纪实》的记载，马戛尔尼得出如下结论：“清帝国好比是一艘破烂不堪的头等战舰……而它胜过其邻船的地方，只在它的体积和外表。但是，一旦一个没有才干的人在甲板上指挥，那就不会再有纪律和安全了……英国从这一变化中将比任何其他国家得到更多的好处。”这正是在乾隆晚年的时候，与英国这样的西方国家相比，当时的中国明显已经落伍，但乾隆仍沉醉于自己的盛世光环中。英国使团当年没有实现开拓东方最大市场的愿望，乘着舰船回国了。在仅仅 40 多年之后，当乾隆的孙子道光当政时，英国就对华发动鸦片战争，坚船利炮打开了当时中国的大门，中国逐步沦为半殖民地半封建社会。

许多了解过马戛尔尼访华历史的人，都会为乾隆皇帝的无知、自负、保守和僵化扼腕叹息。有人说，乾隆对英国使团的拒绝，使当时的中国错过了最后一次追赶世界的机会。可以说，乾隆盛世埋下了中国日后衰败的种子，对于中国近代的屈辱历史，乾隆皇帝难辞其咎。

有的人却认为乾隆皇帝已经充分感受到来自王朝内部的腐朽和外部势力对中国不断冲击的压力。不过，越是感受到这种威胁，他越是选择了一种更加保守、固化、因循祖制的方式将当时的中国与世界隔离。在乾隆看来，将国家置于一个防护罩中，割断其与外部世界的联系，才能保证国家安全。这种辩护属于无稽之谈，因为找不到证据来证明乾隆这样做是为了保护当时的中国，并且其天朝上国的自大也不可能使其出现这样的担心。

（五）广州出现的钟表制造业

面对机械钟表这种代表当时欧洲先进科技的复杂物件，中国工匠竟然很快就破解了其制造的奥秘。中国工匠在这些机械钟表上加入了我们自己的传统图案：西洋楼被改造成了中国式的亭台楼阁，法式花园变成了渔樵耕读的中式田园，更是在上面增加了不少的中国吉祥图案。

由于大量西洋钟表在广州集散，广州开始出现钟表制造业，并成为清代民间机械钟表制造的重要中心之一。如英国人马金图斯就在广州开设了一家钟表工场，另一代表性工场是 18 世纪伦敦著名的钟表匠詹姆斯·考克斯（James Cox）的后人所开设。马戛尔尼使团成员之一、出色的瑞士钟表匠珀蒂皮埃尔在使团返程时留在了澳门，后来他在广州为当地的钟表商工作。

至于广州本地人开设的钟表制造业，至少可以追溯到康熙年间。早期广州本土工匠生产的钟表远不及西洋钟，但经过长期的生产工艺和技术经验积累，擅长变化革新的广州钟表工匠在乾隆中期以后，水平有了长足进步。各种具有浓厚中国色彩，又略带欧洲艺术风格的广式钟表，深受人们的喜爱。到了嘉庆年间，粤海关每年都要向宫中进献 2~4 件广钟。故宫博物院现存的几百座广钟都是乾隆、嘉庆时期广东的经典之作，故宫也因此成为保存广钟最多、最集中的地方。

广钟在造型、机芯等方面都渐渐可以与西洋钟表媲美，在价格上则更是优惠得多，因此更加容易普及并被当时的统治阶级接受。广州一德路卖麻街 28 号是广州钟表公所旧址，也是钟表业行会的遗迹。广州还为清宫内设的钟表作坊供应了大量高水平工匠，这些工匠号称“南匠”，他们中的佼佼者待遇非常好，有些人甚至可以携带家眷入京。

到 1800 年左右，广州出产的钟表已经被认为与西洋钟表不相上下了。另外，与结构较为简单的苏钟、福钟等相比，广钟的机械结构要复杂得多。

广州钟表一个最突出的特色是表面多为色彩鲜艳的各色珐琅，表面的珐琅又被称为“广珐琅”。广州钟表的另一特点是具有非常浓郁的民族和地方特色，整体外形多为亭台楼阁等建筑造型或葫芦、盆、瓶等具有吉祥含义的器物形状，象征“天下太平”等寓意。

16 世纪末，耶稣会士已经把格里高利历带入中国，这也被视为欧洲科技成就影响中国社会生活的一个案例。即便如此，直到 1912 年孙中山就任中华民国临时大总统时，才首次宣布颁行阳历。在此之前的 300 年，中西方已经有了较为广泛的交流，洋务运动更是把西方的科技产品、教育制度等引入到国内，但是当时的中国社会使用的依然是传统的阴历，以十二时辰和更点制作为划分时间的单位，而非西式的小时。当时的中国没有改用小时制，是因为传统习俗的影响，从上到下对时间没有特别的要求，皇帝没有改变的意愿，钟表也只是上层阶级玩乐、观赏的器具。所以，直到推翻了清政府，中华民国政府觉得新政府应该有个新气象，才做出了改变历法的决定。从中我们可以得出结论：改变传统绝对不是一朝一夕的事。

四、资本主义时期的钟表工业和被时间控制的人

17 世纪，用钟来看时间已经不是新鲜事。可是怀表和手表的普及，还需要很长一段时间。不过，对于才迈出中世纪的普通人来说，对准确时间的需求虽然不是那么迫切，但是专门制作钟表的行业却开始看到了商机，逐渐壮大起来。

欧洲早期的钟表业是小型家庭作坊式的布局，大多数名表厂都创立于 19 世纪末到 20 世纪初的这段时间，它们分布在法国、英国、瑞士、德国、意大利等，逐步通过组合兼并发展成大型企业。欧洲钟表业中地位最突出的当属瑞士的钟表业。起初，瑞士并不是一个主要的钟表生产国，钟表业之所以能在瑞士发展，一种普遍的说法是由于瑞士地处阿尔卑斯山区，交通不便，农业不发达，并且那时的瑞士相对比较贫穷。而家庭作坊式的钟表生产却比较适合瑞士山区，因此瑞士人把发展钟表业作为其生存和致富的手段。再加上瑞士又毗邻当时钟表业较发达的德国和法国，致使不断有钟表制造技术和制造人才输入瑞士。

（一）瑞士的钟表文化

日内瓦既是瑞士钟表文化之源，又是世界的制表中心。日内瓦是欧洲商品交易的聚集地和繁荣的手工业中心，12 世纪时，日内瓦在珠宝工艺和金银工艺上的人才优势突显出来，其制表业的发展还受益于 1536 年的宗教改革，这场改革深刻影响了这个城市的命运。

16 世纪法国神学家、欧洲宗教改革家、基督教新教加尔文派的创始人让·加尔文是日内瓦的精神和政治领袖，他对这个城市的道德管理十分严格，颁布法令禁止人们佩戴珠宝等奢侈品，同时也规定遵守公共时间，使得守时成为基本的社会价值观。因此，日内瓦的金银匠和珠宝大师纷纷转行到制表业，加快了这座城市成为制表中心的步伐。而加尔文的宗教改革，也使得日内瓦成为欧洲新教徒的避难所，特别是法国的胡格诺派，他们中有许多技术精湛的能工巧匠。第一批（1598 年）和第二批（1685 年）避难的胡格诺移民潮使这些能工巧匠将他们的专业知识与技艺——银行、金融、艺术和手工艺（印花、丝绸、烫金、制表、珐琅雕刻）带到了日内瓦，使得这座城市变得更加繁荣。

1685 年第二批难民潮之后，日内瓦已经拥有 80 位金匠能手和 100 位制表大师，他们每年可以生产约 5000 块表。18 世纪初期，日内瓦的经济为制表业及其相关贸易所主导，展现出一派繁荣景象。那时的日内瓦成为瑞士最大的城市。到了 1750 年左右，制表师达到约 700 人。1788 年的普查显示，日内瓦中超过 30 种行业与制表有关：金匠、制表师、表盘装配工、雕刻师、珠宝工艺师、珐琅工艺师、宝石雕刻工艺师、发条制作工艺师、表盘制作工艺师、指针制作工艺师、抛光工艺师、镀金工艺师，以及齿轮杆、芝麻链和钟铃的制作工艺师等。当时的制表业养活着日内瓦总人口 2.6 万人中的约 3000 人。到了 1800 年左右，近半数日内瓦的工作人口从事制表业。

人才济济是日内瓦钟表业长盛不衰的重要原因，尤其值得一提的是“阁楼工匠”。1710 年，与钟表制造业相关的各种行业在日内瓦重新组合，形成一个统一体——工坊协会。自 16 世纪以来，“工坊协会”帮助日内瓦经济、工业和艺术不断发展。工坊协会的工匠被称为“阁楼工匠”，由其工作场所而得名。阁楼就是些小作坊，它们都是在圣乔万镇附近密密麻麻的房子的最高一层，工匠可以充分利用阁楼良好的自然光线，也可以避开街道的喧嚣。正是这些“阁楼工匠”传承了日内瓦的制表技艺，并不断创新改革，促进了日内瓦钟表业的繁荣与发展。

日内瓦钟表的出口早在 17 世纪就已初具规模。在 1750 年至 1830 年间，土耳其、中国和印度的钟表爱好者对于装饰华丽的日内瓦钟表情有独钟。随着中国和土耳其新兴市场的开放，为了满足新市场的需求，日内瓦制表业为土耳其市场制作的钟表被特意打造成三重表壳以及带有土耳其数字的表盘，而为中国制作的钟表有时也采用中国汉字来显示时间，以适应东方新兴市场的需求。

此外，由于在第一次世界大战和第二次世界大战中瑞士坚持了永久中立国的立场，这更使得瑞士的钟表业稳步发展，瑞士逐步登上“钟表王国”的宝座。

20世纪中期，瑞士钟表产量曾占世界钟表产量的90%左右。20世纪60年代末，传统的机械手表遇上了一个强有力的对手——石英电子表，这使原来的钟表市场发生了较大的变化。原来在钟表市场不占重要地位的日本，依靠国内电子技术的优势，积极发展石英电子手表，使日本一跃成为石英电子钟表的开发与生产大国，主导着石英钟表技术的发展方向。石英电子技术的革命使石英钟表在绝大多数领域取代了传统机械钟表成为当今世界钟表业的主流产品，其已占到世界钟表产量的80%以上。但传统的机械手表，尤其是高档精密的机械手表，仍占有一定的市场，瑞士依然是这一领域的王者。

（二）工业时代的时间和人

著名历史学家雅克·勒高夫曾经特别关注从中世纪到早期现代社会人们时间观念的变革。他在20世纪80年代所著《西方的时间、劳动和文化》中，对于中世纪的人来说，时间的意义是大不相同的。虔诚的教士和修士们需要较为准确的时间，因为他们需要祈祷；农民日出而作、日落而息，精确的时间对他们没有太大的意义；而随着手工工场的出现，城市里的工人领取计时工资，于是就需要得知精确的上下班时间。

计时工资使得14世纪手工工场里的工人主动要求增加加班时间，这样就能增加工资。而反过来，工场主们则要求规范工作时间——也就是要使用“准确”的钟表。

18世纪，一系列在机械系统上的改进，表现出人们对钟表精确性的要求，这在法国和英国制表工匠那里体现得尤为明显。钟表开始出现不同的形式，有的钟表被附上皮带，有的钟表被配在手镯上。

19世纪，表完成了从胸部到手腕的“短途旅程”，这得感谢中产阶级妇女对自行车运动的狂热。腕表的优势使之很快蔚然成风。劳力士公司于1926年制造了第一块防水手表，一年后，超级准确的石英时钟诞生。到20世纪70年代，汉密尔顿公司推出Pulsar表，其用光替代指针的做法使手表终于实现电子化。1977年又诞生了液晶显示手表。

19世纪，在技术上日趋复杂的钟表与那些仅仅作为服装饰物的钟表逐渐产生了分离。男人将钟表当作缀饰放在袖袋（一种马甲或夹克的里层衬袋）中，女人把钟表当作胸针别在上衣上，之后的钟表又被制成手镯。这一时期还出现了很多音乐钟表，以及所谓的“神秘机芯”。由传统手工艺演变而来的钟表制作，成了一项产业，产品的形状和装饰都更趋于标准化。

在腕表随处可见的今天，人们往往不知道腕表在普及的过程中，所遭遇的阻碍与波折。20世纪初的男性对腕表相当排斥，他们认为只有女性才会佩戴腕表。此外，尽管腕表体积小巧，但仍必须兼顾防震、防水等技术要求，这也令许多制表师望而却步。不过后来在安东尼·勒考特与埃德蒙德·积家的合作下，技术上的挑战逐渐被克服，腕表终于占领男人的心并成为他们身份与品位的象征。于是，优秀的钟表师傅纷纷开始制造尺寸小巧的机械机芯，力求美感外形与技术内涵兼具，以期使腕表的小尺寸与优雅风格相得益彰。

20世纪最重要的发展来自钟表美学领域，男女款腕表的流行自20世纪20年代开始，使得怀表逐渐退出历史舞台。20世纪50年代的微型电池电子表，以及20世纪70年代的石英振荡器，彻底颠覆了钟表的美学。这些新型钟表依靠大批量的生产和低廉的价格成了一种流行品，完全改变了钟表市场。然而作为对电子表的回应，从20世纪80年代开始，大众又见证了复杂功能机械钟表的逆袭，并在20世纪末和21世纪最初十年重登历史舞台。

1967年，发明家采用了基于铯原子共振频率的秒的新定义作为新的标准时间单位。时间的精确测量对于科学来说具有重要的意义，因此对更高精确度的探索仍在继续。未来的原子钟，例如氢微波激射器（频率振荡器）、铯喷泉，特别是光学钟（两个频率鉴别器），精度（更准确地说，稳定性）将达到一天内100飞秒（100千万亿分之一秒）。

虽然我们衡量时间的能力在未来肯定会提高，但没有什么能改变一个事实，那就是我们永远不会拥有足够的时间。

芒福德说："工业时代的关键机器不是蒸汽引擎，而是钟表。"① 这句话道破了工业时代的本质。钟表不再仅仅是计时工具，现在甚至发展到要用钟表来度量一切与机器相关的效率问题，钟表已经成了整个技术世界的组织者、维持者和控制者。

工业时代也创造出了一个人工世界，它的时间体制被独立出来，成为一种力量支配着所有的人。单向线性时间是冷漠、无生命的物理世界的代言人，这个世界脱离了自然环境原始的制约，使人不再与地球上的生命节律息息相关，时间成了生活的指挥棒，时间成了最高的价值标准。最极端的例子要数工业革命时代的泰罗制，它通过分析人在劳动中的机械动作，研究出最经济而且生产效率最高的"标准操作方法"，为"资产阶级时间"奠定了规范。

时间被赋予价值，这是工业时代固有的本质，几乎所有的技术发现和设备

① 刘易斯·芒福德．技术与文明［M］．陈允明，王克仁，李华山，译．北京：中国建筑工业出版社，2009：15.

都与节约时间有关，它们的目的都是为了克服“慢”，提高速度和效率。从家庭日用器械、军事装备到不断升级的计算机，“功率”“效率”成为评判它们的技术指标，其本质都与是否能节约时间有关。

时间就是价值、金钱、生命，甚至一切。现代人对时间的珍惜已到了无以复加的地步，时间被精心地分配和计算，越来越快的节奏和越来越高的效率带来的是科技的突飞猛进，同时也带来了人的异化。

随着工业化的发展，越来越多的人、行业进入“996”的工作模式，越来越多的人将休闲时间花费在工作中，再加上大城市通勤的时间成本，很多人失去了闻闻花香、晒晒太阳的时间，换来的也不过是保住饭碗的机会。随着智能手机的广泛使用，人们更加忙碌，手机的信息提示声时刻提醒人们快速回复信息；微信、邮箱、电脑屏幕上闪动的QQ都在等着人们的恩宠，它们在消耗着人们有限的时间。

芒福德写《技术与文明》的那个年代，手机、网络等现代通信工具还远未被发明，但芒福德的伟大之处就在于：本着一种对时代变迁和文化的深刻把握，他在很早之前就道出了现代人那种无法摆脱工业时间的制约，这使他的洞察在今天看来仍具有常读常新的意义。

芒福德一针见血地指出，以电话为代表的即时交流常常不可避免地带有狭隘和琐碎的特性，“有了电话以后，个人的精力和注意力不再由自己控制，有时要受某个陌生人自私的打扰或支配”① ——这就像《魔鬼词典》里说的那样，电话发明之后，想要把一些讨厌鬼拒之千里之外再也不可能了。这种实时通信造成时间的断断续续和经常被打扰，人们接受的外界信息异常频繁和强烈，甚至会大大超过他们的处理能力，这使得人的内心越来越脆弱，只能被动应对。

虽然人类发明了机器，带来一定程度的社会进步，但在芒福德看来，这并不仅仅是文明进步那么简单，倒不如说是一把双刃剑——技术并不仅仅只是技术而已，它实际上也深深地改变甚至控制了人类。

从一开始就是如此：与其说是人让机器为自己服务，不如说是人要去适应机器抽象的逻辑。这种机器文明的序幕是一种机械的时间概念，时间被精确地定到秒，而人的生活步调至此要受时钟嘀嗒作响的节奏控制了。“浪费时间”从此成为一种最可恨的罪过，而人们被抽象的时间节奏驱遣着开始永不停息的劳作。机械化的第一步就与生命活动背道而驰：严格的时间节奏代替了生命节律，

---

① 刘易斯·芒福德．技术与文明［M］．陈允明，王克仁，李华山，译．北京：中国建筑工业出版社，2009：213.

枯燥的常规程序和严格的管理代替了个人的积极性和合作精神。

在这种狂飙突进、追求数量的机器文明中，人们狂热地追求着巨大的规模，“机器自17世纪以来已经成为一种宗教，而作为宗教是无须证明其有用与否的”①，这种理念的最好体现，就是一种顽强乐观的“进步”信念：认为人类可以无限地进行自我改善。对机器和大工业生产的憧憬使当时的人们相信：无生命力的机器比有生命力的有机体更好。于是人们无情地开发矿藏，用机器那种巨大的力量来榨取大自然的资源。

不仅如此，机器还带来了一种秩序意志和权力意志。“机器在人体最受摧残的环境中大放光彩：在寺院、在矿区、在战场。”② 这不仅因为机器经常被用于暴力强制和军事斗争，更因为机器的一种终极特征就在于：它给人强加了一种集体努力的必要性，以及一种由时间支配的内在纪律性。正如芒福德指出的：人类依靠机器摆脱了自然界的控制，却又接受了相应的社会控制。这种控制已经非常深，一个抱怨很忙的城市白领，当其真的有时间可以支配时却往往不知道怎么利用自己的自由——也就是说，一旦离开现代工业奠定的体系，人们常会处于一种精神失调的状态。从这一角度来说，现代人其实生活得远不及古人自由。

人们终于意识到对机器体系的被动依赖，“实际上是放弃生活的一种表现”③。有机体和生命的概念在逐渐复苏，因为现代人在反思中认识到：即使是最好的机器也只不过是对生命有机体的模仿，所以才有了所谓的“仿生学”，这个学科的名字就已经暗示了其对机器权威的否定。具有讽刺意味的是：推动这一新浪潮的力量，最初正是来自一度被机器和进步的霸权所扼制和扭曲的传统观念，它们往往是对中世纪价值观的一种重申。正如逐渐实现现代化的中国人也开始重拾传统文化一样，几乎所有人都意识到：抗议机器体系的背后，是对人本身重要性的重新肯定，如约翰·拉斯金所说的那样，“除生命之外别无财富”。

芒福德常常同时显示出他对历史的驾驭能力和洞察力。确实如他所言，工业文明主要是一种外物文明，它在创造了巨大社会财富的同时，又制造了一个过于强大，压迫人内心的外部力量。但反抗一个机器统治的阴暗未来（这在科

---

① 维舟．离开工业体系，人们就“精神失调”？［N］．华商报，2010-04-24.

② 刘易斯·芒福德．技术与文明［M］．陈允明，王克仁，李华山，译．北京：中国建筑工业出版社，2009：34.

③ 刘易斯·芒福德．技术与文明［M］．陈允明，王克仁，李华山，译．北京：中国建筑工业出版社，2009：377.

幻片中最常看到），并不意味着应当完全弃绝机器，退回到中世纪去，因为那只是逃离现实而不是走向未来。假如我们将生命放到更中心的位置，并使机器变成一个更温和谦逊的存在，一个更好的未来是可能的。

机器的发展和改进拓展了人类能力的边界，先是要控制，而后要统治自然，并且激活了关于效率的讨论，效率能提高生产力，能以同样的成本生产越来越多的产品。“只有一种高效的速度”，芒福德在他精妙的机器神话分析中如是说，“只有一个吸引人的目的地；只有一个想要的尺寸；只有一个理性的量化目标”①。机械世界观造就了用来描述可衡量、可量化以及可生产之物的语言。机器越发接近人类，人类就越发接近机器，结果是工业革命时期出现了新的工厂语言。渐渐地，这种语言满溢出来，渗透到我们对自己、对工作管理的描述里，最终渗透到对国家本身的描述中。

这是一个重要的事实。因为日常生活的例行公事——人们准备食物、穿着、娱乐或思考——有着不可抗拒的力量。所以，日常生活本身往往会随着时间的推移而变得更加丰富，因为普通人会坚持并传递他们的喜好和习惯，并在此过程中获得新的习惯。我们应该记住，我们每个人的生活都被时间颠倒了。

（三）科学中的时间

至于科学上的时间问题，又是一个大话题。因为近代科学只是从 16 世纪才开始蒸蒸日上，时间作为科学中的一个重要量度也是在时间计量逐步精确的基础上才成为可能。第一个注意到时间问题的科学家是伟大的伽利略，他发现了自由落体的自然加速，而且加速度是均匀的，距离与时间间隔的平方成正比，这对后来的牛顿引力理论至关重要。

时间成为经典物理学中的一个基本标量。在牛顿的绝对时空观中，时间是描述事物在一段时期内如何变化的，它是钟表的计数，随着钟表所测量的时间的流逝，事物在发生着变化。牛顿的力学方程里的时间是一种绝对时间，它不会随着外部的作用或观察者的改变而改变。在他看来，这种绝对时间是没有办法测量而且无法察觉的，只能通过数学来理解，人类也只能透过物体的移动来观察时间的消逝。牛顿的时间还是世界性的，这些时间连接着一系列同时发生的时间，例如，在爱因斯坦诞生时，外太空的一颗超新星正在爆发。连续的时间在时空上划过，它对同一时空中的所有有机物和无机物都是同时起作用的。

例如，如果要测量一个人 100 米短跑要用多少时间，那么我们可以自由地

---

① 贾尼丝·格罗斯·斯坦．效率崇拜［M］．杨晋，译．南京：南京大学出版社，2020：56.

选择此人在起点的时刻为 0 秒，但此时绝对时间为多少我们可能并不知道，然后以码表测量此人在通过终点经过的时间，便知道此人冲刺 100 米所需要的时间。此过程中，我们一概不知起始的和终止的绝对时间，我们只有测量的绝对时间差。

所有的运动都可以加速和延缓，但绝对时间的流动不能改变。由于时间各部分的秩序是不可改变的，空间各部分的秩序也是如此。所有事物在时间中的位置都是参照继承的顺序，在空间中的位置都是参照位置的顺序。在这里，牛顿把绝对时间表述为一个无限的、线性延伸的量，其特点是各部分的连续顺序，并通过流动或流动的隐喻表明它是单向的。这种单向的方向或时间的不对称通常被称为时间箭头，它给我们留下了时间流逝的印象，我们在不同的时刻中前进。但是，时间之箭与时间本身不是一回事，其与宇宙及其内容和演化方式紧密相关。大多数在宏观层面观察到的时间具有不对称性——我们认为时间具有向前方向的原因——最终归结为热力学、热学及其与机械能或功的关系，更具体地说是热力学第二定律。该定律指出：随着时间的推移，任何孤立或封闭系统的净熵（无序程度）将始终增加（或至少保持不变）。

有人认为时间箭头指向宇宙膨胀的方向，因为自大爆炸以来，宇宙继续变得越来越大，它成为 20 世纪的主流宇宙“范式”。由于埃德温·哈勃和其他人，证明了宇宙空间确实在扩大，以及星系朝着更远方向在不断地移动。因此，从逻辑上讲，在更早的时间，宇宙要小得多，最终集中在一个点或奇点。因此，宇宙似乎确实具有一些内在的方向性。然而，在我们的日常生活中，我们在身体上并没有意识到这种运动，所以很难看到我们如何将宇宙的膨胀视为时间之箭。

宇宙学的时间箭头可能与热力学箭头有关，甚至依赖热力学箭头，因为随着宇宙继续膨胀并走向终极“热寂”或“大寒”，它也在朝着一个方向前进增加熵，最终到达最大熵的位置，在那里，可用能量变得可以忽略不计，甚至为零。这符合热力学第二定律，总体方向是从当前的半有序状态，以有序和结构的出现为标志，朝向完全无序的热平衡状态。

19 世纪末的物理学陷入了危机：力学（牛顿）和电磁学（麦克斯韦）有非常好的理论，但它们似乎并不一致。众所周知，光是一种电磁现象，但它不遵循与物质相同的力学定律。解开这一难题的任务留给了年轻的阿尔伯特·爱因斯坦，他在 16 岁的时候就已经开始以一种新的方式解决这个问题，当时他想知道随着光线一起旅行会是什么样子。到了 1905 年，爱因斯坦已经证明菲茨杰拉德和洛伦兹的结果来自一个简单但激进的假设：物理定律和光速对于所有匀速运动的观察者，无论它们的相对运动状态如何，都必须相同。要做到这一点，空间和时间就不再是独立的。相反，它们以这样一种方式相互“转换”，从而使所有观察者的光速保持恒定。空间和时间是相对的（即它们取决于测量的观察者的运动）。

在狭义相对论中，时间流逝的速度取决于观察者的参考系。正如在两个不同参考系中的观察者在如何描述弹跳球的运动上并不总是达成一致的，他们也并不总是在事件发生的时间或持续的时间上是一致的，因为一个参考系中的一秒可能比另一参考系中的一秒更长。时钟移动得越快，根据不同参考系中的某人的说法，时间流逝得越慢。时间减慢的影响在日常生活的速度下可以忽略不计，但在接近光速时则变得非常明显。

爱因斯坦的狭义相对论对物理学领域、对高速现象的计算和理解产生了重大影响，对人们的思维方式也产生了更重要的影响。我们现在对空间和时间的理解比世纪之交要深入得多。狭义相对论也产生了超越物理学的后果。测量（例如长度和时间的测量）与观察者相关而不是独立于观察者的概念已经影响了哲学、宗教和整个社会。

人们现在外出经常要用 GPS 导航，如果没有爱因斯坦的狭义相对论，人们根本不可能依照着导航到达目的地。因为卫星时钟在每天环绕地球两次的轨道上以 14000 千米/小时的速度运行，比地球表面的时钟快得多，爱因斯坦的狭义相对论说快速移动的时钟走得更慢，每天大约比地面要慢 7 微秒（百万分之一秒）。

此外，轨道时钟距离地球 20000 千米，承受的重力比地面弱 4 倍。爱因斯坦的广义相对论说，引力使空间和时间弯曲，致使轨道时钟走得稍微快一点，每天大约 45 微秒。最终结果是 GPS 卫星时钟的时间比地面时钟快每天大约 38 微秒。

为了确定其位置，GPS 接收器使用来自卫星的每个信号发出的时间（由机载原子钟确定并编码到信号中）与光速一起计算其与卫星之间的距离。它与之通信的卫星，每颗卫星的轨道都是准确已知的。给定足够多的卫星，计算接收器在空间和时间上的精确位置是欧几里得几何中的一个简单问题。要实现 15 米的导航精度，整个 GPS 系统的时间精度必须为 50 纳秒，这仅对应于光传播 15 米所需的时间。

但是在每天 38 微秒的情况下，卫星时钟速率的相对论偏移如此之大，如果不加以补偿，它将导致导航误差的累积速度超过每天 10 千米。GPS 通过电子方式调整卫星时钟的速率，并通过在计算机芯片中建立数学校正来解决用户的位置问题。如果没有正确应用相对论，GPS 将在大约 2 分钟内失去导航功能。

不过，应该指出的是，牛顿版本的时间仍然非常接近我们实际生活和体验的世界中的时间和行为方式。正如我们未来会看到的，当以接近光速的速度或在极高重力的条件下旅行时，相对论时间与绝对时间会有所不同。在日常速度下，日常常识性的时间就已经够用了。

第三章 改变空间的机器及世界面貌的改观

说起空间，我们首先想到的是人类居住的地球，即使人类文明已经有几千年的历史了，但是我们对这个空间还远远说不上了解。我们看到地球表面沧海桑田的变迁，但是对于海洋和陆地的认识还有待深入。我们经常说，地理大发现、文艺复兴、宗教改革运动对整个欧洲社会乃至全世界都产生了前所未有的巨大影响，它们使过去那些坐井观天、管中窥豹的人们终于看到了世界之大、文明之多、生活之丰富，世界的真正面目才逐渐显露出来，使我们得以用更宽阔的视界来认识地球和自身的处境。

当然，我们不仅仅局限于地球之一隅。自从 1961 年加加林乘坐东方一号宇宙飞船到远地点为 301 千米的轨道上绕地球一周之后，人类完成了首次载人宇宙飞行，实现了人类进入太空的梦想。1969 年，美国的阿波罗十一号把 3 名宇航员送上月球，再到今天，人类对整个宇宙的探索不断推进。人类不断完成一个又一个的壮举，这都是在借助机器的前提下才实现的。一旦人类放弃使用机器，相当于放弃了自身最大的优势，必然会走向灭亡。人类的发展史就是一部不断开疆扩土、跋涉千山万水、苦练上天入地的空间探索史。交通工具和技术的革新是跨越空间的根本保障，也是促使人类社会的生产、生活产生变化的最强有力的动因。

假如人类的祖先都是由东非的猿人进化而来，那么远古人类肯定是靠双脚历经千辛万苦才遍布于世界各地，进而使世界在分裂中朝着不同的方向发展。虽然我们不知道他们长途跋涉的目的和动力是什么，但是可以肯定的是，他们绝不是为了食物的问题而长途跋涉，至少现存的理论无法合理地解释这一现象。

在 100 万年前的远古时代，人们的出行基本靠步行，采集、狩猎，运输用树枝或木棍抬东西。到公元前 1 万年时，人类还处于比较原始的阶段，但是已经开始把牛、马作为动力，用“橇”作为载人载货的工具。人们把一些较大型的食草动物驯化成“交通工具”，第一个成为交通工具的动物是“牛”，也有说是“马”。牛的性格比较温顺、力气又大，耐粗饲；马的速度快，力量也很大。

这两种动物经过驯化，为人类提供了早期的动力来源。牛的最初驯化地是中亚，以后扩展到其他地区。马的历史也可以追溯到公元前4800年至公元前4600年，据称“伏尔加河中游赫瓦伦斯克墓地的葬礼仪式中将马作为常见家畜”①。牛的驯化要早于马，但是马一出现，牛作为交通工具的属性大大下降，毕竟马的速度比较快，更适合做交通工具。

一、人类古代的车、船及出行

人们驯化牛和马，把它们作为出行和运输的工具，后来人们又逐渐发明独轮车、双轮车、四轮车、辐条式战车等，给人类社会的交通运输带来了变化。虽然这些改变的速度比较缓慢，但经过累积之后，最终造成的影响却是深远的。要发明车，首先要发明轮子，大约在公元前4000年左右，人们发明了轮子。轮是车上最重要的部件，《周礼・考工记》载：“察车自轮始。”轮转工具的出现和使用是车子问世的先决条件。轮子加上轴就成为最基本的机器，这种机器是人类应用技术的起点。轮子在扭力之下发生旋转，越接近轴心，扭力越大。把不同大小的轮子连接起来，就可以制造成复杂的机器。例如，把轮子与楔结合就变成了齿轮。

（一）古代的车与陆上交通

有证据显示，第一批轮式车辆在公元前3500年左右开始投入使用，在美索不达米亚、北高加索和中欧都发现了此类装置。考古学家发现那个时期的一件文物叫布洛诺西陶罐，是一个陶瓷花瓶，瓶身上描绘了一辆带有两个车轴的四轮马车。布洛诺西陶罐是在波兰南部的一处遗迹中发掘出土的。轮式车辆从最初出现的区域传播到欧亚，在公元前3000年到达印度河流域，在公元前1200年左右传到中国和斯堪的纳维亚。

在我国古代最主要的交通工具是车马和船只。数千年来，它们曾占据着举足轻重的地位，无论是劳动生产还是战争，或者是政治活动，车马和船只都是不可或缺的重要工具与装备，其数量的多寡与质量的优劣，也经常成为衡量某一时期社会的发达与落后、国势强盛与衰弱的重要标准。

车是一种形制较为复杂的交通工具，因此在生产力低下的远古时期，它的发明不可能是一人所为，也不可能是一日之功，在其创制之前，必然还有一段漫长的萌发和完善过程。最早人们在橇的木板底下安放圆木，以滚动代替滑动，

---

① 大卫・安东尼．马、车轮和语言：欧亚草原青铜时代的骑马者如何塑造了现代世界［M］．北京：中国社会科学出版社，2016：465.

后又演化成一对实木圆盘，这是车的雏形，直至发明有辐条的车轮，车就是逐步从这种原始运输工具逐渐演变而来的。车的问世，标志着古代交通工具的发展进入一个新的里程。

中国是世界上最早发明和使用车的国家，相传黄帝时已经能够造车。中国出现第一辆车的时间大概在 4500 年到 3500 年之间。相传夏朝设有“车正”一职，专门负责车旅交通、车辆制造。《左传》中记载，车是夏朝初年一个叫奚仲的人发明的，他曾担任过夏朝的车正，在其封地薛（今山东滕州）为夏王制造车辆。秦汉的文献中关于奚仲造车的记载还是比较多的，从众多文献中可以推测，车在夏代已相当普遍。

夏朝车的实物至今尚未发现，有实物可考证的马车是在商朝晚期，即公元前 14 世纪前后，发现于安阳殷墟、西安老牛坡和滕州前掌大遗址的墓葬中，都有较为完整的马车。

要制造一辆车，绝不是一两个人就能胜任的，而是需要多工种的合作，经过大小几十道工序才能完成。因此制车技术是当时的综合性手工业生产技术，制车水平也是当时生产水平和工艺水平的集中反映。《周礼·考工记》称，造车的工匠为“车人”，车人又有分工，制造车轮和车盖的叫“轮人”；“舆人”负责制车厢；“辀人”专管制曲辀；“鞄人”则为“攻皮之工”，制作各种缚扎车部件的革带和马的鞁具。其他如“攻金之工”，负责铸造各式铜饰件，“设色之工”负责绘画纹饰、髹漆。可见一车之成，是经过木工、金工、皮革工和漆工等精细分工、集体劳动的结果。所谓“一器而工聚焉者，车为多”，正是对当时制车业的真实写照。

到了周朝，马车已不仅是王公显贵出行游猎时的代步工具，而且也成为战争中的主要“攻守之具”。由于周朝后期失去了对诸侯国的控制能力，为了掠夺他国的人畜和土地，各诸侯国之间经常发生争战，拉开了春秋时期诸侯争霸的大幕。当时各国军队的主力是战车兵，军事编制是以战车为主，攻防的主要手段也是战车。因此，拥有战车数量的多寡，成为衡量一个国家强弱的标志，当时有所谓“千乘之国”“万乘之君”之说。

为了增强军事力量，也为了赢得战争，春秋战国时期各国都把先进的制车技术运用到制造战车上，于是各类战车应运而生，一度成为时代“骄子”。战车，按用途不同，可分为五种类型，分别是戎路、轻车、阙车、苹车、广车，统称为“五戎”，其用途有三类，一为指挥车，二为驰驱攻击的攻车（攻车是战车的主要车种），三为用于设障、运输的守车。

战车是当时军事装备技术的集中体现者。战国时期七国争雄，战争已由过去的“中原逐鹿”扩大到北方山地和江南水网地区，适于平原作战的战车已难以施展其冲锋迅速、攻击力强的特长。《左传·昭公》中“毁车以为行”的事经常发生，因此战车的地位开始下降，随着步兵地位的提高和骑兵的出现，战争开始由车战向以步、骑拼杀为主的形式转变，战车逐渐失去了“天之骄子”的地位。汉代以后，曾盛极三代的战车和车战终于被淘汰了。

中国疆域辽阔、山河广布，如果不能建立起庞大的交通网络，就十分不利于社会文明的进步。古代中国，先民们创造出灿烂的交通成就，为生活在这片土地上的人们提供了生存的便利，而各种交通工具的变迁，则反映了当时人们的生产、生活和社会发展状况。

秦始皇统一全国后为了加强政府对各级地方行政机构的管理，在前朝的交通基础上进一步规划国家的交通网络，推行“车同轨，书同文，币同形，度同尺”的政策，为大一统奠定了基础。秦朝的陆上交通工具主要分为立车和坐车两类。立车有辇、驷乘、苹车，辇与驷乘可以用来搭载贵族、官员或运输货物，苹车别名兵车，主要在作战中使用。坐乘或卧乘的交通工具有辎车、轺车两种。1980 年在陕西省西安市临潼区秦始皇陵西侧的车马坑中发现了两乘彩绘铜车、八匹铜马、两个御车铜俑，这些是秦文明的重大发现。战车是秦朝主要的作战工具，秦兵马俑坑就出土驷马战车 100 多辆。同时，车作为日常乘行工具也有了较快的发展。

汉初时缺马，将相们就只能乘坐牛车。三国、两晋、南北朝时期，无论是皇家还是贵族，乘坐牛车较为普遍。在长期的实践中，人们也练就了一身高超的驾牛技巧。《宋书·刘德愿传》中记载了这样一个故事：刘德愿非常擅长驾牛车，他曾在道上竖两根柱子，宽度刚好能通过车辆，在百步之外，他振策长驱，牛车可以飞奔而过不碰柱子，令当时的人们深深叹服。其实，牛车地位比较高的时代是在魏晋南北朝时期，驾乘牛车成了富豪乃至皇家的一种时尚。晋代皇帝出行有五时车、五牛旗的要求。所谓五时车是指御诏车、御四望车、御衣车、御药车、御书车，全部都是用牛引驾。另外，专门用来赐予王公的云母车、专门用来赏赐功勋贵戚的通幰车，也都是用牛引驾。牛车在中国古代的交通运输事业中，发挥了很大作用。

据记载，晋元帝继大统之后，由于马匹缺乏，马车由驾六马减为四马。他也喜乘牛车，大臣们自然竞相仿效。辅佐晋元帝即位的王导，以丞相之尊，也乘坐“短辕犊车”。乘牛车也和乘马车一样，有上下等级之分。北朝如此，南朝也不逊色。正是由于士族大姓贪求舒适，醉心享受，各种高级牛车便迅速发展起来，以致车速快、舆敞露，属于汉代轺车系统的那类马车完全绝迹。甚至郊野之内，满朝的士大夫“无乘马者”。若有人要骑马或乘马车，还会遭到弹劾，有的士大夫从来就没见过马。乘牛车之风习，直至隋唐五代才有所改变。

东汉时出现了独轮车，这是一种既经济又实用的交通运输工具。至于“独轮车”的名称，要到北宋时沈括写的《梦溪笔谈》中才能看到。相传三国时蜀相诸葛亮发明了“木牛流马”，以运输粮草。“木牛流马”是从汉代的辘车改制而成的。“木牛”即指辘车，不用牛马也能行车，好像一头不吃草的牛，“流马”意即独轮转动灵便，运行轻快，如同能流转疾奔的马。辘车源自穷乡僻壤之地，自然使用者也是劳苦大众。另外，当时一些贫寒文人或落魄之士，因无资格乘马车，也坐这种辘车。独轮车是中国古代交通史上的一项重大发明，它以自身经济而实用的长处，历2000余年而未绝迹，至今在我国一些山区或边远乡村中，各种式样的独轮车仍在使用，尽管它们的名称各异，但形制却相差无几，都是源自汉代的辘车。据考证，欧洲出现独轮车要晚了1000年。

随着经济的发展、国力的强盛，唐朝朝廷更多地使用马车，而且对车的使用有着严格的等级划分，皇帝、皇后、皇子、王公大臣们的乘车等级各不相同，这些车以马引驾，驾马的规格也因身份等级而不同。长安城里普通百姓使用的交通工具主要有牛车、驴车、马、驴、骡、骆驼、辇、舆等，其中的牛车是可用于出行、拉货的最主要工具。除车之外，唐代还有步辇、肩舆等利用人力抬的出行工具。

宋朝的陆上交通方式是骑马或乘轿，极少乘车，不过车也分为朝廷使用和平民使用，其中，平民用于拉货的车主要选择驴或骡子作为动力。北宋早期严禁工商、庶人阶层乘坐轿子，但到了后期，乘轿已经成为黎民百姓普遍的代步方式，轿子是一种特殊的车辆，它是把车的轮子换成了人抬。轿子是古代女子出嫁要坐的交通工具。对于古代女子来说，一生中能有这样的八抬大轿，锣鼓鞭炮齐鸣，幸福也不过如此。在张择端的《清明上河图》中有许多轿子的画面，画上也有十余辆不同样式的车。

除了女子出嫁外，常见的还有官员坐轿子。官员出行，为了显示身份，前面有“仪仗队”敲着锣、举着牌子开路，牌子上写着避让，既有面子，又显示其身份。官员的轿子是有明确的等级规定的。但是，轿子的流行却在客观上抑制了载人车辆的发展。古人在乘轿时虽前呼后拥、极为风光，但从机械科学角度看，以人力的非轮式机械代替畜力的轮式机械，无疑是技术上的一大退步。由于两宋不重视制车业的发展，中国古代的造车技术也因此停滞不前，当西方已出现转向自如、舆间装配有弹簧的豪华型四轮马车时，我国却还在沿用自汉朝以来就一直使用的双辕双轮车，最终，双辕双轮车被来自西方的四轮机械动力驱动车辆取代。

杜牧的“一骑红尘妃子笑，无人知是荔枝来”，反映了统治者为了满足口腹之欲，不惜兴师动众、劳民伤财，从千里之外往京城运送荔枝的情景。如果荔枝是产自岭南，那么它离长安大概有1600千米，假如一匹马的平均时速是40千米/小时，即使是换人换马的接力也至少需要40个小时才能送到长安，不过，如果用一些冰块冷藏的话，唐玄宗和杨贵妃吃着也还是很新鲜的。

对于古代的人来说，马的速度是当时最快的了。因此，传递八百里加急的文书，斥候只能在驿站换马不换人，拼命赶时间，才能把情报送到皇帝手上。与现代人相比，古代的皇帝却没有现代普通人的“水果自由”，因为有了快捷的交通运输，现代人至少在空间距离方面享有了更多的自由度，他们能够享用到本地没有的新鲜蔬菜和水果，能够选择更多样且更舒服的交通工具去探亲访友，能够在短时间内到达国内外的风景区旅游参观。当然，前提是得有足够的钱，这一点是远远比不上以万物为私有的皇帝。

下面的这个例子，很好地说明了为什么帝王家的皇子都要拼了命地争夺皇位。

康熙在位时曾六次南巡，江南鲥鱼的肉质细嫩、味道鲜美让他难以忘怀，康熙回到京城后每每想起时都抓耳挠腮、直流口水。但是紫禁城距江南有1000千米，也不能为口腹之欲迁都江南。康熙想既然不能亲身到当地品尝，总要想个办法吃到鲥鱼解解馋。于是他一声令下，让江南的官员捕了鲥鱼送来紫禁城。

但鲥鱼是一种季节性鱼，平时多栖息于海水中，只有在春末夏初为了繁衍而洄游到河中，只产于江苏镇江，别的地区没有，唯独在夏初的长江下游才能捕捉到，且数量极其稀少。而且鲥鱼只要离开水就会迅速死亡，一天色变，二天香变，三天味变，就不能再吃了。

在当时交通和保鲜技术落后的条件下，为了满足康熙的口腹之欲，可真是苦了一批官员。当地官员接到康熙下达的命令后，马上便动员本地工人建造了一个冰窖，并提前在里面储存了大量的冰块。一到初夏时节，当地官员就召集所有的渔民去江河口捕捞鲥鱼，同时还要使者备好快马和冰块。为了能以最快的速度让康熙品尝到最新鲜的鲥鱼，使者还在放着冰块和新鲜鲥鱼的箱子外层封上了厚实的猪油，用来减缓冰块的融化速度。

使者快马加鞭，一路不停，这一路上就要不断换马。换马可以，但是不能换人。使者也是会饿的，所以途中经过的所有驿站都必须提前准备好给使者充饥的汤水。使者为了达到马不停蹄的效果，一刻都不敢耽搁，拿了汤就匆匆喝掉。天黑后，使者行进的路上还必须保证灯火通明，如此昼夜不休地赶路，就是要在三天之内将鲥鱼从江南送进紫禁城供康熙享用。

直到康熙二十二年（1683 年），山东的地方官张能麟，冒着掉脑袋的危险，直言不讳地写了一道《代请停供鲥鱼疏》的奏折：“一鲥之味，何关重轻！……故一闻进贡鲥鱼，凡此二三千里地当孔道之官民，实有昼夜恐惧不宁者。”康熙读到这个奏折后，总算良心发现，下令“永免进贡”，为“鲥鱼贡”画上句号。

在当时没有先进交通工具的情况下，也只有皇家才能享受到“特快专递”的便捷，它是具有垄断性质的。而在民间，逐渐发展出一种镖局的行当，以回应私人运输的需求。

此外，中国历史上还发生过一件事值得一提，这件事与空间和速度相关，就是号称明初“洪武四大案”之一的空印案，导致上千人为此丧命。

“洪武四大案”又被称为“明初四大案”，分别是胡惟庸案、蓝玉案、空印案和郭桓案。胡、蓝两案因为牵涉高层人物，一个是最后一任丞相，一个是扫平大漠的功臣，打击面又大，所以比较著名；而空印、郭桓两案因为牵涉到的人名气没那么大，所以知道的人也不是太多。

当时明朝朝廷规定，每年地方都需派人送钱粮到户部并报告财政收支账目，所有账目必须和户部审核后完全相符才能结算。若其中有任何一项不符就必须驳回重新造册，而且要再盖上原地的官府大印才算完成。

当时的交通并不发达，往来路途又遥远，如果需要发回重造肯定会耽误很多时间，所以前往户部审核的官员都有事先盖过印信的空白书册以备使用，大凡要发回重造的，就马上用盖印的空白书册重新做账，立马上交，这样就省得来来回回跑来跑去了。

这个做法虽然对于对账这件事有点儿敷衍，但考虑到当时的交通条件，也不算是不合理的做法。在元朝的时候，这个做法是各地的惯例，到了明朝初年也没有被明令禁止过。

但这个做法在朱元璋看来，就是官僚之间相互勾结欺骗皇帝的做法。朱元璋的控制欲极强，他对于官僚的弊病也十分清楚，对官僚系统有种天生的反感，他对于这种用空印文书来交差的做法大发雷霆，下令严加查办。最后经过一番彻查，朱元璋下令将上至户部尚书，下至各个地方官府，所有的主印官员全部处死，副手以下的杖责一百，发配充军。

对于空印案，当时有个叫郑士利的平民，利用当时平民可以直接上书的规定给朱元璋写了一封很长的书信，为犯案的官员辩解。他的大意是：第一，官方文书要有效，必须盖有完整的印章，而钱粮文书盖的是骑缝印，是不能用于其他用途的；第二，钱粮之数，必须从县、府、省到户部，级级往上相合，只有最后到户部才能知道一个准确的数量，而如果“待策书既成而后用印”，那么就必须返回省府重填，势必要耽误时间，所以“先印而后书”只是权宜之计，不足以怪罪；第三，朝廷此前一直没有明确禁止空印的立法，现在杀空印者是没有法律依据的；第四，官吏们都是经过数十年才得以培养的人才，轻易地杀掉官员是很可惜的。

郑士利的辩解在逻辑上非常合理，但很可惜，他的逻辑和朱元璋的逻辑有所不同。在郑士利看来，作为行政官僚，官员的职责是把事情做好，既然使用空印文书既方便快捷有效，又不会造成不良的后果，自然不应该否定。就算不符合正式的规定，但也不应该大惊小怪，当成大罪来办。

但对于朱元璋来说，他考虑的不是官僚系统的办事效率，他考虑的是忠诚问题。朱元璋是个要求臣下对皇帝绝对忠诚的人，孟子的学说不对他的口味，他就把孟子搬出孔庙，他对于臣下欺瞒皇帝的行为是深恶痛绝的。而且中国人历来认为任何事情都可以从一分钱发展到一百亿，所谓小时偷针大时偷金，完全不需要考虑其中的技术困难。

对朱元璋来说，这是对皇帝忠诚与否的大是大非问题，而不是行政效率高低的技术问题。而从郑士利的辩解中，我们可以看到：他认为朝廷没有明令禁止空印文书，那么现在杀官员是不合情理的，这个观点有一点现代的“法无禁止即为可”的味道。

但在集权专制之下，没有那么多的道理可讲。专制就是皇帝一个人说了算，所有的“法”在皇帝面前都是装饰，喜欢就用一下，不喜欢就扔到一边。郑士利用这个理由去跟朱元璋辩解，真是太傻太天真，他因此被抓到江浦服劳役，那些空印案中受牵连的官员也没能免罪，最有名的就是千古忠臣方孝孺的父亲方克勤，他在山东济宁做知府，为政清廉，平时肉都舍不得多吃，衣服上满是补丁，就因为他是主印官员，稀里糊涂就掉了脑袋。

从这件历史冤案来看，古人在日常的工作、生活中也遇到过许多空间难题，他们实际上也在不断思考，怎样才能提高速度、跨越辽阔的地域限制。但是，一方面由于专制制度压制了人们的创新思维，导致缺乏技术创新的外部环境；另一方面，由于儒家提倡“学而优则仕”的思想，使中国的读书人把精力放在为人处世上，对创新发明之类的“奇技淫巧”不感兴趣，自然也就不具备不断探求外部世界的内在动力。两方面原因相结合，致使中国虽然是实用主义浓厚的国家，但是还是在近代被以西方为代表的、以探寻世界的本来面目为目的的、以好奇心驱动的哲学和科学为双翼的方法论所超越，这就不得不慨叹：历史看似吊诡，实则是以一种朴素的面貌揭示了一则通行的真理，即衰落必然是由一系列的因素长期积累所导致的，而崛起也绝不是偶然的随意所为。人生的命运是起起伏伏的，有高光时刻，也会有低谷期的盘旋；国家的兴衰必然是经过一个相对长的阶段，再加上各种有利因素的叠加才足以变成现实。

我们从历史中可以找到一种文化的纽带，看到我们是怎样一步一步变成现在这个样子的。我们还可以从中吸取经验教训，不要重蹈覆辙。爱因斯坦说空间是相对的，它随着速度的变化而变化，当物体以接近光速运动时，空间会收缩，长度会变短。此外，热力学第二定律所描述的大量分子无规则运动实际上也是一种统计规律。量子理论中粒子的动量和位置不能同时确定，也排除了这种确定的预测，量子理论才从决定论中逃离出来。因此，历史中任何事件的发生都没有百分之百的概率作为保证，但是只要有一点的可能性，前人还是冒着风险、勇往直前地走下去，开创出一番新局面，历史才逐渐地朝着更加文明的方向展开。

（二）古代的船与水运

司马迁在《史记·夏本纪》中记载：“陆行乘车，水行乘舟，泥行乘橇，山行乘檋。”《易传·系辞下传》也记载：“刳木为舟，剡木为楫，舟楫之利以济不通。致远以利天下，盖取诸涣。”将树木的中断挖空可以做成船只，削锐的木材可以作为船桨，这说明远古时代的人们很早就认识到可以利用木材在水中的浮力做成小舟在水上行驶，利用天然河道进行运输具有工作量少、运输量大的特点。除了用木材作舟外，南方地区的人们也使用竹筏进行载人、载物的运输。水路运输有时会受到枯水期的影响，古人通过开凿人工运河的方式弥补水路运输的局限性。

中国京杭大运河的修建成功，就开辟了一条水上交通要道，由此形成了四通八达的水运网络，成为沟通中国东西和南北交通的大动脉。隋炀帝动用百万百姓，耗费巨资修建了京杭大运河，解决了陆路运输效率低下的难题，促进了经济发展，为国家的长期发展奠定了基础。后人将隋炀帝描绘成一个贪婪好色、荒淫无度、弑父篡位的暴君、昏君，却没有提及他其他方面的作为，只能说唐人在修隋史时看待问题角度单一，反而却是唐朝立刻享受到运河带来的好处，促进了唐朝城市的兴起和沿岸经济的繁荣。经过宋、元、明、清四个朝代的维护，直到20世纪50年代初期，大运河上还依然桅樯如林、舟楫如梭，一直发挥着沟通中国南北经济与货物运输的重要作用。因此，历史上留下了“流成的杭州，漂来的北京”的佳话，大运河还成就了苏州、镇江、无锡、扬州、江都等重要城市。

中国的造船业曾经历了三次高峰，分别是在秦汉时期、唐宋时期和明清时期。秦始皇在统一六国的战争中曾组织过一支能运输50万石粮食的大船队。统一六国后，他又多次组织大规模的船只在内河或海上航行。到了汉朝，以楼船为主力的水师力量已经十分强大。据说一次战役，汉朝就出动了楼船2000多艘，水军20万人。舰队最前列的冲锋船上还装有“蒙冲”（用来冲击敌船的狭长装置）。三国时期的水战十分激烈，火烧赤壁的故事也是家喻户晓，正是经此大战，才奠定了三国鼎立的基础。

唐宋时期建造的舟船不仅种类多、体积大、结构合理，而且还有工艺更先进、载量大、航速快、安全可靠等许多优点，在国际上享有很高声誉。7世纪以后，中国远洋船队就日益频繁地出现在万顷波涛的大洋上。外国商人往来于东南亚和印度洋一带，都乐于使用中国的大海船，并且用“世界上最先进的造船匠”这样的语言来称赞中国船工。

到了明朝，造船工场分布之广、规模之大、配套之全，这在历史上是空前的，已经达到了我国古代造船史上的最高水平。造船业十分发达，浙江、福建、广东是打造海船的中心，这些省份中明州、广州、泉州、杭州尤为显要，是清代以前最著名的几大港口。主要的造船厂有南京龙江船厂、淮南清江船厂、山东北清河船厂等，这些船厂的规模都很大。如龙江船厂年产量就超过200艘，它还以建造大型海船而著称。明朝造船工场有与之配套的手工业工场加工帆篷、绳索、铁钉等零部件，还有木材、桐漆、麻类等的堆放仓库。当时对造船材料的验收，以及船只的修造和交付等，也都有一套严格的管理制度。正是有了这样雄厚的造船业基础，才会有明朝郑和七次下西洋的远航壮举。

郑和船队的宝船长度超过100米。即使是中等船，也有37丈长，15丈宽。难怪有位目击者形容宝船“体势巍然，巨无与敌，篷帆锚舵，非二三百人莫能举动”。还有人说，船上风帆有12张之多，当时先进的航海和造船技术包括水密隔舱、罗盘、计程法、测探器，牵星板以及线路的记载和海图的绘制等，可谓是应有尽有。郑和的第一次远航船队，据说就有62艘这样的船。到了明清后期，由于闭关锁国的影响，海上交通的发展受到了很大的限制。尽管还保持着原有的技术，但是随着西方地理大发现的开始，欧洲的远洋航行不但追上中国，而且最终超越，这不能不说是个遗憾。更不要说随着资本主义兴起和现代机动轮船出现以后，中国造船业越发的衰落。虽然经过洋务运动，当时的中国也建成了许多现代造船厂，有了一些起色，但是甲午海战不仅把北洋水师的军舰消灭殆尽，也沉重打击了刚刚兴起的中国造船业。

早期人类的境况都是差不多的，无论是埃及、印度还是希腊，都发明了车和船。大约在公元前3500年，黑海附近大草原的几个部落带着马来到底格里斯——幼发拉底河流域，他们发明了木轮，开始用马来拉有轮子的车进行运输，轮式运输开始流行起来。5000多年前，在现在的苏黎世附近，一辆马车陷在了泥地里。它有两对实心的木制车轮，每个车轮都连接着一个轴，而这个轴也随着车轮转动。这辆马车非常重（可能有700千克），它被卡住了，只能留在原地不动。这是已知最早的轮式运输的例子。车轮似乎已经演变为一种解决运输问题的方案，特别是在可以使用牛和木头的地区。到了公元前2000年，北欧、波斯西部和美索不达米亚都在使用重型轮式运输。

地中海是西方文明的发源地。在过去5000年的历史长河里，不同文明在地中海沿岸交汇并融合。公元前3000年，埃及文明发源于尼罗河中下游地区，其范围从地中海东部广阔的三角洲地区一直延伸到克里特岛、希腊和意大利南部。尼罗河是连接埃及的高速公路，19世纪以前，埃及的陆路旅行几乎没有记载。而船舶在全国各地成为运输人员和货物的主要工具。埃及的船有一个高高的船尾和船头，到了新王国时期，它们的两端都配备了船舱。盛行的风向是向南吹的，推动船只向这个方向行驶，而向北行驶的船只则依靠水流和船桨。

古埃及使用的最简单的船是小船，它由纸莎草捆绑而成。由于芦苇中充满了气囊，所以船的浮力特别大。小船用于在沼泽地捕鱼和打猎，或用于短途旅行。大型木船配备了方帆和船桨，船的木板用绳子固定在一起，木板在水中膨胀，确保船只不漏水。金合欢木被用来建造船只，然后将巨大的石块从阿斯旺地区运到尼罗河沿岸的金字塔、神庙和城市的建筑工地。船还被用来将神像从一个神庙运到另一个神庙，并将皇室和贵族的木乃伊跨越尼罗河运到他们在西岸的墓穴。

古埃及的道路如果与古罗马的道路相比只能算是羊肠小道，埃及人选择步行、骑驴或乘马车旅行。车子可能是由希克索斯人引入埃及的，希克索斯人是一个亚洲民族，在第十五和第十六王朝时入侵埃及并统治了该国。希克索斯人很可能拥有马拉的战车。新王国法老和贵族们采用这种运输方式进行狩猎探险，但普通人并不使用这种方式出行。

地中海在古希腊和古罗马的交通和旅行中起着核心作用。它面积广阔，还有许多天然的港口和海湾，使海上航行成为旅行和运输货物最经济和有效的手段。根据希腊哲学家柏拉图的说法，希腊城市和殖民地拥挤在地中海沿岸“就像池塘里的青蛙”。罗马帝国将地中海完全包围，罗马人称其为 mare nostrum，意思是“我们的海”。地中海在古希腊和古罗马占据了如此重要的地理位置，因此，旅行和运输的首选方式是海运。

然而，海上旅行有某些缺点。大多数古希腊和古罗马的船只只在春末秋初的时候航行。冬季恶劣的天气并不适合海上旅行。海上运输的另一个问题是对顺风的依赖。当风从后面或侧面吹来时，大多数古希腊和古罗马的帆船都能最有效地运行。如果风从错误的方向吹来或者根本不吹，帆船就无法行驶。一年中任何时候的风暴都会给航运带来危险，而海盗也是一种持续的威胁。

古希腊人和古罗马人通过使用大帆船——由人划船和风帆驱动的船只，在一定程度上克服了风力问题。因为有了划手，大帆船不必完全依赖风。只要有可能，大帆船就会使用它们的帆。但当风停了或吹向错误的方向时，划手就会伸出他们的桨，船就能继续前进。大帆船在沿海或岛屿之间的短途旅行中最为有用。

小木船不适合远距离运输沉重、笨重的货物。帆船才有移动这种货物所需的动力。到公元前300年，古希腊的普通商船可以装载大约100吨的货物。古罗马时代，最大的船只可以携带很多货物。由于体积和重量都很大，这种船的行驶速度很慢，在顺风的情况下，平均每小时只能行驶6到11千米。

大型商船的主要功能是为了运输货物。最难运输的货物是建筑石材。来自埃及、小亚细亚和其他遥远地方的石头在罗马的需求量很大，它们用于建造庙宇和公共建筑。古希腊和古罗马的船只还运输粮食、酒、油、食品和其他货物。谷物一般是装在布袋中进行运输的。葡萄酒和橄榄油，以及诸如橄榄、坚果和蜂蜜等产品，被装在有细长脖子的大黏土罐子里进行运输。一些大型古罗马船只可以装载多达1万个这种罐子。

一位2世纪的希腊人在描述最大的一艘船时写道："它有128米长，从舷梯到船板有17.7米，到船头装饰物有22米高……它是双桨和双桅的……在一次试航中，船上有4000多名桨手和400名其他船员，甲板上有2850名水兵。"

（三）古代的运输和出行

古希腊和古罗马的陆路运输是乏味、嘈杂且昂贵的，但有时没有其他选择。从一个内陆地区到另一个地方往往要走陆路，除非有一条可通航的河流将两地连接起来。此外，在冬季和其他一些时候，恶劣的天气或不利的风会使航运关闭或延迟，这使得陆地运输成为唯一的选择。

在古希腊，陆路运输尤其困难。崎岖不平的山区地形和大多数地区缺乏道路，这就使陆路旅行只限于短距离的运输。希腊人建造的道路相当粗糙，希腊历史学家希罗多德对波斯帝国令人印象深刻的道路系统赞不绝口，因为其使得从一个地方到另一个地方的移动非常迅速。利用骑手、马匹和中继站，波斯的信使们每天可以走160千米。当亚历山大大帝征服波斯帝国时，古希腊人接管了这些道路。

与古希腊人不同，古罗马人是卓越的道路建设者。意大利是第一个拥有铺面公路的地区。在东部，古罗马人维护了现有的波斯道路系统，并将其与欧洲和北非的道路连接起来。到了公元100年左右，古罗马人已经建立了一个广泛的铺面公路网络，将帝国的所有地区连接起来。

古罗马道路是一项工程奇迹。这些道路能在各种天气下使用，它们宽阔、平坦、排水良好，而且尽可能修的笔直。每条道路都有里程碑——每隔1.6千米就有一个石质标记，以告知旅行者离道路起点的距离。阿皮亚路是罗马最著名的道路，连接罗马城和亚得里亚海上的布伦迪西姆港，长达580千米。罗马人长期建造道路。鼎盛时期，罗马帝国有80000千米平坦的大道，这使四轮马车备受青睐。有人说古罗马人的四轮马车，直接影响了我们今天汽车的基本结构。四轮马车相当的精美，马车减震的核心部分据说是古罗马人在引进凯尔特人的马车技术上进行改进的。

在古希腊和古罗马，基本的陆地交通工具是两轮马车和四轮马车。这些马车由牛、骡子或马拉动，既载人又载物。大型的四轮马车主要用于运输重物，而轻型的两轮马车则用于运输小件物品和乘客。到了罗马时代，还出现了其他样式的客运工具。富裕的罗马人经常乘坐有顶棚和窗帘的马车旅行，对于长途旅行的人来说，还有宽敞的卧铺马车供其选择。

图6 公元2世纪描绘古罗马马车的葬礼浮雕

大多数马车和小车的车轮是铁制的，没有弹簧，在行进过程中非常颠簸。

更糟糕的是，马车的轮子缺乏润滑，因此它在行驶的过程中会发出刺耳的声音，这种响声，在马车到达之前和离开之后很长一段时间都能听到。罗马等大城市白天禁止车辆通行，因此居民在晚上不得不忍受车轮的声音。唯一已知的润滑剂是动物脂肪和压榨橄榄后留下的油性沉积物。但这两种东西都太昂贵，无法随意涂抹在大多数车辆的车轮上。

哈罗德·韦特斯通·约翰斯顿在《罗马人的私人生活》中写道："关于罗马人采用的旅行方式，我们必须依靠间接的信息来源，因为如果有罗马人写的旅行书，它们也没有流传到现在。然而，我们知道，虽然没有什么距离是不能穿越的，也没有什么困难是不能克服的，但一般来说，罗马人对旅行本身并不关心，只是为了享受乐趣，就像我们现在享受的观光。一位罗马执政官很少离开罗马，这可能是由于他对大自然的野性魅力视而不见，更可能是由于他觉得离开了罗马就会被遗忘。在他的一生中，他只进行过一次大旅行，当时他参观了著名的城市和奇怪的或历史悠久的景点；他在国外待了一年，有一些将军或总督陪同，只有最紧急的私人事务或公共职责才能把他从意大利拉出来。而意大利对他来说意味着罗马和他的乡村庄园。当炎热的月份元老院休会时，他就去拜访这些地方；他从一个庄园游荡到另一个庄园，享受意大利的美丽风景。即使有公共或私人事务需要他离开罗马，他也会通过书信保持联系；他希望他的朋友给他写大量的信件，并准备亲自回复。"①

"由于缺乏定期运行的公共交通工具，我们无法判断旅行者通常的速度。速度取决于要走的总距离、旅行者要求的舒适程度、业务的紧迫性以及他所掌握的交通工具。西塞罗说，用马车在 10 小时内行进 90 千米是很少见的。但在罗马的道路上，如果在适当的距离能提供更换的马匹，并且如果旅行者能够忍受疲劳，应该可以走得更快。信件的发送是最好的比较标准。当时没有公共邮政服务，但每个有地位的罗马人都有专门的信使，他们的任务是为他传递重要信件。他们在一天内步行 41.8 至 43.5 千米或驾车 64 至 80 千米。我们知道，信件从罗马到布伦迪西姆，共 580 千米，需要 6 天时间，再到雅典需要 15 天。一封来自西西里的信在第 7 天到达罗马，来自非洲的信在第 21 天到达，来自英国的信在第 33 天到达，而来自叙利亚的信在第 50 天到达。甚至在华盛顿时代，一封信在冬季从东部各州到南部各州需要一个月的时间，这并不是什

① Harold Whetstone Johnston. The Private Life of the Romans [M]. Chicago: Scott, Foresman and Company, 1909: 379.

么稀奇事。”①

由古罗马人建立起来的欧洲公路网，在罗马灭亡后陷入失修状态。曾经维护良好的道路在冬季很快就变成了泥泞的小路，在一年中其他时间里，也只是一条不平整的土路。由于道路被严重破坏（直到 12 世纪左右开始修复），陆路旅行需要靠步行，或者需要使用马、骡子、驴、牛或马拉车，还要有用于支付过路费、小费、住宿、食物、兽医（如果将动物当工具）等的硬币，这样一来，水路旅行就是当时最快速、最便宜和最有效的选择，特别是对于较长的旅程来说。

大多数农民只是在他们国王的土地上做很小范围内的旅行，如到最近的市场购买食物，去工作，然后再回家。农民也会冒险到最近的村庄去卖他们的产品。由于农民属于他们出生的土地，他们在离开国王的领地之前必须得到国王的许可。

贵族能走得更远，他们行走在庞大的庄园之间，有时还会为特殊事件走得更远。朝圣者和骑士们会到很远的地方去冒险，而商人们通常会选择乘船（配备风帆，或由人划船）进行水上旅行，进入外国市场，销售他们的商品，并带异国的货物到本国。

普通的中世纪农民可以以每小时 4.8 千米的速度行走，每 20 分钟走 1.6 千米，而专业的快递员每天可以步行 50 至 61 千米。马乔里·尼斯·博耶梳理了 14 世纪法国的记录，她认为步行旅行者每天可以步行约 42 千米。一匹马在需要休息之前，每天可以走 64 至 97 千米，马拉的车可以走 32 千米，而牛拉的车（取决于负载的重量和车的质量）每天最多可以走 16 千米。

如果与手推车一起行走，尤其是那些满载贸易货物的手推车，可能会拖慢旅行团的速度。例如，当 1297 年新上任的布拉班特公爵夫人玛格丽特决定将她的服装全部搬到她的婚房时，货车花了 18 天的时间才从伦敦到伊普斯威奇，距离大概是 137 千米，即使是这样的“速度”，也需要 5 匹马的帮助。

直到中世纪晚期和文艺复兴早期的衔接时期，由于道路的改善加上原始的马车悬挂技术的引入，人类对马车的使用才有所增加。

与第一次工业革命和第二次工业革命一样，交通对中世纪时期欧洲的社会改善、经济繁荣和发展至关重要，中世纪的交通创新和美洲的发现带来了此后的经济繁荣。

---

① Harold Whetstone Johnston. The Private Life of the Romans [M]. Chicago: Scott, Foresman and Company, 1909: 389.

二、打破空间限制的中西方交流

西汉时期，张骞通过“凿空之旅”开通丝绸之路，建立了一条中国与世界沟通的稳定桥梁。这条连接亚洲、非洲和欧洲的古代陆上商业贸易路线渐渐演变成一条黄金之路，成为早期中西经济、文化、技术交流的大动脉。古人走丝绸之路主要的交通工具是被称为“沙漠之舟”的骆驼，虽然它不是什么机器，却为后来机器的交流和传播有很大贡献。唐三彩中著名的骆驼俑就是中西方文化交融的证明。

（一）指南针传入欧洲

中国是最早发明指南针的国家，也是最早把指南针应用到航海的国家。大约在北宋时期，中国人已将指南针用于海上导航。这对于海上交通的发展起了极大作用。北宋人朱彧在1119年成书的《萍洲可谈》中，有这样一段文字：“甲令海舶，大者数百人，小者百余人……舟师识地理，夜则观星，昼则观日，阴晦观指南针。”指南针是怎样传入欧洲的呢？英国物理学家吉尔伯特，一直致力于磁现象的研究，他于1600年在其所著的《论磁》中记载了马可·波罗于1260年把指南针由中国带到意大利。欧洲人知道磁针的应用，是在12世纪末到13世纪，即十字军东征时代，欧洲人才认识到磁针及其对于航海的应用。在1282年阿拉伯科学家贝拉克·卡巴贾奇的著作中，首次出现用磁针航海的记载。事情发生于1242年，在叙利亚海上，当夜间不能看到星星时，船长便使用浮于水上的磁针：置满装水之盆于船内无风处，取一针插入一轻木钉，或短芦苇秆中，使针与木钉成十字，投入水盆中，针随木浮于水面，然后手握磁石移近水面之针，使针在水面向右旋转，再突然将磁石移远，针之两端便指南北。他又说：在印度海航行的船长将“薄铁鱼”投入水中，铁鱼浮于水面，其头尾指南北，这就是中国人发明的指南鱼。

当时往来中国南海、印度洋和波斯湾之间的商船，能够容纳上百人的只有中国海船，阿拉伯商人也经常搭乘中国海船。宋代与阿拉伯的海上贸易十分频繁，中国开往阿拉伯的大型船队有指南针导航，阿拉伯人很容易从中国商船上学到指南针的用法。随后，阿拉伯人再将这一技术经过阿拉伯国家传入欧洲。欧洲人早期使用的航海罗盘，与中国人的水罗盘一样，而且制作方法也与中国水罗盘相同。这一系列的趋同现象，只能以技术传播来解释。

在13世纪50年代之前，欧洲人还停留在对中国宋代指南针的仿制阶段。此时的欧洲人无论是理论还是实践，都没有太大的进展，也没有超过中国宋代的罗盘应用水平。13 世纪后半期，通过法国实验物理学家皮埃尔的研究，欧洲的指南针开始有了本土化的进程。随着中国旱罗盘传入欧洲，法国人又将旱罗盘改进，将其装入有玻璃罩的容器中，成为便携仪器，这种携带方便的指南针被欧洲各国的水手广为应用。没有指南针之前，航海只能使用观星的方法推算大概方位；指南针出现后，海员们不仅可以确定方位，有时甚至能推算出两地间的距离。从此，各国的远洋船队依据海图和罗盘所记载、测算出来的航线、航向，安全地行驶于茫茫海天之间。指南针为哥伦布发现美洲的航行和麦哲伦的环球航行提供了技术保证，使欧洲迎来了地理大发现的时代，揭开了世界的神秘面纱，也为资本主义的发展提供了基础。

（二）马可·波罗的中国行

马可·波罗是一位来自威尼斯的探险家，以《马可·波罗游记》一书而闻名，该书描述了他在亚洲的旅行经历。马可·波罗和他的父亲、叔叔自 1271 年到 1295 年从欧洲到亚洲旅行，他们在中国待了 17 年。虽然他不是第一个到中国旅行的欧洲人，但是他是第一个写下他冒险经历的人，他在中国的经历也使欧洲人对中国有了初步的了解。

马可·波罗的父亲和叔叔早年在亚洲做珠宝生意，他们曾加入前往觐见忽必烈的外交使团，拜访过蒙古皇帝忽必烈。1269 年，他们回到威尼斯后，立即又制订了返回可汗宫廷的计划。在他们与忽必烈见面时，可汗表达了他对基督教的兴趣，并要求他们兄弟带 100 名牧师和一批圣油再次到蒙古进行访问。1271 年，兄弟俩带着年仅 17 岁的马可·波罗再次出发前往亚洲。按照马可·波罗的描述，他们在 1272 年初到达了霍尔木兹海峡，由于没有找到任何顺路的船只，3 人决定不冒险走前往印度的海上通道，而是通过陆路前往蒙古首都。在接下来的 3 年里，他们慢慢地穿越沙漠、高山和其他崎岖的地形，沿途接触到了不同的宗教和文化，最后在 1275 年，他们抵达了忽必烈在大都的华丽宫殿，将来自耶路撒冷的圣油和教皇的信件送给忽必烈。

在接下来的 17 年里，由于马可·波罗给忽必烈留下深刻印象，因此他也被委以重任，多次被派往帝国遥远的地方进行调查。有一次，这样的旅程把马可·波罗带到了中国西南部的云南（也许是缅甸）；还有一次他因公务被派往港口城市杭州，这是一个被蒙古人征服的人口稠密的地区。除了为皇帝执行任务外，马可·波罗还承担税收官员的职责，他负责检查从盐和其他商品贸易中收取的关税。他在书中讲述了大汗庞大的通信系统，这是他统治的基础。他用了 5 页的篇幅介绍了这个精心设计的结构，描述了这个帝国的信息高速公路是如何高效、经济地覆盖了几百万平方千米土地。

大约在1292年，一位公主要被送到她的丈夫、波斯的蒙古统治者阿浑汗那里，马可·波罗家族提出要接下这个护送任务。马可·波罗写道：忽必烈一直不愿放他们走，但最终还是同意让他们离开。他们急于离开的部分原因是忽必烈快80岁了，他即将迎来的死亡（以及随之的政权更迭）对一小群孤立的外国人来说可能是危险的。当然，他们也渴望再次见到他们的家乡威尼斯和他们的家人。

公主带着约600名朝臣和水手、马可·波罗及家人登上了14艘船，离开了泉州港，向南航行，在苏门答腊作短暂停留，于18个月后在波斯登陆。但到达后的他们却发现阿浑汗已经死了，公主只能嫁给他的儿子。事实证明，这段旅程令人痛苦，许多人因风暴和疾病而丧生。当这群人到达波斯的霍尔木兹港时，包括公主和马可·波罗在内只有18人还活着。

从中国返回威尼斯仅仅几年后，马可·波罗就指挥一艘船与敌对城市热那亚开战。他被俘并被投入到热那亚的监狱里，在那里他遇到了一位冒险作家——比萨的鲁斯蒂切罗。两人成为朋友后，马可·波罗告诉了鲁斯蒂切罗他在亚洲的时光、他所去过的地方以及他取得的成就。他们合作编写了一份1298年手稿，名为“世界描述”，后来被称为《马可·波罗游记》。马可·波罗借助冒险笔记，描述了忽必烈和他的宫殿，以及纸币、煤炭、邮政、眼镜等欧洲尚未出现的新鲜事物。他还讲述了关于战争、商业、地理、宫廷阴谋和蒙古统治下人们的故事。

1299年的热那亚——威尼斯和平条约允许马可·波罗回国，从此以后他可能再也没有离开过威尼斯。他于1324年去世，尽管有一些怀疑论者质疑他是否真的来到了中国，但是他的故事却激励了无数的冒险家去探索新世界。据说，哥伦布在寻找一条通往东方的新航道时就随身携带了一本带有大量注释的《马可·波罗游记》。

我们可以清楚地看到：在1300年左右，整个世界，至少非洲——欧亚大陆已经成为一个动态的区域。人们到处旅行、经商，通常是成群结队——步行、骑驴、骑马、骑骆驼、坐马车或乘船。商人贩卖货物，皇帝、苏丹和教皇调动军队、外交官和特使，传教士传播福音，朝圣者和学者寻求知识，人们寻找工作，大批的人因各种原因在迁徙。船长、商队领袖和运输专家为人员出行提供了多种方法。

这种长途旅行在那个时代之所以变得更加容易，主要有以下三个原因：第一，中亚游牧民族（蒙古人）征服了俄罗斯、中国和中东的大部分地区，建立了世界上领土最大的帝国。蒙古统治者为保证丝绸之路贸易路线的秩序和安全而加强了防卫力量。第二，伊斯兰在北非、中东、波斯和东南亚的稳定统治为旅行者提供了安全的旅行路线。第三，航海技术的进步促进了印度洋的海上旅行。

虽然大量的旅行者并没有留下旅行的书面记录，但是我们还是可以从马可·波罗、摩洛哥丹吉尔的阿布·伊本·巴图塔的游记以及郑和的七次航行中找到许多精彩的记录，从中可以体会到古人在条件简陋的情况下探索世界的壮举，他们为现代世界的形成做出了突出贡献。

三、新的交通机器与现代世界的诞生

1835 年，法国青年托克维尔到美国游历了一圈后，回国就写出了让他声名鹊起的伟大之作——《论美国的民主》。托克维尔看到了一个新世界正在蓬勃升起，它的基础不仅有工业生产技术，还有通过可信知识（科学）的增长而获得的一种全新的认识，更主要的是一种崭新的社会——政治——意识形态结构。他在书中虽然预测了美国必将“变成世界上最伟大的国家”，但他不认为这种新结构取代旧制度是一种必然，他甚至心有戚戚，担心这种新结构可能崩溃或被破坏。因为美国的人口仅占全世界的 2%，似乎不可能让其余的 98%俯首归顺。

英国著名的人类学家、历史学家艾伦·麦克法兰对现代世界的诞生有着独到的看法：他一方面批判了所谓修正主义者的观点，即“现代世界”绝不是某地的特产，从一种意义上说，它是无处不在的；从另一种意义上说，它仅仅是经济和技术领域的一系列表面变化，这些变化在 1800 年以后迅速而轻松地传播到了世界各地。在学者们看来，现代性是一个工具箱，里面装满了发明物，其中很多是中国原创的，然后被偷走或借走，并被改良，到了 19 世纪至 20 世纪，又被重新出口到亚洲。①

另一方面，艾伦·麦克法兰又不得不承认：“事实上，导致现代世界诞生的所有因素几乎悉数来源于欧洲以外：1400 年以前的伟大技术发明全都是中国人贡献的；许多伟大的科学发现是被希腊记录，然后在伊斯兰诸文明之内发扬光大。经由几条贯穿欧亚大陆的贸易通衢，1300 年的欧洲已经吸收了世界各地的

---

① 艾伦·麦克法兰．现代世界的诞生［M］．管可秾，译．上海：上海人民出版社，2013：16.

许多知识。”①

这两者之间似乎是有逻辑矛盾的，但他主要是想强调：现代性之所以诞生于英国，与英国自身的独特元素没有关系，现代性在道德上也不比旧制度更优越，这一切只是因为英国的各种历史条件刚好促成了它获得现代性。他说：“很多人将现代性归因于一种特定的生产方式，最根本地看，也许归因于非人力驱动的机器所促成的高度的劳动分工。这便是今人所称的‘工业革命’，它给自由和平等带来了一种特殊风味。”② 他看到了机器在现代世界产生中发挥的重要作用，以及机器将带给整个世界的改变。

谈到机器与现代世界，还有一个证据可以帮助我们看清它们之间的联系。1851 年夏天，在英国的海德公园举行了万国工业博览会，当时的报纸称它为：“人类现代历史上最了不起的事件”，它不仅代表着一个崭新时代的开端，其本身还意味着“乌托邦的实现”。这是“自创世以来，世界各地的人们第一次为同一目的而聚到一起”。

博览会的展品分为原材料、机器和机械发明、制成品、艺术品这四大类别。“博览会的核心是一场现代性的狂欢。毫无疑问，博览会中最受欢迎的就是机械馆，其‘标志性的低沉、粗重的声音仿佛远方急流的咆哮’。总有大批人聚在一起，围观 700 马力的发动机、蒸汽锤、水压机、打桩机、克兰普顿机车（最高时速可达 116 千米）和其他同时代的奇观。”③

（一）火车的出现

自 18 世纪以来，机械化使各种运输方式都经历了方法和动力的演变。第一个最有意义的创新是蒸汽机，它在 18 世纪末提高了海运和铁路运输的运力。但是由于蒸汽机的体积太大，它还不适用于公路运输，直到 19 世纪后期才发明汽车。

火车首先成为陆路交通运输变革的先锋。乔治·斯蒂芬森（George Stephenson）被称为“铁路之父”，但是有人会发出质疑，因为在他之前还有其他工程师参与了铁路系统的开发。其中，最著名的是罗伯特·特雷维西克（Richard Trevithick），他在 1801 年建造了世界上第一辆公路机车——“喷气恶魔”，并用

---

① 艾伦·麦克法兰．现代世界的诞生［M］．管可秾，译．上海：上海人民出版社，2013：18.

② 艾伦·麦克法兰．现代世界的诞生［M］．管可秾，译．上海：上海人民出版社，2013：21.

③ 本·威尔逊．黄金时代：英国与现代世界的诞生［M］．聂永光，译．北京：社会科学文献出版社，2018：5.

它载6名乘客前往附近的村庄。3年后，佩尼达伦机车作为第一个以蒸汽为动力的铁路机车在铁轨上拉货，从而载入了世界历史。当地的铁匠不相信机器可以完成一匹马的工作，因此他打了一个500基尼（525英镑）的赌，赌它能把重达11.4吨的铁条从佩尼达伦拖到阿伯西农，需要注意的是，这段路有14.5千米长。

在1804年2月21日，该机车经过4个小时5分钟，消耗了101.6千克的煤，完成了任务。但是由于回程时机车的锅炉漏水，并且其发动机太重压坏了一些轨道，所以最后谁赢得了赌局还争执不下。对此，当地的一家《寒武纪报》的报道是这样写的：期待已久的特雷维西克先生新发明的蒸汽机的试验……在本镇附近进行，其有令人钦佩的表现，这是其最热烈的拥护者所期望的。在目前的例子中，通过这台真正有价值的机器，蒸汽的新应用被用来沿着铁轨将10吨的棒状铁从佩尼达伦钢铁厂运送到与格拉摩根郡运河相连的地方……这台机器在目前的所有者手中，将被用于无数个从未想过的使用发动机的场合。

然而，一位英国同胞——一位名叫斯蒂芬森的土木和机械工程师，也就是前面介绍的“铁路之父”，他将机车变成了一种大众交通工具。他在1821年将第一条现代铁路投入使用，这使他得到了广泛的认可。1814年，斯蒂芬森设计了“布吕歇尔”，这是一种8节车厢机车，能够以6.4千米/小时的速度向山上运送30吨煤炭。1821年，他曾为基林沃斯煤矿制造了几台蒸汽机，他听说另外一名工程师爱德华·皮斯打算建造一条从斯托克顿到达灵顿长达12.9千米的线路，以开发储量丰富的煤炭。皮斯打算使用马牵引，斯蒂芬森告诉皮斯，蒸汽机的牵引力是马在铁轨上所能承受的负荷的50倍。皮斯思虑再三，最终同意让斯蒂芬森负责修建他的运输线。

到了1825年，斯蒂芬森建造了第一辆在公共铁路线上运行的蒸汽机车，他将之命名为“1号机车”。这台机车在第一次出发前，一名骑马的男子手持旗帜经过，旗帜上的标语为“Periculum privatum utilitas publica”（为公共利益而承担私人风险）。当骑手离开时，斯蒂芬森启动机车，以24千米/小时的速度拉动一列载有450人的“马车”。6年后，他开通了利物浦到曼彻斯特的铁路运输服务，这是第一条由蒸汽机车提供服务的公共城际铁路线。他的成就还包括制定了铁路间距标准，所以也难怪他被誉为“铁路之父”。

火车在与畜力的竞争中稳占上风后，人们发现蒸汽机车似乎有着永远不竭的动力，它不会像牲畜那样会出现筋疲力尽的情况，但前提是要保证煤炭的供应。因此，“19世纪初，人们用‘时间和空间的湮灭’这个惯用语，来形容自然空间在被铁路剥夺了曾有过的绝对力量之后，所要面临的新处境。移动不再依靠自然空间的条件，而是以一种机器力量为基础，为自己创造出了新的空间。我们已经看到，蒸汽的力量立刻就将那浩瀚的大西洋抽干到剩下不到一半宽。……我们与印度的交流同样受惠于此。印度洋不仅比以前小多了，而且因为有了蒸汽的引领，来自印度的邮件就像获准通过红海水域中一条奇迹般的通道，现在到地中海只要一星期，在我们眼前，印度洋已经缩小成了一个湖；不列颠与爱尔兰岛之间的海峡，也不比老福斯湾宽；莱茵河、多瑙河、泰晤士河、梅德韦河、恒河等，无论长度还是宽度，都缩到不及以前的一半，世界上的大湖迅速地干涸成了小水塘!”①

几十年后，中国也有了第一条铁路，这与英国有很大的关系。当时的上海租界林立，货物运输主要靠黄浦江，但由于江水浅、运输能力有限，英国人就想修一条从闸北到吴淞口的铁路。不过屡次申请，均遭上海政府拒绝，于是英国人决定瞒天过海，与美国人合伙成立了一家道路公司，他们于 1872 年向上海道台申请修建一条运输马路，最终得到了批准。道路公司决定由英国在华的代理人——怡和洋行修建这条“寻常运输马路”，1876 年 7 月 3 日，擅自在中国的土地上修建的中国第一条营业性铁路——吴淞铁路建成并通车。

但是在同年的 8 月 3 日，才运营一个月的吴淞铁路却发生了一次事故：一个中国人突然横穿铁路，被来不及刹车的火车当场撞死。这是中国第一例铁路交通事故。出事后，上海道台冯焌光在两江总督、南洋大臣沈葆桢的授意下，做出了一个重大决定：他派军队驻扎在铁路沿线，捉拿肇事司机戴维，要以命偿命。

而英国人态度也很强硬，他们派两艘军舰在黄浦江游弋，摆出迎战的姿态。同时，根据领事裁判权，英国人对此案进行审理，最终认为这是一场交通事故，戴维不构成犯罪。案件审理结果将民意的对抗情绪推向了高潮，沈葆桢与冯焌光趁机向英国人提出了他们的最终要求：吴淞铁路必须停建、停运。

后来李鸿章派他的两个助手盛宣怀和朱其诏去上海，协助冯焌光与英国人谈判。李鸿章的介入使谈判顺利许多，1876 年 10 月 21 日，双方签订协议，中国以 28.5 万两银子收购了吴淞铁路，分 3 次交款赎回这条铁路。一年后，即 1877 年 10 月 20 日，中国终于付清了所有的银子，英国人将铁路交给了清政府。沈葆桢此时做出了一个令人震惊的决定：将吴淞铁路拆除。花大价钱买来的铁路，就这样变成了废铜烂铁。英国人惊讶于这一浪费行为，后来，英国公使在

---

① 沃尔夫冈·希弗尔布施．铁道之旅：19 世纪空间与时间的工业化［M］．金毅，译．上海：上海人民出版社，2018：8-9.

给英国外交部的报告中称，沈葆桢任性的就像小孩子耍脾气。

1879 年，洋务派首领之一的李鸿章为了将唐山开平煤矿的煤炭运往天津，奏请修建唐山至北塘的铁路。清政府以铁路机车“烟伤禾稼，震动寝陵”为由，决定将铁路缩短，仅修唐山至胥各庄一段，胥各庄至芦台间开凿运河，连接蓟运河，以达北塘海口；为避免机车震动寝陵，决定由骡马牵引车辆。然而用骡马牵引车辆根本不能发挥铁路应有的效用。1882 年，中国从苏格兰机车厂购入售价约为 24800 大洋的“0 号”蒸汽机车。“0 号”蒸汽机车是中国目前保存的最古老的机车。直到 1949 年，中国共有 4069 台蒸汽机车，分别由英、美、德、法、日、比、俄等国家生产，型号多达 198 种，中华人民共和国成立前的火车被称为“万国蒸汽机车博览会”，实不为过。

（二）汽车的发明

19 世纪中后期，随着资本主义工商业的发展，欧美各国政府的铁路系统已经成型，但他们感觉公路上的马车速度太慢，不能跟上时代的步伐，这时，汽车开始慢慢发展起来。

现代汽车最核心的部件是内燃机。这种类型的发动机依靠燃料的爆炸燃烧来推动气缸内的活塞。活塞的运动使曲轴转动，曲轴与驱动轴相连。与汽车一样，内燃机也有着悠久的历史。1885 年，德国的戴姆勒制造了世界上第一台内燃机，它是现代汽油发动机的原型。1895 年，法国发明家鲁道夫·迪塞尔（Rudolf Diesel）为柴油发动机申请了专利，这是一种高效的压燃式内燃机。

卡尔·本茨（Karl Benz）因发明了汽车声名远扬，因为他发明的汽车很实用，使用汽油动力内燃机。本茨于 1844 年出生于德国西南部城市卡尔斯鲁厄，他的父亲是一名铁路工人，在本茨两岁时死于一场事故。虽然贫穷，但本茨的母亲支持并教育他。他 15 岁考入卡尔斯鲁厄大学，1864 年毕业，获得机械工程学位。

本茨在铸铁厂的第一次创业失败后，他的妻子伯莎·林格用她的嫁妆资助他开办了一家新工厂来制造发动机，这样，本茨就可以自由地建造一辆无马的汽油动力车。到了 1888 年，本茨已经私下制造了 3 辆汽车原型，当时的林格认为应该让媒体报道一下。于是，林格在清晨乘坐最新款车型，送她的两个十几岁的儿子到距出发地 106 千米的外祖母家中，最终，3 个人顺利到达。

这次成功的旅行向公众展示了汽车的用处。次年，本茨在巴黎世界博览会上展示了 Model 3 Motorwagen。本茨于 1929 年去世，就在两年后，他的公司与汽车制造商戈特利布·戴姆勒（Gottlieb Daimler）的公司合并，形成了今天的梅赛德斯—奔驰公司。

图 7　奔驰汽车 1 号，以汽油为动力的无马马车

虽然在 19 世纪晚期汽车已经出现，但是直到 20 世纪初，汽车才开始被广泛使用。第一辆为公众制造的汽车是 1908 年生产的 T 型车，这是美国福特汽车公司制造的汽车。1913 年，福特工厂在高地公园拥有了世界上第一条移动的汽车装配线，福特汽车公司生产的汽车以 15 分钟的时间间隔下线，将生产效率提高了 8 倍，汽车得以量产。1914 年，装配线上的工人可以用 4 个月的工资购买一辆 T 型车。

于是，汽车在美国流行起来，它取代了动物牵引的马车和手推车，并且在庞大的高速公路网的支持下，公共汽车、卡车等车型也逐渐普及起来。汽车已经成为美国文化中至高无上的一部分，现在仍然是“美国梦”中隐含的自由的关键组成部分。但在西欧和世界其他地区，汽车被接受的过程要长得多。

尽管今天世界各大城市都在饱受交通拥堵之苦，但是在 20 世纪早期，汽车对城市的发展起了很大帮助。曾有人形容：汽车几乎就像犁过平原的犁一样，改变了城市。城市的数量在增加，城市的人口也在不断增长，城市空间随着汽车的数量增加而扩大，城市由过去的封闭转向开放，它朝着四面八方不断扩展并越来越大，因此要划分出城市中居住、商业、工业、度假等不同性质的功能区，道路、停车位、绿化等都要仔细规划。城市与郊区的距离再也不是问题，甚至一些有钱人专门跑到环境良好的郊区居住。

因为汽车，整个城市都发生了巨大的变化，今天遍布十字路口的红绿灯就是这种变化的证明，机动车道、非机动车道、人行道的划分，道路上的各种导引线也都在加强这种变化。公共交通、出租车、高架桥、加油站等也在改变着城市的面貌，交通规则也在人们的行为习惯方面为良好的交通秩序提供了保障。

休斯敦大学公共历史中心主任马丁·梅洛西（Martin Melosi）博士写道："据估计，现代美国城市的土地面积有多达一半用于街道和道路、停车场、服务站、车道、信号和交通标志、面向汽车的企业、汽车经销商等。同样重要的是，分配给其他交通工具的空间最终缩小或消失了。例如，在汽车时代，人行道通常被认为是将行人与各种交通工具分隔开来必不可少的，但在许多城市道路和街道上建造的却很少。"①

早在1961年，简·雅各布斯（Jane Jacobs）在她的《美国大城市的死与生》中就提出了一个有先见之明的问题。她预测了我们城市未来的两种可能结果，其中一种就是汽车对城市的侵蚀，或汽车对城市的损耗。如果不能控制汽车数量的增长，城市的性质将会被逐渐剥离。因为城市的意义在于选择的多样性，如果只有一种选择，那么城市的所有设计都只能以汽车为中心，为了适应汽车而设计，最终将不可能满足不同人群的多样化需求。获得汽车在意味着获得行动自由的同时，也意味着在多数时间内不得不忍受噪音、交通堵塞、空气污染以及卫生和健康的问题。

此外，海上运输技术的发展对世界的影响显而易见。当其他发明者试图制造足以用于大众运输的轮船时，美国人罗伯特·富尔顿（Robert Fulton）将这项技术推广到商业上可行的地方。1807年，克莱蒙号完成了从纽约市到奥尔巴尼241千米的旅程，耗时32小时，平均时速约为每小时8千米。几年后，富尔顿和其公司在路易斯安那州新奥尔良和密西西比州纳奇兹之间提供定期客运和货运服务。海上交通对经济的影响巨大。金属船体和燃料推进使船舶尺寸及其专业化（石油、货运、集装箱）的增长成为可能。20世纪70年代集装箱船的引入使得多功能货运承运人不断受益于规模经济，并支持了全球经济的快速发展。对于远洋贸易来说，没有什么方式能比海运更低廉了。

虽然欧美最早从这些交通机器发明中受益，因为它们拥有最多的资本和技术，但其他国家也同样受益良多。例如，1870年，冷藏货船的发明使阿根廷和乌拉圭等国家进入了黄金时代，他们开始大量出口肉类，这些肉类大多来自其广阔土地上养殖的牛。其他国家也开始在它们最具竞争力的领域享受到技术的好处。

---

① MELOSI M. Automobile in American Life and Society—The Automobile Shapes The city [EB/OL]. autolife, 2018-01-20.

（三）飞机与火箭

人类自古以来就梦想着能像鸟一样在天空中飞翔。2000多年前中国人发明的风筝虽然不能把人带上天空，但它可以被称为飞机的鼻祖。20世纪最重大的发明就是飞机。飞机可以被称为新时代运输的曙光。

威尔伯·莱特和他的弟弟奥维尔·莱特是美国的发明家、航空先驱，他们于1903年进行了第一次拥有动力、可持续和可控的飞机飞行。他们经营着一家印刷店，还办过一份报纸。1892年，兄弟二人开了一家自行车销售和修理店。1896年，二人开始小规模生产自行车。他们发明了自润滑自行车轮毂，并在店里安装了多台轻型机床。印刷厂和自行车店的利润最终为他们1899—1905年的航空实验提供了资金支持。此外，设计和建造轻巧、精密机器的经验也为建造飞行器提供了帮助。

1896年8月，关于德国滑翔机先驱奥托·利林塔尔（Otto Lilienthal）在滑翔机坠毁事故中死亡的一则新闻报道，激发了莱特兄弟对飞行的兴趣，这位德国工程师写的一本关于空气动力学的书成为莱特兄弟设计的基础。兄弟俩决定开始他们自己的飞行实验，他们前往北卡罗来纳州以强风闻名的基蒂霍克。他们首先着手研究设计飞机机翼，他们观察到鸟类为了控制飞行而调整翅膀的角度，并试图模仿，他们提出一种名为“翅膀扭曲”的概念。当他们为飞机加上一个可移动的方向舵时，莱特兄弟发现他们得到了一个神奇的设计。1903年12月17日，他们成功地驾驶着第一架比空气重的动力驱动的飞机飞上天空。威尔伯在当天的第4次飞行中在59秒内飞行了260米的距离，这是一项非凡的成就。

1905年，他们拥有了第一架“实用飞行器”Flyer Ⅲ，威尔伯驾驶着它飞行了39分钟，并且绕着霍夫曼草原转了大约38.6千米，直到它的燃料耗尽。其他的实验者也在他们的研究基础之上对飞行器进行改良，取得了更大的成就。随着设计师推出水上飞机、客机、装有无线电的侦察机、战斗机和轰炸机，飞机的能力和用途不断扩大。当第一次世界大战临近时，飞机已成为战斗武器之一。之后又经历了一段相当长的时期，飞机才取代传统的铁路和轮船成为长途旅行的主要交通方式。

火箭起源于中国，是我国古代的重大发明。中国早在宋代就发明了火箭，在13世纪以前，中国制造火箭的技术遥遥领先，火箭是热机的一种，它利用点燃的火药产生的反作用力飞行。据史料记载，中国第一次使用火箭是1232年，当时南宋和蒙古人正在交战。在保卫开封的战役中，南宋官兵用“飞箭”击退了蒙古入侵者。

后来，蒙古人学会了生产火箭，伴随着蒙古的扩张，火箭逐渐传到欧洲。从13世纪到15世纪，全世界有许多关于火箭实验的记录。在英格兰，一位名叫罗杰·培根的僧侣致力于改进火药，改良成功后大大增加了火箭的射程。在法国，让·弗罗萨特发现通过管子发射火箭可以实现更准确地飞行，弗罗萨特的发现促进了现代火箭筒的出现。

16世纪之前，火箭主要用于战争或制造烟花。中国有一个古老的有趣传说，却将火箭作为交通工具来使用。在众多助手的帮助下，一位中国官员万户组装了一把火箭动力飞椅，椅子上系着2只大风筝，并固定着47枚火箭。飞行当天，万户自己坐在椅子上，下达了点燃火箭的命令。47名火箭助手手持火把冲上前点燃引信。刹那间，伴随着滚滚浓烟，巨大的轰鸣声响起。烟雾散去，万户和他的飞椅不见了。

经过数百年的发展和应用，第二次世界大战后，火箭开始被用于空间探索，人类认真考虑飞向天空的可能性。1957年，苏联成功发射了第一颗到达外层空间的人造卫星，这让西方世界感到十分震惊。4年后，苏联又将第一位人类航天员尤里·加加林送入太空。

这些成就引发了苏联和美国之间的“太空竞赛”。1969年7月20日，载有宇航员尼尔·阿姆斯特朗和巴兹·奥尔德林的阿波罗飞船登月舱降落在月球表面。这一事件在电视直播中向全世界播出，数百万人见证了阿姆斯特朗成为第一个踏上月球的人，那一刻也被他称为“个人的一小步，人类的一大步”。

（四）现代世界的形成

今天，无数的人都在乘坐汽车、飞机、火车、轮船，甚至航天飞机进行旅行。这在过去来看是不可思议的，我们只是在短短的几百年之内，就打破了从前活动范围的局限，实现了从马车到各种各样交通工具的变化，这一切要归功于现代科学和技术的进步。

现代交通工具让人们能更快速地到达目的地，人们在感知上觉得距离“缩短了”，空间变“小”了。尽管麦克卢汉的“地球村”不是因为交通技术而是因为电子技术所提出的，而且他还说：“时间已经停止，空间已经消失。”然而这并不是真的，世界只是被各种先进的技术拉近了，它的物理距离并没有改变，只是人们的生活发生了巨大的变化，人们正以火箭式的速度匆匆忙忙、快节奏的生活，再也没有“从前，车马很慢，书信很远，一生只够爱一个人”的感觉。

全球化如果没有运输机器作为坚强后盾，它也不可能发展到今天这个程度，商品贸易、跨境旅游、对外投资、人员往来把世界紧紧地连在一起，世界从来没有像现在这样一荣俱荣、一损俱损。

在过去的几百年里，世界经济曾经两次被颠覆。第一次被称为大转型，遵循的是匈牙利裔美国政治经济学家卡尔·波兰尼揭示的逻辑。他认为，现代市场经济和现代民族国家不应被理解为独立的元素，而应被理解为单一的人类发明，他称之为“市场社会”。这种社会的一个突出特点是，人类的经济观念发生了变化。在大变革之前，经济建立在个人和社区关系的互惠和再分配的基础上。由于工业化和国家影响力的增加，竞争性市场的产生破坏了这些社会倾向，取而代之的是旨在促进市场经济自我调节的制度。

资本主义制度的扩张与经济自由的观念不仅改变了法律，而且也从根本上改变了人类的经济关系。而大转型背后的技术推动力就是蒸汽动力，它通过铁路、轮船启动了全球化。正是在这个时候，人们从农场转移到工厂工作，从农村转移到城市生活，价值创造的重心也从土地转移到资本。

第二次转型始于20世纪70年代初，早期被称为“后工业社会”，后来也有诸如“信息社会”“知识经济”“流动现代性”“第三次工业革命”和“网络社会”等类似的说法。这个社会的特点是知识价值增加，它的技术推动力是计算机，它从根本上改变了工作的性质，将大部分劳动力从工厂转移到办公室，将价值创造的重点从资本转移到知识。更是有人断言：现代（即后工业）社会的特征是技术官僚主义。西奥多·罗扎克在总结了所有现代社会都是技术统治的批判性断言后，更是指出“所有社会都在朝着技术统治的方向发展”。

当然，技术或机器带来的并不都是经济增长、效率提高、物质丰富、高质量的生活这样的好处，城市的无序扩张导致了环境和社会方面的倒退，机器的排放污染也给地球和人类带来了危机，全球变暖、土地贫瘠、臭氧层消耗、更大的不平等这样的隐患也像幽灵一样时刻萦绕在人们的身旁。

更不要说，人们文化、精神上的失落，快节奏的生活加重了人们的神经紧张，导致各种精神疾病、自杀事件居高不下；人际交往因陌生人的增多带来了更多不确定的危险；自然景观也在人们的视野中变得支离破碎，干净、宽敞的柏油马路挥不去人们对以前泥泞不堪却充满诗情画意的小巷的怀念。整齐划一、毫无生命力的机器却约束着人们的个性，使人在越来越具体的规则遵守中，变得如同机器一样，失去个性、随波逐流。

没有任何人能阻挡变化的步伐，我们能做的就是随着这些变化，不断地思考这种变化带来的现实影响。我们所有人都要意识到：当前我们的行为都会产生超越国界的影响，而且它以闪电般的速度把所有国家联系起来，因此，只有将人类的责任意识提高到一个很高的程度，了解我们肩负的责任，并且打算履行这些责任，我们才能在全球性的问题上达成某些共识，以平等的姿态造福我们共同体的所有成员。如果以文化的差异、价值观的不同、法律的分歧或者制度的区别为借口而增强敌对意识，放弃合作，那么，人类是真的没有什么前途和希望了。

第四章　机器与饮食革命

即使没读过《圣经》的人，大概也听说过亚当和夏娃偷吃禁果被赶出伊甸园的故事。神在创世时，专门在东方造了一个园子，里面有各种牲畜、昆虫、野兽等，并让亚当来管理。神吩咐他：园中各种树上的果子，他可以随意吃，只是分别善恶树上的果子，不可吃，因为吃后必死。虽然园子里有很多动物，但是他们并没有以肉食为生，他们的食物主要是树上的果实。在被赶出伊甸园之后，神为了惩罚亚当，就让他吃田间的蔬菜。紧接着就让他们的孩子一个种地，一个牧羊。由此可见，食物问题是人类面临的最古老的问题，它决定着人类的生存与发展。

中国有一个成语：民以食为天。古人把食物比喻成“天”，因为食物是人们日常生活中最重要的、赖以生存的必需品，饮食对于民众的生活是无可替代的。最初，人类与动物在吃东西方面没有什么区别，都是出于本能，但是随着人类处理食物的技术水平不断提高，不同国家、不同地区创造了各不相同的饮食文化。从人类祖先第一次烹饪食物到今天我们能够在分子层面上真正改变食物，在这期间发生了许多次重大的转变，也创造了许多令人难以置信的技术，从根本上改变了我们与食物的连接。

来自食物方面的第一次革命性转变肯定是火的使用，早期人类学会用火来加工食物。虽然火不能算是机器，但是怎么保存火和引火却需要技术。早期生火主要有两种方式：敲击燧石取火和钻木取火。相传这两种方式都是燧人氏发明的，他把这种方法教给人们后，人类就开始用火烤制食物、照明、取暖、冶炼。古希腊神话中普罗米修斯盗火惠人的故事世界闻名。埃斯库罗斯创作悲剧《普罗米修斯》以来，普罗米修斯更是成为西方哲学家和文学家的宠儿，他们以不同的艺术形式不断加工，讴歌他的正义之举和英勇无畏的气概，鼓舞着世代人民奋勇前进。

使用火来烹饪食物是早期人类生物进化中极其重要的技能。向饮食熟食的转变是人类历史上的一个决定性时刻。争论的焦点在于这种变化究竟是何时发生的。研究人员发现了150万年前由直立人制造的篝火残骸。但是在随后的数十万年，他们烹饪用火几乎没有什么改变，这非常令人惊讶，因为他们在此期间开发了相当精致的狩猎工具。证据表明，在烹饪的最早阶段，在热石上烹饪食物可能是唯一的方式。事实上，理查德·兰厄姆等人类学家认为，烹饪在人类生活中发挥了重要作用。甚至有学者认为：烹饪是使早期人类发展出智人特有的大脑的关键步骤。

生物学家普遍认为烹饪可能对人体的进化方式产生了重大影响。例如，熟食往往比生食更软，因此人类可以用较小的牙齿和较弱的下颚来食用它们。烹饪还可以增加他们从所吃食物中获得的能量。当人类像黑猩猩和其他灵长类动物那样吃生食时，无法获取足够的能量维持健康。50%只吃生食的女性会出现闭经或月经不调，这表明身体没有足够的能量来支持怀孕——从进化的角度来看，这是一个大问题。

这些证据表明现代人在生物学上依赖烹饪。但是，这种做法是在我们进化史上的哪个阶段被采用的？一些研究人员认为烹饪是一项相对较晚的创新——最多只有50万年的历史。随着烹饪技术的发展，人类从最初的直接用火烤或者在热石头上加热食物逐渐发展出了湿烹饪，即食物在水中煮沸，这需要控制火势，还要有容器。大约20000年前，当第一批烧制黏土陶器出现时，才出现用于烹饪食物的复杂器皿。由于游牧民族总是在不断地寻找食物，他们总移动，他们搬家时很难搬运沉重的炊具，因此，他们根本没有办法创造新的烹饪方法。

随着冰河时代的结束和新石器时代的开始，大约在12000年前，一切都发生了变化，那时农业革命的曙光开始出现，游牧民族开始定居下来成为农民。尼罗河流域、新月沃地和长江、黄河流域的民族进入农耕时代，他们通过农业生产获得大量食物，并且想方设法储存和保护食物，从而产生了永久性定居点，在几千年内，农业革命便蔓延到世界各地。

一、农用机器与农作物

农业是世界上最古老的产业，在10000多年前，人类开始学会种植，他们不再追逐野猪或从树上采摘果实，而是开始花时间耕地、浇水和播种，希望能获得更多的粮食。在发明犁之前，早期的农民会用树枝或棍棒在土壤表面开沟，以便播种。为了提高效率，人类发明了手持锄头。有证据表明，大约4000年前古埃及人就使用了这些工具。再之后，人类也驯化了野生动物，于是，由动物牵引的犁也诞生了，骆驼、牛，甚至大象都可以完成翻地的工作，而人们终于可以偷点懒打个盹。

（一）中国和西方的农机具

中国农业技术的第一次重大革命是发生在农民可以使用铁制农具的时候。战国时期的铁犁铧，出土于河南辉县固围村的魏墓中。铧呈“V”形，边长17.9厘米，侧宽4厘米，两边夹角为120度。这种造型破土时可以减少阻力。铁铧装在犁床的前端，就是给木犁套上一种V形的铁刃，俗称铁口犁。它解决了石犁容易破损的问题。在铁制农具推广的同时，牛耕开始流行。铁口犁与牛耕相结合，是耕作技术上的一次重要改革。

此后，又出现了一些改进和创新，如三铧犁、耧车和耙子。

美国学者雷塞说：“构成近代犁的最明显特征，就是呈曲面状的铁制犁壁，它是古代东亚所发明的。18世纪才从远东传入欧洲。”① 犁壁传入欧洲以后，1783年，英国近代犁具发明人斯莫尔总结犁壁原理说：“犁铲与犁壁之间应制成连续光滑面，没有任何断层。”② 斯莫尔阐述的理论，汉代人已经懂得了。汉代的犁具可以让犁破开的土块毫无阻碍地滑过犁壁。欧洲的耕犁11世纪才装犁壁，要比中国晚1000年。

根据农学史专家维尔特的研究，传统耕犁有6种，即地中海勾辕犁、日耳曼方型犁、俄罗斯对犁、印度犁、马来犁和中国框形犁。其中，最先进的是中国框形犁。所谓中国框形犁，就是曲辕犁。曲辕犁的床、柱、梢、辕这四大部件构成框形，被称为中国框形犁。

曲辕犁是唐代劳动人民对传统耕犁的重大改进。它的出现是我国农耕史上的重要成就，标志着我国耕作农具的成熟。中国耕犁至此基本定型。中国的普通农民继续使用这些农耕的技术，直到现代。他们在没有围栏的田地里用犁耕种，有的有铁铧，有的没有铁铧，通常由水牛牵引。收割时使用镰刀或钩子。田间收割的谷穗用扁担挑或用小车拉到场地做进一步处理。谷物通过在板条框架或梿枷进行脱粒。稻谷的脱壳是用手在臼中敲打或用手转动磨盘进行的。灌溉技术各不相同，最常见的是一种古老的提水灌溉工具——水车，它是木制的、带有径向踏板的方桨链式泵，用脚踩来操作。

播种机是另外一项中国发明，古代称之耧车，后来被引入西方，成为西方的重要农用机器。播种机是一种播种装置，它能将种子以适当的深度和距离播

---

① 杨生民．汉代与魏晋南北朝犁演变的考察［J］．江西师范大学学报，2002（03）：105-111.

② 马执斌．古代世界最先进的耕地农具是中国犁［EB/OL］．人民教育出版社官网，2010-12-13.

撒在土壤中，然后用土壤覆盖它们。多管铁制播种机是汉朝人在公元2世纪发明的，这种装置包括在地上开出小沟的小犁，一个将种子均匀地放进这些小沟的装置，以及一个用土覆盖种子的刷子或滚筒。播种机可以根据不同类型的土壤和种子进行调整。这种播种方法比传统播撒种子的效率高得多，是原来效率的10倍，甚至是30倍。在中国北方地区得到普遍使用。这种多管播种机为中国提供了一个高效的粮食生产系统，使其能够满足大量人口的需要。

播种机在16世纪中期被引进到意大利，这归功于卡米洛·托雷洛（Camillo Torello），他在1566年被威尼斯参议院授予播种机的专利。但是由于欧洲人并没有看到过耧车的实物，只是看到过关于它的概略性的文字描述，因此，他们对中国耧车的结构和原理了解不够充分，使欧洲人走了很长的弯路。

后来，英国的杰思罗·塔尔（Jethro Tull）于1701年对其进行了进一步完善。作为英国农业革命期间的一项重要发明，播种机可以半自动、可控的种植小麦种子。在塔尔发明他的播种机之前，欧洲的种子是靠手工播撒。通过使用塔尔的播种机，农民能够比以前更容易、更快、更有效地播种，而且成本更低。然而，这种播种机以及其他类型的播种机还有很多问题，例如：价格比较昂贵、使用不可靠、容易损坏等。因此，直到19世纪中后期，播种机才在欧洲得到广泛使用，当时制造业的进步，如机床、模锻和金属冲压，使金属零件的大规模精密制造成为可能。有人说："欧洲在种子播种机这个问题上，白白浪费了两个世纪的时间。"随着蒸汽机和拖拉机的出现，更大、更高效的播种机才得到了发展，使农民能够在一天之内播种越来越多的土地。

播种机的发展使人们能够通过机械方式保证播种的精确性和经济性。可见，中国的犁和播种机是早期高效农业的代表机器，它们使农民有效地利用珍贵的水稻种子，犁和播种机是机械化播种的基础。

（二）中国和西方的农作物

中国是世界上为数不多的农业技术诞生地之一。现代农学将农业定义为直接利用土地种植农作物和饲养动物作为食物的业务。基于这个定义，中国古代农学的目标很简单：利用有限的农田种植和生产食物，以维持大量人口。

考古发掘表明，中国北方的主要粮食作物为有黍、粟、豆类、小麦；在南方，水稻是主要农作物。很多植物都起源于中国，如小米、大豆、水稻、桑树和茶等。在许多语言中，大豆和茶的中文名称以一种或多种形式进入词汇表，提醒人们这些植物的中国起源。

印第安纳大学的罗伯特·伊诺博士写道："中国古代最普遍种植的作物是小

米，这是一种短粒谷物。小米是中国古代农业的精髓，我们在几乎所有的中国考古遗址中都能找到小米的痕迹，最早可以追溯到新石器时代。”

从树上采集的食物主要有桔子、柚子、枣和栗子。当然，最重要的树是桑树。桑树的叶子是蚕的主要食物，把蚕吐的丝织成丝绸，这是中国古代文化的一项杰出发明。在中国，丝绸和肉类是奢侈品，有钱人吃饭时吃肉，穿丝绸衣服。对于一般人或穷人来说，衣服是通过种植麻来生产的，而麻生产的纤维是制作麻布的基础原料。如果没有更好吃的东西，有时也会用麻类植物的叶子煮粥吃。

在过去的1000年里，中国农业的革命虽然领先于欧洲，但是创新却没有得到延续，特别是在机械或化学技术方面没有更大的进步，有进步的只是在作物、耕作制度和土地利用等方面。在不断增加的人口压力下，农业主要依靠精耕细作，把种植面积扩大到沙土、干旱的丘陵等区域。由于缺乏重大的技术发明，中国农民不得不通过为劣质土地寻找合适的作物来扩大耕种面积。

与同时期的中国相比，古希腊农业使用的工具是最基本的挖掘、除草和犁地工具，它们是木质或铁质的犁、镢头和锄头（当时没有铁锹），并且是靠手工制作。较富裕的农民用牛来帮助他们犁地。镰刀被用来收割作物，用平铲将其绞碎，然后在石板上脱粒。葡萄在大桶中被踩碎，而橄榄则在石头压榨机中被压碎。

古希腊人生产的农作物适应夏季干燥炎热，冬季温和、降雨充沛的地中海气候。古希腊种植最广泛的作物是小麦，尤其是二粒小麦和硬粒小麦，还有脱壳大麦，在降雨量较大的地区则种植小米。用大麦做的粥和饼要比用小麦做的面包更常见；种植的豆类有蚕豆、鹰嘴豆和扁豆。酿酒的葡萄和产油的橄榄是希腊的4种主要农作物中的2种，此外，许多家庭都种植水果（如无花果、苹果、梨、石榴、榅桲和欧楂果）、蔬菜（如黄瓜、洋葱和莴苣）和坚果（如核桃）。

希腊人一年四季总有农活要做，他们要在早春修剪葡萄树，5、6月份收割谷物，7月份要脱粒、储存，与此同时还要采集葡萄并制成葡萄酒，9月份采集无花果。秋天收获橄榄并榨成油，冬季播种一些耐寒的作物，并维护田地。一般耕作和播种是放在10~12月进行，在这个关键而繁忙的时期，雅典不会举行分散注意力的宗教节日或者大会。

在中世纪历史中，西方的农业基本没有发生太大变化。只是到了后期，随着三田轮作制度的发明以及带有犁头、犁铧和犁板的中国犁的引进，才极大地提高了农业生产效率。到启蒙时代，设计上的重大变化普遍起来，这时才有了快速的进步。

1492 年，由于哥伦布发现美洲新大陆，世界的农业模式在广泛的动植物交流中被洗牌，这被称为哥伦布大交换。旧世界的农作物和动物，它们现在被转移到新世界，反之亦然。也许最值得注意的是，番茄成为欧洲人的最爱，玉米和土豆也终于成为供应欧洲穷人的主要粮食。玉米在全意大利和欧洲大陆东南部广泛种植，一株谷物平均每穗只产四粒谷子，而一穗玉米可产七八十粒。这种“神奇”的作物把原来几乎空荡荡的粮仓一下子填满了。土豆同样给北欧带来奇迹般的变化，它富含热量、维生素和矿物质。其他移植作物还包括菠萝、可可和烟草。在新大陆，几个小麦品种迅速进入西半球土壤，甚至成为美洲本土的主食。

农业是大西洋奴隶贸易、三角贸易和欧洲列强向美洲扩张的一个关键因素。在不断扩大的种植园经济中，大型种植园生产的作物主要有糖、棉花和靛蓝，这些作物严重依赖于奴隶劳动。

到了 19 世纪初期，农业实践，特别是耕种者对耐寒品种的精心选择，农业有了很大的改进，每块土地的产量是中世纪的许多倍。18 世纪还出现了玻璃房温室，建温室最初的目的是为了保护和栽培从热带地区进口到欧洲和北美洲的外来植物。19 世纪后期，孟德尔的豌豆杂交实验使人们对植物遗传学的理解取得了进展，并培育了许多杂交作物。19 世纪出现了贮料筒仓和谷物升降机，这两项发明也成为农业不可或缺的一部分。

（三）工业化中的农业机器

工业化农业的诞生或多或少与工业革命的诞生相吻合。1784 年，随着第一台固定式脱粒机的发明，农业设备从工具转向“真正的”农业机械。固定式脱粒机由英国农民安德鲁·米克尔（Andrew Meikle）发明，旨在帮助减轻繁重的农业工作，这是一项具有里程碑意义的发明，虽然这个机器没有取得商业上的成功，但却让人们看到了这个行业的发展方向。

10 年后，伊莱·惠特尼（Eli Whitney）推出了第一台手动轧棉机，这在当时被认为是一个奇迹，因为它能够在棉花采摘后把种子、谷壳和其他不需要的物质分离出来。1831 年，赛勒斯·麦考密克（Cyrus McCormick）首次展示了收割机，为现代农业设备行业指明了新方向。这个设备与麦考密克发明的自耙功能相结合，使一个人在一天内可以收割 16. 19 公顷的土地，而手工完成则需要 5 个人。这台机器不仅将麦考密克与他那个时代的其他发明家区别开来，而且他的产品开发、营销和制造创新，成为其他人在接下来的一个多世纪里效仿的模式——从杰罗姆·加斯·凯斯（美国早期的脱粒机制造商）到约翰·迪尔（拖拉机制造商）再到梅西·弗格森（拖拉机、农用机械制造商）。

19世纪中期，“真正的”马力开始让位于“机械的”马力，便携式蒸汽发动机迅速发展。这些发展预示着拖拉机的到来，农业耕作将不再是原来的样子。正是拖拉机将每一项新的创新直接带到了农民的田地里，农业工作才以前所未有的速度完成。这些进步与科学驱动的方法和资源创新相结合，使效率得到了明显的提升，美国、阿根廷、以色列、德国和其他一些国家的现代农场产出大量优质农产品。发达国家的铁路和公路网络的发展以及集装箱运输和冷藏的使用，使农产品可以长途运输，对机械化农业的发展也至关重要。

氮和磷是植物生长的关键因素，这个发现促使合成肥料被制造出来，使更密集的农业生产成为可能。20世纪的前20年，维生素的作用被发现，维生素补充剂也由此诞生，这使某些牲畜可以在室内饲养，减少不利自然因素的影响。抗生素和疫苗的发现减少了疾病，促进了牲畜的大量饲养。为第二次世界大战开发的化学品催生了合成杀虫剂。科学研究在农业中的其他应用还包括基因操控、水培等。

一系列技术的应用和机器的使用，极大地促进了农业生产率的提高。可以说，19世纪见证了农业技术的革命。正如机器进入城市工厂一样，新机器也正在改变农民种植和收割庄稼的方式。从某种角度看，19世纪初的农业与之前数千年的耕作方式没有太大区别，但是对于居住在农村的农民来说，世界似乎正在以惊人的速度变化着。

从1820年到1975年，全世界的农业生产产量翻了四倍。1820年至1920年，1921年至1950年，1951年至1965年，以及1966年至1975年，每个阶段农业生产产量都翻了一番，以便养活1800年的10亿人口和2002年的65亿人口。在同一时期，由于农业生产过程变得更加自动化，参与农业生产的人数减少了。在20世纪30年代，24%的美国人口从事农业工作，而2002年只有1.5%；在1940年，每个农场工人供应11个消费者，而在2002年，每个工人供应90个消费者。农场的数量也减少了，其所有权也更加集中。1967年，美国有100万个养猪场；到2002年，只有11.4万个，根据美国全国猪肉生产者委员会的数据，每年有8000万头猪在工厂化农场中被宰杀。①

农业是世界上最重要的产业，正是因为农业科技的不断突破才确保了全球

① SCULLY M. Dominion：The Power of Man，the Suffering of Animals，and the Call to Mercy［M］. NewYork：St. Martin's Press，2003.

人口的生存发展。近年来，物联网、机器人、大数据和人工智能等技术已被用于农业生产，这大大减少了农业劳动力的使用，提高了资源的有效利用，从而促进了可持续农业的发展。这些技术的发展也使建造无人农场成为可能。

我们可以从一个例子中对比一下现代化农场与未来无人农场的不同：在现代化的养殖场里，早已实现了全面自动化。马修·斯卡利（Matthew Scully）在他的著作《统治权：人类的力量、动物的苦难和慈悲的呼唤》中写道："在短暂的人工参与之后，机器接管了工作。计算机监控温度和通风。自动喷雾器和滴水灌溉器给它们浇水。自动加热灯是它们的太阳。自动喂料系统将科学配方的新鲜食品从磨坊输送到长铁槽中。这些成堆的颗粒富含生长激素、抗生素。甚至还有监控所有其他机器的机器，自动传感器来记录温度、湿度、食物和水的消耗量。所有这些数据都被收集到定期报告中，供卡洛尔团队在他们整洁、阳光充足的办公室里盯着电脑显示器研究。"①

2018 年 11 月，在全球探索者大会上，京东正式宣布成立京东农牧公司，并推出了 AI 养猪计划。而所谓的 AI 养猪就是利用人工智能、物联网、大数据等技术实现养猪场精细化管理和科学自主智能化决策，让农牧业实现万物互联。据介绍得知，京东数字科技旗下的京东农牧自主研发适合养猪场环境使用的农业级摄像头、养殖巡检机器人、饲喂机器人、伸缩式半限位猪栏等现代化物联网设备，都将应用到猪的养殖上。按照京东方面的说法，"AI 养猪"可以把生猪出栏时间缩短 5~8 天，把每头猪的饲养成本降低 80 元，如果推广到整个中国的养猪业，每年可以节约行业成本至少 500 亿元。

农业技术的发展、传播比任何其他人类创新都更能改变我们的世界。农用机器在未来的发展将比以往任何时候都快。随着可持续农业理念的实践以及新技术的不断应用，科学知识、现代技术与传统耕作方式也将结合得更加紧密。总之，社会的持续繁荣必须得到农业技术进步的支持，这样才能更好地解决环境污染、农业劳动力短缺问题，带来更好的经济效益。

二、食品加工机器与食品

农产品不是食品，它们只是食品的原材料。把植物和动物变成可食用的东西，就像耕作本身一样困难。我们所需的热量很少来自未经加工的原始食物。如果这些热量来自水果和蔬菜，那也只是因为几个世纪的培育使它们不那么难

---

① SCULLT M. Dominion：The Power of Man，the Suffering of Animals，and the Call to Mercy [M]. NewYork：St. Martin's Press，2003.

以咀嚼、更可口、更容易消化。烹饪是加工的一部分，人类的食物是经过加工的食物。总的来说，加工食品更容易咀嚼和消化、更有营养、更美味、更安全。认为对原材料的所有改变都有害的观点是错误的。

虽然有些食物可以生吃（如水果和一些蔬菜），但大多数食物需要以某种方式加工以确保安全和容易被人体消化，并改善颜色、风味或质地，以满足人们的期望。食品加工最基本的定义是将农产品转化为食品，或将一种形式的食品转化为另一种形式的食物。食品加工包括多种形式，如研磨谷物制作生面粉、家庭烹饪还有用于制作方便食品的复杂工业方法。一些食品的加工方法在减少食品浪费和改善食品保存方面发挥着重要作用，有助于减少农业对环境的总体影响并保证食品安全。

初级食品加工是将农产品变成食品原料，如将生麦粒通过干燥、脱粒、碾磨成面粉或将动物屠宰获取肉。二级食品加工是将原料变成可直接食用的食品，例如烘焙面包、灌香肠、酿造葡萄酒等，二级食品加工方法通常被称为烹调方法。三级食品加工就是通常所说的食品商业生产，这些即食或加热即食的食品因含有过多的糖和盐及其他不利于人类健康的成分而受到批评。

当我们想到食品加工时，可能会想到制作罐装食品。实际上，数千年前我们已经开始清洁、储存和加工食品。这些源自几千年前的工艺虽已得到改进，但其中许多环节对我们今天仍然至关重要。

（一）早期的食品加工

食品加工最重要也是最简单的一步：烹饪。早在 150 万年前，我们的祖先就开始对肉类、种子和蔬菜进行加热。在公元前 9600 年，美索不达米亚、古埃及、古中国等一些最早的文明就采用了简单的食物保存方法，当时的粗加工包括发酵、晒干、盐腌和各种烹饪技术（如烤、烟、蒸等），这种基本的食品加工涉及化学酶对食品基本结构的改变，以及为防止食品表面微生物活动导致其快速腐烂而建立的屏障。

在引入罐装方法之前，用盐保存食物的方法在战士和水手的饮食中特别常见。在古希腊、迦勒底、古埃及和古罗马文明的著作以及欧洲、美洲和亚洲的考古证据中可以找到这些方法存在的证据。这些久经考验的加工技术在工业革命到来之前很少有变化。即食食品的例子也可以追溯到工业革命之前，包括康沃尔馅饼（以肉和菜为馅的点心，起源英国康沃尔郡）和哈吉斯（羊杂碎肚，苏格兰“国菜”）等菜肴，无论是在古代社会还是在现代社会，这些都被认为是即食食品。

许多人将面包视为最重要的、最基本的必需品。今天，我们有酵母面包、扁面包、甜面包、发酵面包、酸面团等。人们认为公元前1700年左右希腊就有了商业生产的面包。大约在公元前1350年，古埃及人引入了酵母面包。

实际上，酵母面包最初可能是在中国出现的，因为中国发现了酵母副产品蜂蜜酒，其历史可以追溯到公元前7000年。老普林尼在公元79年时就已经详细记录了使用面粉、葡萄、水和粗棉布制作面包的五个步骤，这在今天仍然被人们使用。

在经历了找吃的东西和获得相对充沛食物这两个阶段之后，中国的古人朝着更高的目标迈进，那就是怎样让食物更好吃、让口感更好。早在原始社会时期我们已经掌握了把粮食酿成酒的技术，在后来漫长的时期中人们又不断探索和实践，研究出了谷物、豆类、糖类、茶叶、果蔬、鱼肉、乳类、蛋类等各种食品的加工方法，而这些加工方法也需要一定的器具相配合，因此，他们发明了许多工具和加工技术，使加工食品种类越来越繁多。

北魏末年，中国杰出的农学家贾思勰写了一本著名的农学著作《齐民要术》，堪称世界最完整的农学巨著，也是中国现存最早的一部农书。全书系统地总结了6世纪以前黄河中下游地区劳动人民农牧业生产、食品加工与贮藏、野生植物利用以及治荒的方法，详细介绍了季节、气候和不同土壤与不同农作物种植的关系，此书被誉为“中国古代农业百科全书”。书中阐述了酒、醋、酱、糖等的制作过程以及食品保存方法。由书中记载的工艺可知，当时人们对微生物在生物酿造过程中所起的重要作用已有所认识，并掌握了很多酿造经验和制作技巧。

《齐民要术》共九十二篇，其中涉及饮食烹饪的内容占二十五篇，包括造曲、酿酒、制盐、做酱、造醋、做豆豉、做齑、做鱼、做脯腊、做乳酪、做菜肴和点心。列举的食品种类约三百种。在古代饮食烹饪著作大量失传的情况下，《齐民要术》中的这些食品资料就更加珍贵了。书中强调制作乳酪必须严格控制温度，这也和现代科学原理相吻合。至于菜肴的烹饪方法，多达二十多种，有酱、腌、糟、醉、蒸、煮、煎、炸、炙、烩、熘等。特别是“炒”，这种旺火速成的方法也是后世中国人做菜经常使用的方法。

（二）巴氏杀菌法和罐装

19世纪时，有两个重要的加工技术得到普及，分别为巴氏杀菌和罐装。这些工艺对食品加工至关重要，它们使食品更安全、更容易保存。

巴氏杀菌是由法国微生物学家路易斯·巴斯德（Louis Pasteur）发明并以其

名字命名的一种杀菌方法。19 世纪 60 年代，巴斯德用细菌和葡萄酒进行的实验揭示了细菌与葡萄酒变酸的直接因果关系。随后，他发明了一种方法，将葡萄酒加热到 60 ~100℃，然后冷却，这种方法可以杀死细菌。巴斯德于 1862 年 4 月 20 日完成了第一次成功测试，并为后人称为巴氏杀菌法的方法申请了专利，该方法很快应用于啤酒、果汁和牛奶的保存。这种方法对牛奶特别重要，因为牛奶非常容易滋生细菌。巴氏杀菌通过加热杀死微生物，还能保留食物的营养价值和味道。

在巴斯德 55 岁时，他凭借对细菌理论的证明、发酵的发现和巴氏杀菌法的发明而成为法国民族英雄，时至今日，他的名字仍家喻户晓。他对食品安全和医学都有巨大的贡献。巴斯德研究所奖章是在他逝世一百周年之际设立的，每两年颁发一次，以表彰对人类健康有益的杰出研究。可以说，如果没有他的杰出贡献，食品加工的技术就不会有如此巨大的进步。世界范围内的食品储存和运输也将受到极大限制。

19 世纪和 20 世纪发展起来的现代食品加工技术在很大程度上是为了满足军事需要。拿破仑曾说过："军队靠胃行进。"在 1803—1815 年的拿破仑战争期间，法国军队每天要行进很远，需要很多食物。早在 1809 年左右，一位法国厨师尼古拉·阿佩尔（Nicolos Appert）开始尝试使用玻璃瓶、软木塞和蜡来保存食物，他设计了第一种罐装方法，他成立的阿佩尔之家也由此成为世界上第一家食品装瓶工厂，最终促成了罐头的出现。他得到了法国政府的奖励，法国军队开始尝试向士兵发放罐头食品。其他发明家和商人在此方法的基础上，最终发明了镀锡的铁罐。随着第一次世界大战的开始以及士兵对廉价、保存时间长、可方便运输的食物的大量需求，铁罐变得特别受欢迎。

起初，罐头的制作过程是缓慢的，而且是劳动密集型的，因为每个大罐子都必须手工制作，并且需要长达 6 个小时的时间烹制罐中食物。到了 19 世纪 60 年代，机械化程度的提高和制罐工艺的发展意味着有可能制造出更小的钢罐，并在 30 分钟内煮熟（热加工）食物。这些热加工的方法很粗糙，有时还会出错。在 20 世纪二三十年代，食品科学家对罐头食品有了更多研究，可以计算出加热需要的热量。

（三）美国食品药品管理局的成立

随着食品加工业的迅速发展，到了 20 世纪初期，生产商在食品中不加控制地使用化学防腐剂和有毒色素的情况越来越多，美国食品药品监督管理局（Food and Drug Administration，FDA）诞生了。该管理局是随着美国第一个主要的食品和药物安全法案——1906 年《纯净食品和药物法》的通过而成立的。这个法案起源于政府为监管食品而进行的长达几十年的斗争。

美国记者兼小说家厄普顿·辛克莱（Upton Sinclair）的成名小说《丛林》揭露了芝加哥“包装镇”的可怕状况，该镇是 20 世纪初美国肉类加工行业的中心。辛克莱于 1904 年为报纸《呼吁理性》工作时进入芝加哥肉联厂暗访，他花了七周时间收集了大量的信息，并于 1905 年在该报纸上首次以连载形式发布了这部小说，1906 年由杜伯雷公司出版成书。

正是辛克莱等人揭露美国肉类包装行业关于患病、腐烂和受污染的肉类的几篇文章，引发了公众的强烈抗议，激起了公众的愤怒。辛克莱谈到公众的反应时说：“我瞄准了国家的心脏，却意外地击中了它的胃。”这也促使西奥多·罗斯福（Theodore Roosevelt）总统在 1906 年推动通过了《肉类检查法》和《纯净食品和药品法》。这两部法律是今天美国食品和药物管理局和美国农业部对食品行业进行监管的基础。

20 世纪初，美国四家大型肉类包装公司收购了各地的许多小型屠宰场。由于规模庞大，阿莫尔（Armour）、斯威夫特（Swift）、莫里斯（Morris）和国家包装公司可以对牧牛人、饲料种植者和消费者发号施令。四大肉类包装公司将业务集中在几个城市，其中最大的是芝加哥的肉类包装业，它通过畜牧场、饲料厂、屠宰场和肉类加工厂向四处蔓延。加工厂连同附近工人居住的住宅区被称为包装镇。

早在亨利·福特（Henry Ford）之前，肉类包装商已经发明了第一条工业流水线。更准确地说，这是一条“拆解线”，从宰杀动物到加工出售肉类，需要近 80 个独立的工作岗位。“杀戮团伙”从事的工作包括“敲击者”“撕裂者”“断腿者”和“开沟者”。动物的尸体在钩子上不断移动，直到被加工成新鲜、烟熏、盐渍、腌制和罐装的肉类。内脏、骨头、脂肪和其他残渣最后变成了猪油、肥皂和肥料。工人们说：“肉类包装公司除了尖叫声没法用，什么都用。”

没有技术的移民男子往往从事繁重且危险的工作，他们在黑暗和不通风的房间里劳动，夏天炎热，冬天寒冷。许多人整天站在满是血迹、肉屑和臭水的地板上，挥舞着大锤和刀子。妇女和儿童切肉或制作香肠和罐头。大多数工人每小时只赚几美分，每天工作 10 小时，每周工作 6 天。少数技术工人每小时的收入高达 50 美分，就像“标兵”一样，他们加快了流水线的速度以最大限度提高产量。标兵的使用引起了工人的极大不满。

1904 年，芝加哥的大多数包装厂工人都是来自波兰、斯洛伐克和立陶宛的新移民。他们挤进位于帕金镇的廉价公寓和出租房间，旁边是臭气熏天的牲畜饲养场和垃圾场。

房地产经纪人向一些移民赊销小房子，他们知道，这些移民由于裁员、减薪或受伤致残，很少有人能付房款。当一个移民拖欠付款时，抵押持有人就会取消抵押品赎回权，重新粉刷房屋并将其出售给另一个移民家庭。

当罗斯福总统读完《丛林》后，他邀请辛克莱到白宫进行讨论，并随后任命了一个特别委员会调查芝加哥的屠宰场。特别委员会于1906年5月发布了一篇报告，该报告证实了辛克莱所写的几乎所有恐怖事件。例如：一天，委员们目睹了一只被宰杀的猪掉进了工人厕所，工人们在没有清洗的情况下将尸体取出，并与流水线上的其他人一起把猪挂在钩子上。

委员们批评了现有的肉类检验法，这些法规只要求在屠宰时确认动物的健康状况。委员们建议在肉类加工的每个阶段都进行检查。他们还呼吁农业部长制定规则，要求“动物产品的清洁和卫生”达到标准。

罗斯福总统称特别委员会报告中披露的情况“令人反感”。在给国会的一封信中，他宣称：“需要一项法律，使政府的检查员能够全面检查和监督肉类食品的制备。”① 罗斯福不顾肉类加工商的反对，推动了1906年《肉类检查法》的通过。该法律授权美国农业部的检验员阻止任何不良或贴错标签的肉类进入州际和国外的商场。该法极大地扩展了联邦政府对私营企业的监管。然而，肉类包装商赢得了法律中的一项条款，这项条款要求联邦政府支付检查费用。但是，辛克莱不喜欢该法律的监管方式。他忠实于他的社会主义信念，他更希望肉类包装厂是公有的，由城市经营，就像欧洲那样。

《肉类检查法》的通过为国会批准相关法律开辟了道路，以监管其他食品和药品的销售。20多年来，农业部的首席化学家哈维·威利（Harver W. Wiley）领导了一场“纯净食品十字军运动”。他和他的“毒药小队”测试了为保存食品而添加的化学物质，发现许多化学物质对人类健康有害。

罗斯福于1906年6月30日签署了一项监管食品和药品的法律，即《纯净食品和药品法》，该法律也被称为《威利法案》。该法律规定，由农业部的化学局负责对食品添加剂进行监管，并禁止对食品和药品进行误导性标注。后来的修正案和法律扩大并重组了该机构，最终发展成为今天的美国食品药品监督管理局。

以上两部于1906年颁布的法律最终也增加了消费者对他们所购买的食品和

---

① GAUGHAN A. Harvey Wiley, Theodore Roosevelt, and the Federal Regulation of Food and Drugs [D]. Cambridge: Harvard Law School Student Paper, 2004.

药品的信心，这也使一些企业从中受益。这些法律还成为扩大联邦对其他行业监管的楔子。

在20世纪，由于第二次世界大战、太空竞赛和发达国家消费市场的需要，食品加工进一步发展。在20世纪后半期的西欧与北美，便利食品开始流行。食品加工公司特别针对中产阶级上班族推销他们的产品。冷冻食品、浓缩果汁在“电视晚餐”的销售中取得了成功。加工商利用时间的感知价值来吸引人们，而这种吸引力也促成了方便食品的成功。

新工艺、新配料和新设备为20世纪的食品加工做出了贡献。喷雾干燥、蒸发、冷冻干燥和防腐剂的使用让包装不同、种类不同的食物更加容易被摆上货架。人造甜味剂和色素有助于使这些食品更美观可口。家用烤箱、微波炉、搅拌机和其他电器提供了一种快速准备这些饭菜的简单方法。工厂和大规模生产技术使快速生产和包装食品成为可能。这些发展为全球流行的食品铺平了道路，如冷冻晚餐、方便面杯、烘焙混合物等。

三、厨房及厨具的演变

尽管现代人不经常下厨房，但厨房绝对是家庭生活的核心之一，无论是作为准备和烹饪美味佳肴的场所，还是作为与家人在一起共享放松时间和交谈的场所，今天的厨房都是舒适、温馨、友好且实用的区域。但前提是厨房要有足够大的空间，如果像很多国家与城市住房内的厨房一样只有巴掌大，连一张餐桌都放不下，那就无法很好地享受桌上放着的、散发出诱人的香气的料理。

尽管现代厨房是实用、功能性、有吸引力的，但它并非总是如此。在大部分时间里，厨房主要作为准备食物的区域而存在，甚至不一定位于房屋中。英语术语“厨房”一词源自拉丁词“coquere”，意思是烹饪。厨房在历史长河中走过了一条漫长而曲折的道路，有时它是住宅中唯一房间的一部分，有时它又在尽可能地远离客人的房间，它从早期的泥土火炉到设计精巧的多样化硬件，工程技术也在不断发展着。而且随着时间的推移，厨房内部设备的技术创新就像人类的其他创新一样，这意味着对于每一个现代厨房用具，我们都可以通过技术，甚至模拟其过去来追溯它的起源。

（一）厨房的演变

人类早期并没有真正的厨房，只有准备和烹饪食物的固定区域，早期人类通常是把用树枝做成的“盘子”放在坑里的火上烤东西。正如在中国北方周口店山顶洞人的洞穴中发现的炉灶遗迹所表明的那样，火的使用已经有50万年左右的历史了。在那里，山顶洞人在众多动物烧焦的骨头中留下了在炉灶周围做饭的痕迹。用火来准备食物不仅是烹饪方面的一次核心突破，还是人类进化的一个转折点。千百年来，炉灶和烤箱的设计以及厨房的设备变化都记录了古代厨房的演变过程。

古代厨房附近有几个相关的重要区域，包括储藏室、果园、花园、香料房、药草园、贮藏室、冰室和地窖。炉子对任何厨房来说都必不可少，中国人很早就发明了炉灶，中国古代炉灶是通过燃烧木材和树枝来烧饭的。最早煮食物的器皿是扁平的石头，在1万多年前的新石器时期出现了陶釜，陶釜就是圆形的大锅，下面有类似脚的支撑物，可以腾出空间生火煮食物。“釜底抽薪”这个成语的大意就是把锅底的火拿走。到了夏商周时代，另外一种炊具——鼎成为贵族和皇室使用的器皿，它既是一种贵族炊具，以区别陶罐等普通人使用的用具，又在祭祀活动和仪式中用来烹制猪肉、牛肉和羊肉。“一言九鼎”大意是一个字重如九鼎，形容说话有分量。甑是中国最早的蒸笼，出现在商代初期，是上层贵族用来蒸煮食物的器皿，底部被称为鬲，用来装水，而上部用来放食物。铁器虽然在春秋战国时期已经出现，但是铁锅到了宋代才开始流行，这是因为炒菜需要放更多的油，而以前的动物油脂少，不足以让炒菜流行起来，因此主要是通过煮和炖制作食物。宋代以后，炒菜成为中国菜的一个显著特点。

中国古代家庭的泥塑显示，厨房位于猪圈附近，甚至位于猪圈之上，可能是为了方便。猪圈的意义重大，它既可以提供粪便作为肥料，也是清理烹饪和用餐时产生的垃圾的倾倒场所。食品通常被储存在用动物皮、葫芦或枝条编织的篮子里。最早的炉灶是用黏土或石头制成的。炉灶的主要目的之一是在做饭时控制火势，很多时候，炉灶完全包围着火，以防止火势的随意蔓延。

古希腊的房屋通常是中庭式的：房间围绕着一个中央庭院排列。在许多这样的房子里，将有顶棚但四周开放的天井作为厨房。富裕人家的厨房是一个独立的房间，通常紧挨着浴室（这样两个房间都可以用厨房的火加热），可以从庭院进入两个房间。在这样的房子里，厨房后面往往有一个独立的小储藏室，用来储存食物和厨房用具。古希腊人也有一种黏土炉，类似现代的烤箱。羊肉和蔬菜或类似的其他菜肴会被放在炉子里几个小时，或埋在热炭上。古希腊没有食具，每个人都用手抓食物。厨房并不总是一个独立的房间，大多数家庭从公共面包店购买面包，因为他们没有属于自己的烤箱。厨房中使用的其他仪器大多是便携式的，可以在庭院、前厅或任何一个室内空间中使用。

在罗马帝国，城市中的普通人往往没有自己的厨房，他们在大型公共厨房做饭。有些人有小型的移动铜炉，可以在上面点火做饭。富裕的罗马人拥有设备相对完善的厨房。在罗马的别墅里，厨房通常是一个独立的房间，与主建筑是分开的。那时的厨房又小又窄，而且在房子的后面，没人会看到。壁炉通常放在靠墙边的地板上，有时也会升高一点，于是人们不得不跪着做饭。这些厨房中通常有黏土烤箱，顶部有一个类似于炉子的燃烧器，它是用木炭加热的。他们用木制橱柜来放盘子和食物，墙上有架子可以放锅碗瓢盆。罗马人有时会在墙壁内使用烟道，但烟囱只出现在12世纪的城堡等大型住宅中。现存最早的烟囱位于约克郡的康尼斯布鲁城堡内，它建于1185年。

古罗马人还发明了一种集中供暖系统，利用开放式壁炉为一个房间甚至多个房间供暖。暖炉是一个在地板下的暖气管系统，它将热空气从炉中带到房间的各个角落，它还可以加热洗澡用的水。大多数富有的罗马人还拥有乡村地产，在那里，葡萄被榨成葡萄酒，小麦被收割，橄榄被榨成油。古希腊和古罗马社会的饮食和烹饪习惯相似，这两种文化中的炊具考古发现也基本相同。

中世纪城堡和欧洲富人的住宅中都有一个宽敞的厨房、几个相邻的前厅，包括一个器具室、一个储藏室、一个冷藏室和一个奶油房。对于中产阶级来说，厨房仍然是公共烹饪、用餐和社交活动的场所。中世纪欧洲厨房最大的特点是突出了壁炉的重要性。欧洲国家没有采用罗马的中央供暖系统，相反，他们继续依靠有明火的壁炉。

烹饪是在壁炉上进行的，烹饪用的火还可以加热房间。炉膛里有煤，食物放在锅里煮。壁炉有旋转的烤盘和挂钩，用于悬挂大块的肉。穹顶上有罩子，具有更好的通风效果。炉灶产生的热量不单单用于烹饪。16世纪的俄罗斯和荷兰家庭提高了炉灶的高度，并在火堆周围建立了一个睡眠平台。在俄罗斯，一些壁炉被设计成拥有进行蒸汽浴和烘干衣物的功能。

中世纪的大多数厨房中都有大量的食物，厨房的大小或工具的复杂程度并不能决定菜肴的质量和复杂程度。最早的储存容器是兽皮、编织的篮子或葫芦。再往后，从装水的双壁冷却壶到装炖菜的三角锅和装酒的尖形双耳瓶，陶器的问世赋予了厨房里的储存容器更多的形状和类型。因此，贮藏室和餐具室成为早期厨房设计和布局的核心。

地窖的作用是在炎热时保持食物的凉爽，在冬季为蜜饯提供一个温暖的环境。毗邻厨房的烟熏房对于肉类和鱼类的保存至关重要。在荷兰家庭中，烟囱有一个巧妙的旁路，可以让厨师熏制各种肉类。一些地区的冰室和雪室可以用于保存食物。在地中海地区的厨房里，葡萄被挂在椽子上，在沙皇时代的俄国家庭里，葡萄被泡在玻璃罐装的水里保存。保存、装罐、腌制、熏制和干燥等许多活动在早期的厨房里都有一席之地，因为这些工作大多是在家里而不是在工厂里完成的。

厨房仍然是一个工作场所，与房子的其他部分分开。它有时位于一个独立的建筑中的地下室（在维多利亚时代很流行），或在一个长长的走廊尽头。温带和热带地区都将厨房搬到了室外。在印度，莫卧儿王朝的厨房经常设在室外，以消除生活区烹饪的气味和热量。摩洛哥的厨房将炊具放在“无顶厨房”中，这是食品储藏室外的一个有墙的区域。气候凉爽的保加利亚家庭有传统的夏季厨房，一般在炎热的季节被使用。

功能性仍然是中世纪厨房的主要作用。直到中世纪晚期，独立厨房开始出现时，厨房仍然与房屋的其他部分分开。在此期间，壁炉被安装在墙壁上。厨房远离主楼，以避免厨房的气味和噪音打扰客人。厨房远离主屋也是为了防止火灾。

文艺复兴时期的厨房通常都很精致。烤盘、格子架、烤炉、盐罐和大锅等用具也非常精美，当时的富人拥有最好的食物烹饪、储存设备，厨房既是为日常餐饮和豪华宴会准备食物的工场，也是为冬季保存食物的地方。16 世纪土耳其苏丹的奥斯曼厨房为我们提供了早期富人厨房的另一个视角。在君士坦丁堡的托普卡帕宫，苏丹的厨师们有精心设计的专门区域用于准备食物。如今，游客们参观的厨房中拥有 2.4 米宽的大锅，可以每天为数千人准备食物。

奇怪的是，炉子花了将近 200 年的时间才成为厨房中的常见装置。12 世纪，北欧的城堡中开始建造带烟囱的壁炉，到了 17 世纪，最富裕的家庭中才能看到壁炉。

当壁炉开始出现在平民的家中时，它们通常是用普通的泥土和荆条建造的。荆条由垂直的杆与水平的芦苇编织在一起制成，这些材料非常易燃。富裕家庭喜欢用砖块或石头制成的壁炉，因为这些材料更能围住火，减少火灾的风险。

到了 19 世纪，炉子和烟囱变得更加复杂。大型铸铁炉子的发明和大规模销售，从根本上改变了厨房的设计。这种铸铁炉子在瑞典被称为“铁母猪”。美国最早的铸铁炉是荷兰炉。由于美国人要在炉子上做饭，他们需要有腿和手柄的炉子，而荷兰炉满足了这一要求。荷兰炉有腿，可以放在煤块上，带有法兰的盖子可以装煤，可以把手放在炉子手柄上处理煤。

荷兰炉在 18 世纪迅速发展起来，并在接下来的一个世纪里受到高度重视。埃斯特尔·威尔考克斯在《迪克西烹饪书》（1883 年）中写到南方人对这一工具的喜爱，她说：“在战争期间，士兵们很高兴能拥有一个这样的炉子来烤他们的猪肉和豆子，或者他们的玉米面包或玉米饼。”她最后补充说：“没有一个烤箱可以像荷兰炉一样烤制猪肉和豆子，并赋予其同样的美味……”

煎锅是另一种重要的炊具。早期的平底锅被称为“蜘蛛锅”，它有腿，可以像荷兰炉一样在火上烹饪食物。在19世纪后半期，随着炉子和炉灶的普及，平底锅开始被广泛生产。著名的铸铁公司，如格里斯瓦德（Griswold）、瓦格纳（Wagner）和洛矶（Lodge），在这一时期生产的平底锅至今仍受到追捧。通常情况下，制造商如伯明翰炉具公司会专门生产这些煎锅来配合他们的炉子（旧的平底锅上通常都会有一个数字，这个数字表示锅的尺寸。因此，可以从这些数字得知锅在炉灶上适合放在什么位置）。另外，在这个时候，生产出了制作面包的炊具，包括华夫饼盘和玉米面包盘。用铸铁炊具烤制的面包拥有无法复制的酥脆边缘。

在19世纪六七十年代，由于特氟龙涂层不粘锅的兴起和玻璃陶瓷灶台的流行，铸铁厨具的受欢迎程度开始下降，许多铸造厂被迫出售或关闭。例如伯明翰炉具公司，它在19世纪70年代经营得很好，尤其是在能源危机期间推出的烧木材的烤炉非常受欢迎，但到19世纪80年代中期就不行了。今天，只有洛矶公司作为唯一的美国早期铸铁厨具制造商幸存下来。

19世纪的厨房随着炉子和炉灶设计的改进发生了巨大的变化。1834年，菲洛·斯图尔特设计了一种紧凑的燃木铸铁炉——欧柏林炉。这是一个小巧的供家庭使用的金属厨房炉灶，它比壁炉做饭的效率高得多，因此它取得了巨大的商业成功。它可以铸造成具有装饰性质的形状，并且可以轻松承受冷热的温度波动。

随着科学技术的发展，炉灶制造商开始寻找木材和煤炭以外的热源，天然气进入了他们的视线。对空气污染、森林砍伐和气候变化的担忧导致传统炉具生产数量不断下降。天然气成为首选的热源，并使烤箱变得更小、更轻。英国是使用燃气的先驱，早在18世纪20年代，英国发明家就一直在尝试用燃气进行烹饪，英国发明家詹姆斯·夏普（James Sharp）于1826年为燃气灶申请了专利。在19世纪，煤气是由烟煤制成的，主要用于照明。尽管燃气烹饪在18世纪60年代已经在英国占有一席之地，并且炉灶制造商开始将他们的产品运往海外，但在美国，燃气被认为是一种过于昂贵的燃料，无法用于烹饪。随着燃气照明行业的成熟，燃气灶才开始扩展到美国的烹饪领域。

然而，在1900年之后，天然气公司看到电力公司（照明）蚕食他们的市场，于是，他们将厨房作为新市场。由于燃气灶不需要燃木或燃煤炉灶的重型铸铁箱，它们可以以更轻、更紧凑的形式建造。此外，燃气灶散发的热量很少，而且不需要烟囱，因此非常适合新的、较小的厨房。更重要的是，它们足够轻，可以用修长的腿站立，因此，燃气灶与水槽一起成为早期现代厨房中的几件独立式用具。到了19世纪20年代，很多家庭厨房都使用燃气炉灶。

第二次世界大战后的住房繁荣和制造业的进步对“现代”厨房产生了巨大影响。对厨房技术和设备的需求不断增加，这促使房主把那些曾经用来隐藏厨房的墙壁拆掉。厨房变得更安静、更干净、更有条理并且更容易加工食品。厨房慢慢地成为一个招待客人的地方。

（二）著名的厨房辩论

1959年在莫斯科举行的美国国家博览会开幕式上，时任美国副总统尼克松和时任苏联部长会议主席赫鲁晓夫之间展开了一场关于东西方意识形态和核战争的论战，因辩论是在厨房用具展台前进行的，故称“厨房辩论”。

1959年，苏联人和美国人同意在对方国家举办展览会，作为促进理解的文化交流，这是1958年美苏文化协定的结果。苏联的展览于1959年6月在纽约市开幕，副总统尼克松于次月访苏为美国在莫斯科的展览揭幕，尼克松带着赫鲁晓夫参观了展览。这里有由450多家美国公司提供的消费品。展览的核心是一个有网格状圆顶的展馆，它是由美苏联合施工团队完成的。美国展览的资金主要来自福特、通用汽车、IBM、通用电气和西屋等大公司的赞助，美国政府赞助了350万美元。苏联在莫斯科展览结束时购买了这个展览馆。

厨房辩论在展览的多个地点举行，但主要是发生在一个配有洗碗机、冰箱和炉灶的剖面样板房的厨房内，它被设计为代表一个典型的美国工人能够负担得起的14000美元的房子。这只是尼克松和赫鲁晓夫在1959年展览期间举行的一系列交谈中的一次。陪同尼克松的是艾森豪威尔总统的弟弟约翰·霍普金斯大学前校长米尔顿·艾森豪威尔（Milton Eisonhower）。

赫鲁晓夫批评了美国的一些产品，特别是一些比传统方式更难使用的小工具。其中一个设备是用于泡茶的手持式柠檬榨汁机。他批评了这个设备，说用手榨汁要容易得多，这个设备是不必要的。赫鲁晓夫问尼克松这种设备是否是美国厨房的标准设备，尼克松承认有些产品没有进入美国市场，是原型产品。赫鲁晓夫讽刺地问：“你们不是有一种把食物放进嘴里推下去的机器吗?”这句话是说卓别林1936年的电影《摩登时代》中的一个场景。尼克松回应说，至少竞争是民用的而不是军事的。

尼克松认为，美国人的建设是为了利用新技术，而赫鲁晓夫则为共产主义辩护，认为苏联人的建设是为了后代。赫鲁晓夫说：“这就是美国的能力，她存在了多长时间？300年？150年的独立，这就是她的水平。我们还没有达到42年，再过7年，我们就会达到美国的水平，之后我们会走得更远。”

图 8 美国在莫斯科郊外建造的圆顶展览馆

尼克松于 1994 年去世，他见证了苏联的解体。有一次，他在接受 CNN（Cable News Network）采访时回顾了当年他与赫鲁晓夫打的那个赌注：究竟他们的后代会生活在社会主义体制下还是资本主义体制下？尼克松说：当时他知道赫鲁晓夫肯定是错的，但是不知道他是对的。颇具讽刺意味的是，赫鲁晓夫的孙女妮娜·赫鲁晓娃早在苏联解体之前，就已经选择到美国定居。另外，在一次应邀访华后接受采访时，她十分自然地用一口极为流利的、毫无俄国口音的美式英语说，她认为美国人最终赢了“厨房辩论”。赫鲁晓夫的儿子和孙子们也都先后移居美国，成为美国公民。

在 19 世纪六七十年代，其他社会变化正在发生，这些变化改变了厨房的风格。厨房成为提高烹饪技能、展示名牌炊具和社交活动的中心。到 80 年代，完全开放式厨房应运而生，机器点缀了厨房，并在其中起到了很大的作用。

今天的烤箱更省时、更健康、更节能。高速烤箱将烹饪时间缩短了一半，从而节省了烹饪过程中使用的能源。今天的厨房看起来不像传统意义上的厨房，它现在是一个干净的空间，拥有各种时尚的电器。

到 20 世纪末，内置外观已经出现，燃气灶和电灶突然伪装成独立式橱柜。因此炉灶长出类似仪表板的靠背，紧贴墙壁，方形切角与两侧的台面齐平，支撑腿减少或完全消失。受到飞机、汽车和火车新的空气动力学轮廓的启发，设计师们为固定的厨房用具添加了翼型曲线和镀铬速度线，这一趋势一直持续到二战后。厨房范围内配备了尽可能多的计时器、自动控制装置和小工具，一个适合家庭原子时代生活方式的食物准备站即将出现。

（三）冰箱的发明

第二次科技革命之后，电力被广泛应用于社会生活的各个方面，可以说，如果厨房没有装满电器，那么它就不是厨房。现代厨房电器的这种创新脚步不会停滞不前，未来的生活一定会碰到更多的惊喜，下面让我们来了解一下改变我们生活方式的厨房机器背后的历史。

冰箱是现代生活的重要组成部分，很难想象没有冰箱的世界会是什么样子。在引入机械制冷系统之前，人类早已学会用冰雪来冷冻食物，早在公元前1000年前，中国人就开始用冷冻水的方式制冰，古希腊人、古罗马人则将雪储存在保温材料中以保持食物凉爽。在18世纪，欧洲人经常在冬天收集冰块并用法兰绒包裹着，将其储存在地下深处，这种做法可以使冰块保存好几个月。

冰箱的雏形在1755年出现，当时苏格兰科学家威廉·卡伦（William Cullen）展示了如何将液体快速加热为气体再迅速冷却的技术，这就是今天使用的制冷原理。卡伦教授设计了一台小型制冷机，这台机器有一个泵和一个乙醚容器，泵在容器中产生真空，从而降低了乙醚的沸点，沸腾的乙醚吸收了周围空气中的热量使空气温度降低。他的发明虽然巧妙，但并没有实际应用。

在19世纪初期，越来越多的美国人迁入城市，消费者与食物来源之间的距离增大了，消费者对冷藏的需求与日俱增。美国商人托马斯·摩尔（Thomas Moore）发明了一个冰柜来冷藏运输的乳制品，他将其称为“冰箱”。

1805年，美国发明家奥利弗·埃文斯（Oliver Evans）发明了一种基于醚的封闭蒸汽压缩制冷循环系统。到了1834年，曾与埃文斯共事的雅各布·珀金斯（Jacob Perkin）建造了世界上第一个商用蒸汽压缩制冷系统，他的系统是封闭循环的，可以高效运行。他于1835年获得了使用液氨的蒸汽压缩循环专利，因此，他被称为“冰箱之父”。但是，他在商业上并未取得成功。

美国医生约翰·戈里（John Gori）于1842年制造了一台类似于埃文斯设计的机器，并用它来给佛罗里达州医院的黄热病患者降温，但这在商业上也失败了。

移民澳大利亚的英国记者詹姆斯·哈里森（James Harrison）于1851年制造了机械制冰机，并于1854年制造出第一台商用制冰机。他于1856年获得专利。这台机器使用的是乙醚、酒精，后来的型号使用溶于水的氨、二氧化硫和氯甲烷。他也因被视为改变历史进程的少数几位澳大利亚人。

直到19世纪60年代初，美国人才接触到冰箱的前身——冰柜。19世纪90

年代，冰柜在中产阶级和上层家庭中变得更加普遍，最早的冰箱只有一个特点——里面有大块的冰。根据美国国家博物馆的档案，早期的冰箱是一个保温的柜子，里面有一个装有冰块的隔间，可以保持食品的温度。但每隔一周就必须将新鲜的冰块放入冰箱中以确保里面的食物不腐烂。

1911 年，第一台家用冰箱问世，它是由通用汽车公司生产的。它的第一个畅销型号是凯尔维纳特（Kelvinator，现在仍然是全球十大知名冰箱之一）。到 1923 年，该型号占据了接近 80%的市场份额。当时即使对最富有的美国人来说，冰箱也是一种奢侈品。那时，冰箱放在一楼的厨房中，地下室还放了一个辅助装置，因为空气压缩机的声音非常大。直到 1920 年，一些公司才推出了采用全新蒸发冷却技术的单体冰箱。更受欢迎、使用范围更广泛的冰箱是通用电气 1927 年推出的"Monitor-Top"冰箱，这种冰箱的设计是将压缩机和冷藏箱合二为一。它的名字源于 19 世纪 60 年代的铁甲军舰"莫尼特"号，其位于装置顶部的压缩机类似于军舰上的炮塔。当时，它的售价是 525 美元，这在当时是一大笔钱。

从 19 世纪 60 年代后期到 20 世纪 20 年代，冰箱都是用有毒气体（如氨、氯甲烷和二氧化硫）作为制冷剂。这导致了 20 世纪 20 年代的几起致命事故，原因是氯甲烷从冰箱中泄漏。

（四）爱因斯坦和西拉德的冰箱

我们都知道阿尔伯特·爱因斯坦（Albert Einstein）是一位伟大的物理学大师，但鲜为人知的是，这位物理学家还从事过很多其他工作，如开发节能冰箱。1926 年的一天早上，爱因斯坦在阅读报纸时差点被鸡蛋呛到，因为报纸上正在报道一件意外事故：几天前，柏林的一个家庭（包括几个孩子），因冰箱上的密封条破裂，有毒气体充斥他们的公寓使其窒息而死。这位 47 岁的物理学家痛苦地给他的一位年轻朋友、发明家兼科学家利奥·西拉德（Leo Szilard）打电话。"一定有更好的方法"，爱因斯坦说。为了解决有毒气体的问题，爱因斯坦和西拉德将注意力集中在吸收式制冷机上，在这种冰箱中，热源——在当时是天然气火焰——被用来驱动吸收过程并从化学溶液中释放冷却剂。这项技术的早期版本已于 1922 年由瑞士发明家推出，西拉德利用他在热力学方面的专业知识，找到了一种改进设计的方法。他的热源通过三个相互连接的回路驱动气体和液体。

他们仍然需要某种版本的卡诺循环。生活在高海拔地区的人都知道，当气压较低时，水的沸点会降低。爱因斯坦和西拉德制造的冰箱利用了这一效应，只使用加压的氨、丁烷和水，不需要电力，也没有移动部件——从而消除了密封失败的可能性。一边是装满丁烷的烧瓶（蒸发器），之后在丁烷上方注入新的蒸汽（氨气），降低丁烷的沸点。当液态丁烷蒸发时，它从周围环境中吸收热量——在此过程中使隔间变冷。

这两位物理学家为他们的冰箱设计了爱因斯坦—西拉德电磁泵，它没有移动部件，而是将一种液态金属（如水银、钾钠合金）密封于一个不锈钢气缸中，在气缸外侧缠绕线圈并通入电，从而使电磁场发生变化，电磁场移动液态金属，液态金属充当活塞并压缩制冷剂。该冰箱的其余部分与今天冰箱的工作原理很相似。

最终两人在六个国家获得了数十项关于冰箱组件的专利。两人也出售了几项专利，获得了 750 美元（相当于今天大约 10000 美元）。西拉德每年还额外收取 3000 美元的咨询费。原型机并不节能，而且经济大萧条对许多制造商造成了严重打击。1930 年新的无毒制冷剂氟利昂的问世使爱因斯坦—西拉德冰箱被束之高阁。

那么，爱因斯坦—西拉德冰箱是在浪费他们的时间和才华吗？并非完全如此。爱因斯坦认为这项工作是他物理研究中的一个令人振奋的突破。爱因斯坦有两个家庭要养活，当时德国的经济又摇摇欲坠，他也很需要这种额外的收入。

西拉德更需要钱，尤其是在他 1933 年逃离纳粹德国前往伦敦之后。在接下来的几年里，他靠着冰箱的收入过活，他利用这段时间散步，思考物理学的下一个大发现可能是什么。

1933 年 9 月的一天下午，当他走出大英博物馆附近时，他得到了答案。他听说过一些涉及释放中子的亚原子粒子的实验。他开始想，如果一个铀原子分裂并释放出多个中子会发生什么，附近的铀原子可能会吸收中子，变得不稳定，并在铀原子分裂时释放出中子。这些二级中子会使更多原子不稳定，从而释放三级中子。以此类推，根据他的专利合作伙伴的著名方程式 $E=mc^2$，每个分裂的原子也会在一个不断增长的级联中释放能量。西拉德已经弄清楚链式反应背后的原理，1934 年申请到了以中子为基础的核反应堆专利。

与他改良的冰箱不同，这项发明在接下来动荡的几十年里变得很有价值。后来，爱因斯坦—西拉德的电磁泵也被证明对冷却增殖反应堆很有用。他们两人后来都移居美国，也都参与了美国的曼哈顿计划，战后也都反对使用核武器，倡导核能的和平利用。

与此同时，三家美国公司对冰箱的制冷剂也开展了合作研究，以开发一种危险性较低的制冷方法，之后发现了氟利昂。随着氟利昂的发现，冰箱在 1930

年开始被广泛使用。在20世纪30年代初，只有8%的美国家庭拥有一台冰箱，到1939年年底，这一数字跃升至44%。到20世纪40年代末，冰箱已成为美国几乎所有家庭厨房的标配。几十年后，人们才意识到氯氟昂会破坏整个地球的臭氧层。

在20世纪30年代至70年代之间，冰箱设计的演变集中在外观和结构方面，但最引以为豪的发明是20世纪80年代的节能冰箱。人们认为冰箱非常依赖电力，但实际上，它们可以用一个白炽灯泡那么少的电力运行。进入21世纪，压缩机冰箱仍然是最常见的，尽管一些国家已经努力限制对氯氟昂的使用。一些冰箱使用替代制冷剂，如四氟丙烯，它们对臭氧层没有那么大的危害。现在还存在一些使用太阳能、磁能和声能运行的冰箱。

可以毫不夸张地说，冰箱极大地改变了社会，提高了人们的生活质量。有了冰箱，食物保存变得更加容易，人们能够获得更好的食物。冰箱也促进了国家之间大量的商业和贸易往来。近100%的美国家庭拥有冰箱，它已经变得如此普遍，我们可能根本就没有考虑到它对我们的生活方式产生了如此巨大的影响。

（五）抽油烟机的发明

过去的厨房并非吃饭的地点，而是专门准备饭菜的。因为在同一屋檐下吃饭的人数多，准备的食物量非常大，产生的热量很高，也会产生很多烟。由于当时没有煤气灶，大多数食物都是用木材烹制的。解决厨房通风难题自然也是人们需要考虑的问题。烹饪在过去的一个多世纪里有了很大的变化，人类发明了燃气灶，它提供了更可控的热量和更健康的无烟燃烧（并非完全健康，但比在厨房里燃烧木材要健康）。厨房的卫生条件也发生了变化，烹饪食物变得更健康。

技术和烹饪文化的所有变化都为使厨房成为一个更安全、更健康的地方增加了很多机会。那么，抽油烟机为什么会成为当今人们厨房中的标配呢？因为尽管我们创造了一种不会让厨房里的人窒息的，更清洁的热源。但是，燃气灶仍然会产生对人类有害的颗粒。除此之外，高温下的油脂分解成小颗粒，可以进入我们的肺部。同样，它也是造成厨房变脏的一个重要原因，因为这些颗粒也会到达电器、台面、家具和许多其他地方。抽油烟机不仅可以为正在做饭的人提供清洁空气，而且抽油烟机能在距热源的一小段距离处产生温差，这会降低油脂的温度，它还能吸走厨房中的小颗粒，保护烹饪者及厨房。

抽油烟机通常由三个部分组成：一个风扇、一个用于捕获上升气体的捕获面板以及至少一个油脂过滤器。它们也被称为抽气罩、通风罩、顶篷、电烟囱和排烟器。抽油烟机可以是通风的或无管道的。在通风系统中，鼓风机马达连接到输出管道，将空气送出室外。在无管道系统中，过滤器通常使用活性炭去除烟雾颗粒和气味，然后将新的清洁空气释放到厨房中。如今，大多数抽油烟机都是电子的，它是可遥控的，带有热传感器，还有主动降噪等优点。

当然，构成现代抽油烟机的所有部件和技术都必须事先被发明出来。电带来了一系列的突破，如鼓风机和风扇装置的发明和使用，可以强制将废气排出房间来主动去除炉灶中的废气。还有许多发明家的辛勤劳动都被湮没在茫茫人海中。没有人知道有多少女人或男人，在家庭作坊中辛勤工作，试图解决当时厨房的油烟问题。幸运的是，人类有很长的专利记录，可以帮助我们很容易地追踪抽油烟机的演变。

西奥多·赫尔德斯（Theodore Gerdes）于 1926 年为他的“用于炉灶等的通风罩”申请了一项专利。在他的申请中，他认为抽油烟机已经被普遍使用，但它们有一个缺陷，即“其中一些油烟不可避免地从抽油烟机的边缘逸出，就像迄今为止经常遇到的那样”①。他使用风扇来捕捉“逃逸”的烟雾。

1928 年，劳埃德·雷（Lloyd Ray）申请了一项关于炉罩的专利，“专门设计用于与炉灶或炉灶板连接，例如用于汉堡架等，并能将油脂与蒸汽分离，以及从炉灶板下方抽走热空气”②。

亨利·布朗（Henry Broan）在 1932 年开始制造通风扇。他最初的风扇摩特德（Motordor）在提供高效和安静的厨房通风方面取得了巨大成功。令人惊讶的是，80 多年后，布朗公司拥有 2500 名员工，成为换气扇和抽油烟机的领导者，该公司是世界最大的室内空气质量系统制造商。

Vent-A-Hood©（通风罩）公司成立于 1933 年，它是家庭烹饪通风和抽油烟机的第一家制造商。第一台抽油烟机是在达拉斯的一间地板很脏的房子里制造的，制造者制造成功后便挨家挨户进行推销。

20 世纪 50 年代申请的专利进一步完善了抽油烟机。詹姆斯·尼尔森（James Nelson）和弗雷德里克·波特（Frederick Port）设计了一种冷却油烟机侧面和顶部的方法。威廉·普莱格尔（William Pledger）申请了几项与抽油烟机有关的专利，包括一种可拆卸和可更换的过滤器，“用于收集从上述范围内排出的烟雾和烟雾中的油脂”。

到了 1967 年，当唐纳德·金（Donald King）为他的厨房油烟机申请专利

---

① History of Range Hoods [EB/OL]. Old World Stoneworks Website, 2021-10-21.

② History of Range Hoods [EB/OL]. Old World Stoneworks Website, 2021-10-21.

时，设计已经变得相当复杂。他的申请描述是："一个防滴漏百叶窗，用于接收富含油脂的热空气；一个喷水器，用于冷却热空气并冷凝油脂；一个鼓风机，用于排放吸入油烟机的空气并离心分离其中的水滴。"

抽油烟机已成为厨房的必需品，既美观又实用。现在的抽没烟机集高性能、高科技解决方案和诱人的视觉吸引力于一体。但需要记住的是，一个家庭拥有抽油烟机的真正原因是确保良好的室内空气质量和健康的厨房环境。

（六）微波炉的发明

根据美国劳工统计局统计的数据，微波炉是一种几乎在每个美国家庭中都有的厨房用具——大约90%的家庭都拥有。只需轻触几个按钮，这款机器就可以在短短几分钟内烧开水、重新加热剩菜、制作爆米花或解冻冷冻肉。

微波炉是在第二次世界大战末期发明的。然而，一段时间后，微波炉才得以普及。起初它们太大、太贵，人们又不信任它们，因为它们使用微波加热。最终，技术进步了，人们对其的恐惧感消退了。到21世纪时，美国人将微波炉称为让他们的生活更轻松的一项技术，而这一切都是源于一个融化的巧克力的意外事故。

像今天的许多伟大发明一样，微波炉是另一项技术的副产品，这个技术就是雷达。雷达技术的核心是"磁控管"，即产生无线电波的装置。第二次世界大战期间，美国军方无法获得足够的磁控管来满足他们的需求，于是，他们把任务交给了雷神公司。该公司由工程师范内瓦·布什（Vannevar Bush）创立，如今他以组织曼哈顿计划、预测计算机革命和互联网革命而闻名，还获得了"信息时代的教父"的美誉。1925年，他的公司更名为雷神制造公司，今天仍在制造导弹、军事训练系统和电子战产品。

20世纪20年代，自学成才的工程师珀西·斯宾塞（Percy Spencer）成为雷神公司最有价值和最知名的工程师。第二次世界大战期间，雷神公司致力于为盟军改进雷达技术，斯宾塞是该公司的首选问题解决者。1945年，斯宾塞注意到了一些非常不寻常的事情：他在测试一种磁控管时，发现口袋里的巧克力棒融化了。出于好奇，他测试了其他食物，包括爆米花。他把一些爆米花颗粒放在管子附近，看到爆米花在他的实验室里到处溅射。此时，他眼中闪烁着创造的光芒。

第二天早上，斯宾塞把一个鸡蛋放在磁控管附近，斯宾塞和好奇的同事一起看到鸡蛋开始颤抖，然后爆炸，滚烫的蛋黄溅到同事惊讶的脸上。斯宾塞得到了一个结论：融化的糖果棒、飞溅的爆米花以及正在爆炸的鸡蛋，都是由于暴露在低密度的微波能量下。如果鸡蛋能被迅速加热，其他食物是否也能像鸡蛋一样被快速加热呢？实验接着往下进行。斯宾塞制作了一个金属盒子，他将微波能量输入其中。能量进入盒子后无法逃脱——微波不能穿过金属，从而创造了一个高密度的能量场。当食物被放置在盒子里并输入微波能量时，食物的温度迅速上升。斯宾塞发现微波能比传统烤箱更快地烹饪食物，他的发明改变了烹饪的方法，并形成了价值数百万美元的产业——微波炉。1945 年 10 月 8 日，他获得微波炉的专利。值得一提的是，斯宾塞整个职业生涯中共获得 150 项专利，他于 1999 年入选国家发明家名人堂。

首批微波炉的原型在波士顿餐厅进行测试。第一次公开展示是在 1947 年 1 月，在中央车站的一台“快速小子”自动售货机上出售新鲜烹饪的热狗。第一台商用微波炉也出现在 1947 年，是由雷神公司制造的，被称为雷达炉（Radarange），高 1.8 米，重 340 公斤。它的成本是 5000 美元，相当于今天的 52000 美元。因为磁控管是水冷式的，所以它必须连接到水管。下一个型号的微波炉于 1954 年被制造出来，消耗的功率是第一个型号的一半，售价为 2000~3000 美元。价格下跌的很快，1955 年，雷神公司将其技术授权给制造厨房用具的塔潘（Tappan）公司，它推出了与普通烤箱一样大小的 Tappan RL-1，售价为 1295 美元，约合今天的 11000 美元。日本的夏普、利顿等公司在 20 世纪 60 年代也生产了微波炉，但它们仍然很大，而且价格昂贵，不是一般家庭能够买得起的。1967 年，情况发生了变化。雷神公司购买了家用冰箱制造商阿马纳（Amana）并发布了紧凑型的雷达炉，它只需 495 美元，可以放在台面上。这是第一台足够小且足够便宜的家用微波炉。随着微波炉价格的下跌，20 世纪 70 年代，微波炉已成为家庭的标准配置。

随着时间的流逝和其他公司的涉足，注册商标“Raydarrange”让位于更通用的术语，人们开始称这件机器为“微波炉”。微波能够加热食物，但不能加热盛放食物的纸盘，因为微波的频率被设定为专门搅动水分子，使其快速振动。正是这种振动产生了热量。没有水，就没有热。所以，不含水的物体，如纸盘或陶瓷盘，不会被微波加热。所有的加热都发生在食物本身，而不在其容器。当然，我们还要避免用微波炉加热塑料容器中的食物，因为塑料中的一些化学物质会渗入食物中。而且，也不应该在微波炉中放入任何金属物品，因为有尖的金属物体会与磁控管放出的微波相互作用，产生电火花（电弧），从而损坏微波炉并引起火灾。

尽管微波炉的烹饪速度很快，但其从未完全取代传统烤箱。快速加热对于某些类型的烹饪并不适用，例如烤面包，需要缓慢加热让酵母发酵；而微波加热的牛排在口味上也比不上烤牛排。尽管如此，随着快节奏的生活方式，现代人越来越依赖加工食品，重新加热有时是做一顿饭所需的唯一“烹饪”方式。微波炉均匀和快速加热的特点使其成为这一目的的理想选择。

还有很多厨房机器都值得我们关注，如洗碗机、搅拌机、果汁机、咖啡机、电磁炉等，它们在储存食物、烹饪食物和食物清理方面都更省时、省力。新技术、新炊具的普及，缩短了做饭的时间，使娱乐时间更充足，使人们的生活更轻松。今天，由于智能手机、5G、云计算、人工智能等技术的进步，人们对智能机器的兴趣与日俱增。在他们期望的“未来之家”中，最好能有一个全自动的机器人来帮助他们解决吃饭问题。这一愿景自然不是不切实际的幻想，技术的路线图似乎正朝着高度自动化的方向发展着，工程师、制造商和普通大众都沉浸于无穷无尽的科技发明之中，机器与厨房之间的关系演变为：未来的发明更多的是公众所要求的。

第五章　纺织机器与服装的变化

穿衣服是人类独有的特征，人类社会中存在着多种形式的服装。人类学家估计大约在 10 万到 50 万年前人类开始穿衣服。有的专家认为，穿衣服是为了抵御天气的变化；而另外一些专家认为，服装最初可能是为了其他目的而发明的，例如装饰、崇拜或声望，后来才发现服装的实用性。

一、早期人类的纺织活动及服装

当开始定居的新石器时代的人类发现编织纤维比猎取动物皮毛更有优势时，使用编篮子的技术制作布就成为人类的基本技术。从那时起，纺织物就成为人类生活的必需品。纺织品的历史与服装的历史相辅相成。人类为了获得能够制作服装的材料，发明了织布、纺纱和其他必要的技术。

人类创造的第一件真正的纺织品是用羊毛制成的毛毡。把热水浇到动物的毛发中，用力摇晃和压缩，这使得纤维钩住并织在一起，形成一块织物。游牧文化和定居文化都使用过这种技术。

（一）早期的衣服

已知第一个制作衣服的种族是尼安德特人，他们生活在公元前 20 万年到公元前 3 万。在此期间，地球温度急剧变化，在尼安德特人居住的欧洲和亚洲北部地区进入了冰河时代。尼安德特人拥有紧凑、肌肉发达的身体，可以保持体温，能很好地适应当时的寒冷气候。尼安德特人学会了用石头制造粗糙但有效的工具。长矛和斧头等工具使尼安德特人成为强大的猎人，他们猎杀长毛猛犸象、熊、鹿、麝牛和其他哺乳动物。在某个时候，尼安德特人学会了使用这些动物厚厚的毛皮来保持温暖和干燥，伴随这一发现，服装诞生了。

最早的衣服是由自然材料制成的：动物毛皮、草、树叶、骨头和贝壳等，衣服通常是披着或系着的。服装领域的第一个重大进步是创造出了今天仍然还在使用的针。在西伯利亚和南非发现的缝纫针分别可以追溯到 50000 年前和

15000年前。这些针由动物骨头制成，经过精心打磨，锋利到足以刺穿和缝合动物皮。简单的骨针提供了远古时期缝制皮革和毛皮服装的证据。

大约在30000年前，在格鲁吉亚的洞穴中发现了一些纺织和染色植物，这是最早的制作亚麻布的例子。

克罗马农人被认为是欧洲人的祖先，因法国克罗马农山洞发现的化石而得名。他们是人类进化史的最后一个阶段——代表性群居。他们大约在40000年前出现，并在制作服装方面超过了尼安德特人。更聪明的克罗马农人学会了生火和烹饪食物，并开发出更精细、更高效的工具。克罗马农人最重要的发明是针。针是由动物骨头的碎片制成的，它们的一端被磨尖，另一端有眼。有了针，克罗马农人可以将精心剪下的毛皮缝成更合身的衣服。通过这种方式，他们可能开发了最早的身体、腿、头和脚的覆盖物。

人们认为，第一件组合起来的衣服是束腰外衣。束腰外衣由两片长方形动物皮的短边捆绑在一起制成，并留有一个洞套头。这件粗糙的衣服缝合的部分放在肩膀上，其余部分垂下。手臂穿过敞开的两侧，衣服要么用腰带收拢，要么在侧面加设额外的系带将衣服固定在身体上。这件束腰外衣是衬衫的始祖。

有证据表明，克罗马农人制作了贴身的衬衫和裤子，以及披肩、兜帽和长靴，用来保护他们免受寒冷。由于他们还没有学会用鞣制来软化兽皮，所以兽皮一开始会比较僵硬，但经过反复穿，会变得非常柔软和舒适。

人们对早期服装的了解大多是由很少的证据依靠猜测拼凑而成的。只有非常少的服装碎片保留下来，因此考古学家依靠洞穴图画、雕刻的人物以及诸如在化石泥地上缝合在一起的印记来研究早期服装。在靠近意大利边境的奥地利山区发现了一具5300年前去世的男子的遗骸。这个男性尸体在冰中保存了5000多年，他的许多衣服碎片都保存了下来。

考古学家将他的衣服拼凑在一起，他们发现这个冰人穿了一套复杂的衣服。精心缝制的紧身裤覆盖着他的小腿，一条薄薄的皮革缠腰布包裹着他的生殖器和臀部。在他的身上，套有一件长袖毛皮大衣，长度延伸到他的膝盖。这件大衣是用多块毛皮缝制而成的，毛皮在外面。它很可能被某种形式的皮带紧紧系住。他的脚上穿着用兽皮缝合而成的短靴，里面塞满了草，大概是为了在雪地里保暖。他的头上戴着一顶简单的厚毛皮帽。尽管在奥地利发现的冰人比最早的克罗马农人出现的时间要晚得多，但他的服装展示了早期服装的基本制作技术和材料。

最早的纺织结构是网，由一根线制作，并采用单一的重复动作形成环状。篮子也是这样，是用柔软的芦苇、藤条或其他合适的材料交织而成。由于织物的易损性，史前纺织品保存下来的例子不多。纺织显然早于纺纱，几千年以前，人类使用的都是天然织物，它们主要是亚麻、丝、棉花和羊毛纤维。这些织物都从天然来源中获得并可以再生。

在古埃及和美索不达米亚（文明的摇篮）的阶级分界线上，富裕阶层需要一种可以在炎热气候下穿着的材料，结果就是出现了亚麻布。公元前5000年左右，埃及人开始生产亚麻布，它由野生亚麻制成。在古埃及，亚麻布象征着财富和纯洁，被用来制作木乃伊。埃及的壁画上记录了法老身着亚麻的裙子和衬衫。同时，在美索不达米亚，亚麻布也被提供给富裕阶层。亚麻布的地位如此崇高，是由于当时的生产方式：亚麻是一种没有弹性的植物，在织造过程中很容易断裂，因此用这种线来制作织物是很有挑战性的。

亚麻布是如何制成的？就像大多数研究遥远的过去的学术调查一样，证据也是很少的，因此学者们从其他文物中寻找信息。其中一条信息来自一个花瓶，准确地说是一个油壶，其年代为公元前550年。它保存在纽约市的大都会艺术博物馆，上面描绘了两个妇女在一个直立的织布机上织布。在插图中，经线垂直延伸到顶部的杆上，下面与底部的重物绑在一起，将线绷紧。右边的妇女将装有织布线的梭子穿过经线的中间。这种工艺与双梁织机一起，在中世纪的布匹生产中占据主导地位。

至于布的使用方式，在古埃及，用绳结和带子将材料固定在一起的方式是最流行的。这种简单而有效的外观在地中海和美索不达米亚地区非常流行。在远东地区，人们喜欢更合身的、基于缝制的服装，也就是我们今天所知的大衣、外衣和裤子。

公元前5000年到公元前3000年间，棉花出现了。有证据表明，古代中国、印度和埃及的人们纺纱、织布和染布。到了公元前400年，印度开始大规模生产棉纺织品。这一时期的雕刻作品记录了用于从纤维中取出种子的轧棉机。

（二）中国的丝绸和齐桓公的经济战

在东方的中国，最早的丝绸生产证据是在山西夏县的遗址中发现的。据称，仰韶文化时期人们就养蚕生产丝绸，而在西阴村遗址中发现了约4000年前的茧壳。在浙江余姚河姆渡文化遗址中发现了原始织布机的碎片，时间为公元前4000年。在浙江湖州钱山漾的良渚文化遗址中发现了一批丝线、丝带和没有炭化的绢片，时间可追溯到公元前2700年。此外，还有一些更早的间接证据，包括纺织工具以及与蚕和蚕丝相关的符号、图案和装饰品等。丝绸如此重要，闻名世界的丝绸之路将埃及、美索不达米亚、欧洲各国与中国联系起来。

早在2600多年前，当时的春秋霸主齐桓公甚至利用丝绸作为武器打了一场“经济战争”。齐国与鲁国相邻，鲁国也很强大，齐桓公觉得鲁国阻碍了齐国的发展，他想搬开鲁国这块挡路石。于是，他的头号谋臣管仲就献计说：“鲁梁之民俗为绨。公服绨，令左右服之，民从而眼之。公因令齐勿敢为，必仰于鲁梁，则是鲁梁释其农事而作绨矣。”（出自《管子·轻重戊第八十四》）古代中国用缯表示丝绸，绨就是鲁国生产的一种丝绸，它是用丝作经线，用其他材料作纬线，因而比较厚，价格也便宜。管仲这段话的意思是说：鲁国和梁国的百姓，都是依靠着织绨赚钱，您只需要带头穿上用绨做的衣服，然后下令大臣们也穿这样的衣服，百姓便会跟风穿绨做的衣服。接下来，您再禁止齐国的百姓私自织绨，必须从鲁国和梁国进口衣服，如此一来，鲁梁两国的百姓便可以从丝织品贸易上赚取大量的财富，两国的民众便会无心耕地都跑去织造绨。

过了一年多时间，管仲让齐桓公又做了一套用帛（丝绸中的上品）制作的衣服，齐国的大臣和百姓也纷纷穿起帛服，另一方面齐桓公下令禁止国人穿鲁绨，商人也禁止进口鲁绨。鲁国经不起这样的折腾，经济顿时乱成一团，出口经济一落千丈，粮食的价格又飞涨，终于，鲁国经济崩溃了，不战而屈于齐国。

管仲的经济策略实在是厉害，利用商业来发起战争。在人类社会中，首先是解决吃饭、穿衣的问题，而这些问题的解决离不开农业的发展。因此，农业是人类生存的基础，也是一个国家发展的根本。商业是建立在农业基础之上的，如果本末倒置，自然会出问题。小小的丝绸居然演变成大国之间的争霸战，可见，对于任何时代、任何社会来说，如果忽视百姓基本的生活需要，必然导致不可承受之后果。

许多用早期简单的织造程序生产的织物具有惊人的美感和复杂性，世界不同地区生产的织物图案显示出独特的地方特征。

纱线和布匹从很早的时候就被染色。在公元前2世纪的罗马废墟中发现了染色织物的碎片；中国唐朝的丝绸上有扎染效果；公元前4世纪的印度也有生产印花织物的证据。在埃及发现的纺织品也表明，到了公元4世纪，埃及的纺织工艺已经发展得非常发达，那里的许多挂毯是用亚麻布和羊毛制成的。波斯的纺织品很早就出现了，除了简单的织物外还有豪华的地毯和挂毯。

服装的历史与纺织品的历史携手并进。人类需要发明纺织、纺纱和其他技术，以及能够制造服装面料的机器。在缝纫机出现之前，几乎所有的衣服都是手工缝制的，大多数城镇都有裁缝，可以为顾客制作单件衣服。缝纫机发明之后，成衣业才开始出现。

服装这个词源自拉丁语“consuetudo”，意思是一套完整的外衣。服装不仅被用来遮盖身体和点缀身体，它们还构成了一种重要的非语言交流媒介，用于表示一个人的文化身份，包括一个人在特定历史时期的居住地。服装展现了个人或群体独特的服饰风格，反映了他们的阶级、性别、职业、民族、国籍和所处时代。

（三）中外织机

从史前到中世纪早期，在欧洲、近东和北非的大部分地区，有两种主要类型的织机主导着纺织生产。这两种织机分别是重锤式织机和双梁式织机。

织机用于织造纺织品。织造本身是一个根据预先确定的系统，将两套或更多的线交错在一起，以生产出一块布的过程。重锤式织机是一种垂直织机，最简单的是由顶部的一根棍子或棒子（称为布梁）加上两边的支撑直立杆组成，整个框架经常靠在墙上。经线被固定在顶杆上，使其自由垂下。然后在底部将织机的重物连接到经线束上使它们紧绷。一个或多个织工站在织机前面，举起双臂工作。带纬线的梭子在经线的左右传递，以生产纺织品。编织材料在生产的过程中被推向织机的顶部。机架横梁的宽度决定了织物的最大宽度，即在织机上能织出的布的宽度，有的可以宽达 2~3 米。早期的编织服装通常是由整块织机宽度的布制成的。

这种类型的织机至少有 4000 年的历史。一些研究人员认为，重锤式织机源自中欧，然后向东传播，走向爱琴海地区，并通过古代安纳托利亚传到近东地区。然而，确切的起源和传播情况仍有争议。很明显，重锤式织机在整个欧洲和近东地区得到了广泛的应用。20 世纪 50 年代，奥斯陆挪威民俗博物馆的挪威学者玛塔·霍夫曼（Mata Hoffman）发现芬兰和挪威拉普兰的妇女仍在用重锤式织机织造某些纺织品，特别是厚重的毛织品床单。

古希腊的花瓶上有许多关于重锤式织机的描绘。这种描绘在细节上可能并不准确，因为花瓶画家本身可能不是织工。但花瓶上重锤式织机的描绘表明了这种织机被广泛使用。一个阿玛西斯画家制造的陶制油壶，描绘了五组妇女在加工羊毛的画面。其中的一个画面是一个重锤式织机，有两位黑衣女子站在这个直立的织布机前编织。它的经线显然是分开的，并与织机的砝码相连，而且每个织机砝码都配有一个金属环。

这个花瓶上的其他妇女在称羊毛球、用羊毛填充篮子、纺纱，最后折叠和堆放完成的纺织品。这个花瓶大约于公元前 550 年至公元前 530 年在古希腊的阿提克地区制作。它现在被收藏在大都会艺术博物馆（美国纽约）。在 5 世纪早期的希腊花瓶上还发现了其他的重锤式织机的图像，如丘西花瓶（也被称为珀涅罗珀花瓶）和皮斯提西花瓶。

值得注意的是，除了重锤式织机之外，古希腊人可能还使用其他类型的织机。较窄的纺织品，例如腰带、丝带和装饰性饰物，可以用片状（也叫卡片）或带式织机来编织。

使用织机的早期证据（公元前4400年）是在埃及阿尔巴达里发现的一个陶盘上所描绘的水平双杠（或双梁）式织机。这种织机的经线在两根杆或横梁之间拉伸，四个角分别固定在地面上。绞棒用于分离经纱，形成梭口并帮助手部保持纱线有序分离。在后来的改进型织机上都能发现某种形式的绞棒，在加入绞棒之前，需要用手指将每根奇数和偶数的经线分开，以形成梭口，让纬纱通过。这些绞棒，说明织机已经使用了足够长的时间，已经需要通过增加设备来辅助双手。

纬纱杆位于经纱的顶部。为了生产平纹，将交替的经纱系在杆子上，当杆被抬起时，就迅速而准确地形成梭口。一些权威人士认为，梭子是织机演变过程中最重要的部件。绞棒通常与综片（综片是指织布机上使经线交错着上下分开以便梭子通过的装置）一起使用，形成第二个开口或反梭口，用于纬纱的返回。

在古代，世界各国均有与织机有关的发明，但唯独中国的织机是最完善和最先进的，这也是中国在漫长岁月中始终保持着丝绸大国地位的重要因素。一般说来，织造过程须完成开口、引纬、打纬、卷取、送经这五大运动，织机上的部件就是根据这些运动而不断完善的。

织造源自缝制与编织，纺织技术有多个起源，长江和黄河流域的先民均有建树。从30000年前的旧石器时期辽宁海城小孤山文化遗址出土的精致细滑的骨针来看，当时的缝制技术已经达到相当高的水平。同时，许多新石器时期文化遗址都能找到编织物的痕迹，织造技术在缝制和编织的基础上被发明创造出来。

中国的早期织机大多为原始腰机。织造时，织工席地而坐，以身体作机架，以两脚蹬着经轴，腰上缚着卷布轴，手提综杆，再投梭打纬，进行织布。在新石器时期遗址中就有原始腰机部件出土，如跨湖桥、河姆渡、田螺山文化遗址，现存较为完整的原始腰机是距今4000余年的浙江反山墓地出土的织机玉饰件。较复杂的原始腰机在商代的安阳殷墟和台西村以及两周的福建崇安、江西贵溪崖墓中均有发现，更为重要的是云南石寨山出土有纺织场景的汉代青铜贮贝器盖，可以看到原始腰机织布的形象。这类原始腰机至今仍然在我国西南少数民族地区、海南、台湾等地使用，它是人类最早发明和使用的织机。

为了提高织机的生产效率，人类使用机架替代人身，加入踏板进行提综从而解放双手，发明了踏板织机，用脚踏板提升或下压综片控制开口。踏板织机是华夏民族引以为傲的伟大发明，后来经“丝绸之路”逐渐传到中亚、西亚和欧洲各国。

踏板织机最先出现在中国，但具体时间尚无可靠证据。《列子·汤问》篇中有纪昌学射的故事：“偃卧其妻之机下，以目承牵挺。”据考证，“牵挺”就是踏板。由此可见，踏板织机在春秋战国时期已经出现，但其图像却到东汉时期才能在画像石上看到。这些画像石上描绘的大多是曾母训子的故事，画中的织机反映了当时家庭织造技术的水平。到了秦汉时期，黄河流域和长江流域的广大地区已普遍使用织机。

与构造简单的原始腰机不同，斜织机是一种采用张力补偿原理的单综双踏板织机，是配备机架、经轴、卷轴、中轴、马头、踏板、分经杆、综片（单综）、幅撑和筘的织机，用来织制平纹类织物，其经面与水平的机座成 50 至 60 度斜角。因此，汉代织机一般被称为斜织机。

（四）中国的提花机

在中国古代织造技术中，最复杂的是提花技术。李约瑟在《中国科学技术史》中将提花机称为中国对世界的科技贡献之一，但并不是所有人都认为提花机是中国人的发明。不少纺织史家认为中国人的确发明了有程序控制的提花机，但却不是西式的提花机。

为了使织机能反复有规律地织造复杂花纹，人类先后发明了以综片和花本技术来贮存纹样信息，并形成多综式织机和各类花本式的提花机。提花技术是纺织史上的里程碑，提花机是将提花规律贮存在织机的综片或是与综眼相连接的综线上，利用贮存的提花规律来控制提花程序。

2012 年，四川成都的建筑工人在修建地铁三号线时发现了一个多室墓，当时他们还没有意识到他们正在改写纺织史。在经过一年的抢救性发掘，这个公元前 2 世纪的古墓中除了有一些失传的经典书籍外，还有四台微型织布机模型以及与之伴出的十余件彩绘木俑，再现了汉代蜀锦纺织的工场。成都北郊老官山汉墓获选 2013 年中国考古六大发现之一。

多室墓穴中有一个 50 岁左右的妇女遗体，考古学家判断墓主是西汉时期的一位蜀锦织造作坊的工场主。也许她将毕生的精力都用于蜀锦织造，死后还将一座完整的工坊制成模型，带到了坟墓里。也许，这些织机的发明或改造，曾凝聚了她的毕生心血。四川古称“蜀”“蜀国”和“蚕丛之国”，这里桑蚕丝绸业的起源最早，是中国丝绸文化的发祥地之一。蜀锦兴于春秋战国而盛于汉唐，既是一种具有汉民族特色和地方风格的多彩织锦，又是中国四大名锦之一。

经过专家深入研究，老官山出土的织机模型被确认为多综式提花织机。提花织机的厉害之处就在于它可以通过上万根丝线，为织机编制并存储一部类似现代计算机的“二进制”编码。工人在纺织时的“选综”，就相当于对花纹进行编程，最终织出有图案的锦缎。

最让人叹为观止的是，老官山汉墓织机模型的编程方式还不止一个：通过滑框和连杆两种技术手段，可以织出不同的花纹。这几部织机是迄今发现的世界上最早的提花机，实证了蜀锦作为“天下母锦”的确名不虚传。在此之前，我国考古出土过汉代织物而无工具，此次考古发现佐证了中国织造技术在世界纺织史上的领先地位。

根据研究，这些织布机是早期织布机和几个世纪后晚期织布机之间缺失的环节。它有助于解释汉代的中国织工为何能够制造出大量的蜀锦丝绸，这些丝绸沿着丝绸之路在欧亚大陆和罗马帝国进行交易。提花机随后被引入波斯、印度和欧洲各国，中国的丝绸提花机对后来世界纺织文化和纺织技术的发展做出了重大贡献。欧洲的提花机是在 11—12 世纪从中国传入的。

束综提花机经过两晋南北朝至隋、唐、宋三代的改进提高，逐渐完善定型，最终取代了多综式提花机。在南宋楼璹的《耕织图》上就绘有一部大型提花机。这部提花机上有双经轴和十片综，上有挽花工，下有织花工，这些花工相互呼应，正在织造结构复杂的花纹。这也许是世界上最早的提花机。到了明代，提花机已极其完善，这在明代宋应星所著的《天工开物》中可得到印证。

束综提花机凭借织物适应性广、花幅大小可变等优越性能，编织出一批批优秀的丝织品，而丝织品种的不断更新，也促进了提花机的完善。

二、中古时期的纺织品和纺织机器

中世纪早期，在整个北欧，羊毛很容易买到，它是最便宜的材料，而在中东，棉花比羊毛便宜。羊毛和棉花都可以纺织和编织。亚麻几乎可以在任何地方生产，是一种更便宜的材料，但因为它需要更多的加工技术，所以它比棉花和羊毛等更昂贵。

（一）中世纪的纺织品及纺织机

就物品而言，考古学家已经发现了数以千计可追溯到十字军东征时代的织物碎片。这些织物碎片包括丝绸、棉布、亚麻布、毛毡和用山羊毛与骆驼毛编织的布。它们还包括几种混合织物，由一种纱线的经线和另一种纱线的纬线组成，例如用羊毛、亚麻或棉花编织的布。

中世纪，以家庭为基础的家庭手工业者将羊毛加工成布，供家庭使用。加工方法可以根据生产者的财力而有所不同，但纺纱、织布和整理布的基本过程基本上是相同的。

羊毛通常是一次性从羊身上剪下来的。有时，被屠宰的羊也会被剪羊毛，但得到的产品，被称为“拉毛”，质量不如从活羊身上剪下的羊毛好。如果羊毛用于贸易（而不是在当地使用），会被捆绑在一起进行出售或交易，直到它到达最终目的地——一个制造布料的城镇，然后在那里进行加工。通常，加工程序有很多道，分别为：排序、清洁、敲打、初染、润滑、梳理、纺纱、针织、织布、毡化、烘干等。在这些加工过程中，有的只需要用简单的工具完成，有的则需要通过复杂的机器才能完成。

如纺纱需要纺车，纺车在欧洲最早的使用记录是在 13 世纪，尽管纺车的起源没有定论，但它通过中东到达欧洲这一点是毫无疑问的。它取代了早期的手纺工艺，在手纺工艺中，单根纤维被从一根棍子上的羊毛团中抽出来，捻在一起形成一条连续的线，然后缠绕在第二根棍子（也称纺锤）上。使用纺车首先要将主轴水平地安装在轴承上，以便它围绕一个大型手动轮子旋转。纺纱工左手握着有大量纤维的拉杆，右手慢慢转动轮子。他们将纤维与纺锤排成一定角度来纺纱。最初，它们并不是由脚踏板驱动的、方便的坐式纺车，而是由手驱动的，而且非常大，所以纺纱工需要站着工作。这对纺纱工的脚来说并不轻松，但用纺车纺出的纱线要比手纺生产的纱线多得多。到 15 世纪，利用纺车纺纱变得很常见。撒克逊轮或称萨克森轮，在 16 世纪初被引入欧洲。

织布需要织布机，在为自己生产布料的家庭中，纺纱通常是妇女的工作，而织布通常由男子完成。在佛兰德斯和佛罗伦萨等制造地，专业织布工通常是男性，但也有女织工。

织布的本质是将一根纱线（纬线）穿过一组垂直的纱线（经线），将纬线交替地穿在每根经线的前后。经线通常比纬线更结实、更重。经线和纬线由于其不同重量可以形成特定的纹理。一次通过织机的纬线数量可以不同，纬线在穿过织机之前经过的经线数量也可以不同，这种变化被用来织出不同的纹理图案。有时，经线被染色（通常是蓝色），而纬线保持未染色状态，从而产生彩色图案。

织布机使这个过程更加高效。最早的织机是立式的，经线从织机顶部延伸到底部框架或滚筒中。织布工在立式织机前站着工作。

水平织机于11世纪首次出现在欧洲，到了12世纪，机械化的水平织机已经开始使用。机械化水平织机的出现，一般被认为是中世纪纺织品生产中最重要的技术发展。

织布工坐在机械化织布机前，不需要用手在交替的经线前后穿纬线，他们只需踩下脚踏板，将一组交替的经线抬起来，在其下面直接拉出纬线，然后踩下另一个踏板，这将提高另一组经纱，并在另一个方向上将纬线拉到下面。为了使这个制作工艺更容易，需要使用梭子——一种船形的工具，可以缠绕纱线。当纱线松开时，梭子很容易在经线上滑行。

中世纪最好的布料产自近东。以高质量的埃及棉花和亚麻布通过黎凡特港口出口。大众熟知的锦缎、纱布和细布，分别来自生产它们的城市，如大马士革、加沙和摩苏尔。

早在公元前306年，罗马人开始撰写有关树棉（它高达1.8米，像一棵小树，存活10~20年）的文章之前，东印度人就已经知道棉花了，他们改进了棉花的纺织工艺。印度布和棉花种子沿着丝绸之路和香料贸易路线运输，将棉花种植传播到新的地方。蒙古人广泛地使用棉花，用来制作衣服。蒙古人在他们征服的所有土地上种植棉花，并沿着丝绸之路和香料贸易路线进行棉花交易。

地中海通常是印度棉花贸易路线的终点站，随着对棉花产品需求的增加，阿拉伯人学会自己种植棉花。阿拉伯人后来将棉花传播到西班牙、西西里岛和北非。随着第一次十字军东征，棉花作为一种新奇物品被带到欧洲，欧洲开始对棉花产生需求。

在黎凡特，讲阿拉伯语的社区使用棉花的方式多种多样。可以肯定的是，棉花在8—10世纪就已经被人们所熟知。阿拉伯人制定的《军需法》表明，棉织品可用于男性服装。阿拉伯人也将棉花用于其他方面，如内衣、面纱、外衣、裹尸布、丧服、床单、内衬、毛巾、挂毯、壁挂、桌布、餐巾、遮阳篷、地毯、织物和装饰品。

威尼斯人（公元1125年）是第一个派遣商人和船只到黎凡特地区进行棉布贸易的人，他们购买棉花并在意大利进行加工后销售到欧洲各地。热那亚（公元1140年）在威尼斯之后不久也派遣了商人和船只进行贸易。随着棉花越来越为人所知，其他意大利城市也派代表团到阿拉伯沿海城镇建立贸易点。12世纪中期，威尼斯人的贸易区遍布整个黎凡特，甚至深入到了内陆的大马士革。

在接下来的一个世纪里，从北非、西班牙到威尼托和整个黎凡特，整个地中海盆地都种植棉花。西班牙也种植棉花供当地消费。北非生产中粗布，用于非洲内陆的贸易，而西西里岛成为种植棉花并向欧洲城镇提供可靠原棉的贸易中心。

（二）黄道婆的纺织机

早在宋元时期，中国的许多地方就已经种植棉花了。虽然种植了很多棉花，但老百姓还是缺衣少布，冬天过得很艰难。因为在当时，人们要用棉花织布，需要先用手把棉籽剥掉，这需要花费大量的时间和精力，往往手指甲都剥得脱落了，也剥不出来多少棉籽。这时，中国伟大的纺织技术专家——黄道婆出现了，她不仅改进了棉纺织工具，而且把错纱配色、综线挈花等技术应用于棉纺工艺，并把这些技艺传授给家乡人民。因此，后人专门建造了一座名为“先棉祠”的祠堂纪念她，而她的家乡——松江也获得了“衣被天下”的美誉。

黄道婆生活在宋末元初，她的家乡是松江乌泥泾（今上海徐汇区华泾镇）。她在一个贫困的家庭中长大，12 岁时被卖给别人做童养媳，受到公婆和丈夫的百般虐待。有一次，因为劳累过度，黄道婆织布的速度慢了点，公婆和丈夫便把她毒打了一顿，锁在柴房里。由于无法忍受这种虐待，黄道婆决定趁着天黑逃跑，在她逃出家门后，她躲到了一艘停泊在黄浦江边的海船上，随船漂泊，到了海南岛南端的崖州上岸。

虽然黄道婆流落他乡、举目无亲，但是淳朴热情的黎族同胞十分同情黄道婆的不幸遭遇，接受了她，让她有了安身之所，并且在共同的劳动生活中，还把他们的纺织技术毫无保留地传授给她。当时，崖州的种棉方法和纺织技术都比较先进。黎族人民生产的黎单（宽幅床单）、黎饰（宽幅的幕布）、搭鞍（各色盖布）闻名内外。黄道婆聪明勤奋，虚心向黎族同胞学习纺织技术，并且融合黎汉两族人民纺织技术的长处，逐渐成为一个出色的纺织能手，在当地大受欢迎，还和黎族人民结下了深厚的情谊。

黄道婆在黎族地区生活了将近 30 年，她始终怀念自己的故乡。在元朝元贞年间（约 1295 年），她从崖州返回故乡，回到了乌泥泾。黄道婆重返故乡时发现，棉花种植业已经在长江流域普及，但纺织技术仍然很落后。

在家乡，黄道婆无私地向父老乡亲们传授崖州的种棉技术，使当地的棉花产量逐渐提高。她还耐心地教人们用新式的工具纺纱织布。后来，为了进一步提高工作效率，她又潜心研究并制造出更先进的纺织工具，按照纺织工序设计出一套轧籽、弹花、纺纱、织布的操作方法。她教人们制造轧棉机，用它轧棉籽，就可以不用手剥了；她改进弹棉花的工具，把手拨的小竹弓改为槌击的大弓。同时，她改进了纺纱的工具，把只纺一根纱的手摇车改为能纺三根纱的三锭纺纱脚踏车，这种技术在当时是极为先进的。为了让纺织品更加美观，她又教大家把花卉、鸟兽等各式各样的图案织进织物中。就这样，在黄道婆和家乡人民的努力下，图案生动、色彩艳丽的“乌泥泾被”应运而生，不久便闻名全国。

后来，在乌泥泾从事纺织的人日益增多，黄道婆的棉纺织技术和她改进的设备传遍了江浙一带。黄道婆极大地推动了松江地区棉纺织业的发展。到了明代，乌泥泾所在的松江成了全国棉纺织业中心，松江棉布远销全国各地。由于黄道婆的发明创造，棉布成为物美价廉的东西，再也不是只有上层人士才穿得起的奢侈品。从此，人们的穿衣风尚为之一变，棉织物成为后世主要的服装材料。

黄道婆于1330年去世，当地人民一直铭记她的恩情，有民谣为证：“黄婆婆，黄婆婆，教我纱，教我布，两只筒子两匹布。”清朝秦荣光以一首《竹枝词》咏黄道婆：“乌泥泾庙祀黄婆，标布三林出数多。衣食我民真众母，千秋报赛奏弦歌。”黄道婆在黎族人原始的棉纺织技术基础上，创造了一整套先进的棉纺织（手工）机器，从而实现了棉纺织的规模化生产。由此，地处江南的松江地区拉开了我国历史上第一次手工业变革的帷幕，这被著名历史社会学家黄宗智教授称为“棉花革命”。

这次变革涉及农业、手工业机械制造、力学、物理学（古称“格致”）、数学、测量学等科学与技术中的诸多领域，使当时的科学技术与生产力突飞猛进，从而奠定了后来明清两代规模化手工业生产的基础。棉纺织业成为一个新兴的产业，这个新兴产业具有一条完整的产业链，这条产业链中又形成了许多不同的行业，有棉花种植户，即棉农；棉纺织手工业的工厂，俗称“作坊”，包括轧花厂、弹花制棉厂、纺纱厂、织布厂、纺织机械（手工）制造厂、修理厂等。与此同时，还出现了专业的纺织工人，即所谓的“纺织娘”（简称“织娘”）。各个行业里还有各类中间商和经销商。就在此时，脱离农业生产的手工业者诞生了。几乎在棉纺织业产生的同时，自然而然地产生了印染棉布或棉纱的行业，即“印染业”。

当然，黄道婆并非技术革新中的唯一主角。几乎与她同时，随着棉花种植规模的迅速扩大，其他地方也有了一些棉纺织机械。例如，成书于1300年的王祯《农书》里，就记载了轧棉工具搅车，这种利用曲柄带动的机械在去除棉籽的效率方面要比以前的辗轴高了许多。《农书》还记载了弹松棉花的弹弓、用于纺纱的纺车等。

值得注意的是，王祯曾在今安徽旌德和江西广丰等地当过县令，这些地方与黄道婆的家乡松江府，距离不算遥远。据王祯所述，元朝统一后，来自海南的棉织物流传渐广，其很可能接触过黄道婆传入松江的、具有海南风格的棉织物。但从皖南赣北到长江口，对于技术传播而言距离又不算近，王祯记载的工具看起来不太像是新近出现的，倒像是经过时间积累和扩散的结果。

到了明朝，朱元璋颁布命令，在全国强制推广种植棉花，使得棉花的种植面积不断扩大，甚至广大的江南地区都大量种植棉花。棉花生产技术开始走向专业化，生产棉布的效率不断提高，北方和南方的棉花都向江南汇集，成品则运往各地销售，甚至出口海外。直到 1700 年左右，欧洲才出现类似的棉纺织机。

（三）欧洲的纺织业

第一次十字军东征后，棉花首先被“正式”引入欧洲。意大利是第一个了解棉花重要性的基督教国家，其从 12 世纪开始销售棉花。作为一种奢侈面料，德国最早的棉制品是在 1282 年从威尼斯的陆路运输而来。棉花出现在香槟博览会上后，法国人开始有了对棉花的需求，最早的销售记录时间是 1376 年。那次博览会后，它被传播到英国，但数量极少，直到西班牙战败后才被人普遍知晓。棉花还遭到了羊毛行会和贸易商的强烈抵制。直到 18 世纪中期，棉花的销量才超过了羊毛。

从 13 世纪开始，意大利的上层阶级用棉花来制作床单、毛巾、内衣、面纱、头巾。下层阶级用棉花或亚麻制作床单和其他家居用品，他们的衣服也广泛采用棉花制作。下层阶级的衣服不仅指下衣，还有长袍，通常被称为裙袍，由棉花或福斯提亚棉制成。在 14 世纪初期，意大利道德家乔瓦尼·达诺诺（Giovanni Danono）以中世纪宗教评论家典型的语气抱怨说，棉布服装被富人和穷人都使用过，但富裕妇女的虚荣心使她们放弃了棉服。她们更喜欢昂贵的、夸张的、用细皱褶亚麻布制作的服装。这番话表明那时棉花已作为廉价服装材料被广泛使用和接受。

1266 年，在法国人征服西西里岛后，织布工来到了意大利。许多人在卢卡定居下来，卢卡很快就以丝织品而闻名，其丝织品图案大多为富有想象力的花卉形式。1315 年，佛罗伦萨人占领了卢卡，将西西里的织布工带到了佛罗伦萨。从 1100 年起，佛罗伦萨成为毛纺织品中心。15 世纪末，佛罗伦萨有 16000 名工人从事丝绸行业，有 30000 名工人从事羊毛行业。到了 16 世纪中期，热那亚和威尼斯建立了繁荣的天鹅绒和锦缎产业。

法国的丝绸制造始于 1480 年，1520 年弗朗西斯一世将意大利和佛兰德的织布工带到枫丹白露生产丝绸，枫丹白露成为欧洲丝绸制造的中心。1589 年，亨利四世在萨翁尼耶尔建立了皇家地毯和挂毯工厂。16 世纪，佛兰德织布工被带到让·戈贝林（Jean Gobelin）建立的工场里生产挂毯。到了路易十三统治时期，法国的花纹织物呈现出一种独特的风格，它以对称的装饰为基础，其效果类似花边，可能源自备受推崇的早期意大利花边。1662 年，法国政府在路易十四的领导下，购买了巴黎的戈贝林工场。里昂也因其纺织品而闻名，其设计受到里昂陶工作品的影响。法国纺织品在风格和技术上不断进步，在路易十六统治时期，纺织品的设计进一步完善，古典元素与早期的花卉图案交织在一起。1789 年，法国大革命的爆发影响了里昂纺织工的工作，但很快就恢复了。

法兰德斯和阿图瓦是早期豪华纺织品的生产中心。阿拉斯生产丝绸和天鹅绒；阿拉斯和布鲁塞尔生产挂毯；根特、伊普尔和考特莱生产亚麻布锦缎，18 世纪生产的亚麻锦缎的质量非常高，以纹理图案为特征的锦缎尤其出名。在德国，科隆是一个重要的布料中心，以华丽的绣带闻名。

13—14 世纪的英国纺织品主要是亚麻和羊毛制品，贸易受到佛兰德人的磨光师（整理者）和染色师的影响。1455 年，伦敦和诺里奇开始织丝绸，1564 年伊丽莎白女王一世为来自荷兰和佛兰德的诺里奇定居者颁发了特许证，授予他们生产锦缎和花丝绸的权利。1685 年南特敕令撤销，天主教徒对法国新教徒进行迫害。因此许多织布工移居英格兰，定居在诺里奇、布伦特里和伦敦。最大的难民群体约有 3500 人，他们住在斯皮塔菲尔德，这个伦敦的定居点后来成为高级丝绸锦缎中心。这些织布工生产高质量的丝织品，并以其对花式编织和纹理的巧妙运用而闻名。诺里奇也以丝绸或羊毛制成的花纹披肩而闻名。

在欧洲人到来之前，织造和染色业已经在新大陆建立起来。在史前时期，北美和南美的纺织业就已经很发达，秘鲁人和墨西哥人都有精美的编织品。秘鲁的织物很像古埃及的织物，尽管人们普遍认为这两种文明之间不太可能有接触。印加的棉和毛织品色彩鲜艳，图案以几何和人形为基础。亚利桑那州和新墨西哥州的纳瓦霍人制作的织物，尤其是毯子，具有特别紧密的纹理和绚丽的色彩。

英国殖民者于 1638 年在马萨诸塞州建立了一家布厂。在那里，约克郡的织布工们生产了厚重的棉织物、棉质斜纹牛仔裤、亚麻羊毛衫——一种由亚麻和羊毛织成的粗糙、松散的织物。到了 1654 年，马萨诸塞州的毛纺厂开始运营，这使该地摆脱了对英国生产的细麻和精纺织品的依赖。棉纺织业在 1793 年伊莱·惠特尼（Eli Whitney）发明的轧棉机的推动下也得到了迅速发展。

就像硅谷中的企业家一样，中世纪的制衣商往往集中在特定的社区里。萨默塞特郡东部、威尔特郡西部和格罗斯特郡、埃塞克斯北部和萨福克南部的斯托尔谷以及肯特韦尔德，都是中世纪晚期布业的三个特殊“硅谷”。在这些地方，制衣商可以通过伦敦商人的贸易网络随时获得劳动力、资本和市场。

制衣商和制衣工人改变了城市。少数制衣商能够积累大量的财富，他们用这些财富来充实教堂，建造豪宅，这些豪宅今天仍然可以看到。萨福克郡的拉文汉姆现在是一个居民不到2000人的村庄，但在1524年，由于布匹贸易的利润，它是英格兰第十五个富有的城镇。那里的居民，特别是富裕的布商托马斯的遗孀爱丽丝·斯普林所缴纳的税款总额，使拉文汉姆超过了格罗斯特、雅茅斯和林肯等著名城镇。至少有35位与布匹贸易有关的捐赠者给教区教堂留下了遗赠，其中就包括3代布商斯普林家族的人。

纺织业虽然在中世纪得到了高度发展，但直到18世纪，其仍属于一种家庭手工业。合作经营的优势在更早的时候就被意识到了，许多工人偶尔会在一个屋檐下一起工作，1568年在苏黎世有一个这样的团队在经营一家工厂，1721年在英国德比也有一个这样的团队。工厂组织在英格兰北部变得更先进，在1760—1815年的工业革命时期快速发展，极大地加速了工厂系统的发展。

三、工业革命时期的纺织机器及纺织业

关于工业革命开始的时间众说纷纭，有人认为它开始于1721年左右。按照劳动史学家乔舒亚·弗里曼（Joshua Freeman）的看法：现代工厂诞生的标志是1721年托马斯·隆贝（Thomas Lombe）在英国德比市建立纺丝厂，距今已经有超过300年的历史。工厂在很大程度上推动了现代世界的形成，也是现代人赖以生存的地方。在当时的英国，纺纱成为纺织业生产链中的瓶颈。

（一）第一家工厂的建立和工业间谍活动

早在1715年，隆贝和他的兄弟就建造了一座丝绸厂，但是未能取得成功。他知道意大利是当时世界上纺丝技术比较发达的国家，那里有机械化的丝织机，尽管只是小规模的。隆贝对此很感兴趣，他学习了意大利语，并前往意大利的利沃诺。他贿赂了一位牧师，从而被一家工厂录用，然后他又贿赂了工头，这样他晚上也可以留在车间。隆贝白天在工厂工作，晚上则绘制技术图纸，并把图纸藏在成捆的丝绸里，运给他在英国的兄弟。可以说，这是典型的工业间谍行为。

隆贝的做法在当时非常危险，因为意大利希望保护其知识产权。按照当时的惯例，这种罪行会被处以死刑。后来，隆贝的间谍活动还是被发现了，但他登上了一艘英国商船。这艘船恰好躲过了一艘意大利军舰的追赶。最终，图纸

和隆贝先生都安全抵达了英国。

事后看来，隆贝本不需要经历那么多麻烦。1607 年，意大利工程师维托里奥·宗卡（Vittorio Zonca）写的《机器剧场》一书中详细地记录了纺丝机器的技术细节。这本书可以在牛津大学图书馆找到，隆贝随时可以在那里查阅。但不管怎样，知识和技术都已经成功抵达英国。隆贝随后为他的“发明”申请了专利，并成功地启动了他的丝绸厂。

这一切让意大利人很不满意。此后不久，一位漂亮的意大利籍年轻女子出现在英国，成为隆贝的雇员，并在此后与他成为朋友。不久，隆贝的健康状况每况愈下，他在非常痛苦的情形下原因不明地去世，享年 29 岁。

舆论立刻知道发生了什么事情，有人称，“意大利女刺客毒死了他!”当时的英国司法系统已经相当先进，其采用无罪推定，声明这位意大利女性“在被证明有罪之前是无罪的”。由于法庭没有证据，他们宣布她无罪，这名女子随后迅速返回了意大利。

接下来，隆贝的兄弟接管了公司。不幸的是，一年后，他也死了。然而，不能责怪意大利人，因为隆贝的兄弟是向自己的头部开枪自杀而亡的。

当时的丝绸和今天一样是一种奢侈品。而棉花则比丝绸便宜得多，需求量也要大得多。然而，棉花的纤维比较短，更难纺织，这就需要改进机器以便适应棉花的短纤维。

第一个改进棉花纺织技术的人是理查德·阿克莱特（Richard Arkwright），他后来被封为爵士。他接手了隆贝的发明，于 1769 年对其进行了改进，并为他的改进申请了专利。他在伯明翰附近建造了第一家水力棉纺厂——克伦福德工厂。

这是个巨大的成功，阿克莱特因此变得非常富有，他的儿子也成为英国最富有的人。在很短的时间内，他又建起了另外 5 家工厂，一些朋友、熟人、亲戚都效仿他的做法。在几年内，整个山谷里建起了大约 20 个棉纺厂，类似今天美国的硅谷，因此，这里可以说是棉花谷。

英国人当然也想保护他们的知识产权，他们规定，禁止出口机器、图纸或熟练工人，违规者将被处以死刑。然而，这并没有阻止想带走技术的人。例如，阿克莱特的同事——塞缪尔·斯莱特（Samuel Slater）先生。但他不是普通工人，他是一位工程师，对机器非常了解。

斯莱特违反英国对工业外迁的禁令，用一个假名伪装成一个农场雇工，坐上了到纽约的客船。在那里，他找到了一个合伙人，复制了纺纱机，建立了美国第一家水力纺织厂，这就是斯莱特纺织厂，现已改造成为一所美国纺织工业博物馆。因此，斯莱特被尊称为“美国工业革命的奠基者”，而英国人对他有另一个绰号——叛国者。他要么是一个英雄，要么是一个叛徒。但是，这项技术已经传到了美国，英国人也无可奈何了。

德国也跟上了这一浪潮，德国商人约翰·哥特弗雷德·布吕格尔曼先生对英国技术也很感兴趣。历史重演了，他去了英国，在阿克莱特的克伦福德工厂找到一份工作，白天在那里工作，晚上画图——与隆贝如出一辙——并把这项技术带回了德国。但有些区别的是：布吕格尔曼尊重他的技术来源，他在1783年德国的鲁尔区建立新工厂后，将工厂命名为克伦福德纺织厂。①

技术正是这样在一个国家扩散到另一个国家，逐渐蔓延到全世界。由于纺纱的机械化，现代纺纱速度更快，机器效率更高，产品质量更好，价格也更便宜。据估计，在纺织的高峰期，全世界的棉花有一半是在英国进行加工的。这意味着从印度运来的棉花要绕过半个地球运到英国，在那里进行纺纱和织布。接下来，成品被运回地球另一端的印度，在那里出售。这比在印度手工纺纱更便宜。

（二）凯伊的飞梭

按照英国历史学家埃里克·霍布斯鲍姆（Eric Hobsbawm）的说法：“谁说工业革命，谁就是在说棉花。”在1750年前后，迅速的工业化改变了英国男人和女人的生活，而棉纺织品的变化正是这一过程的核心所在。

在17世纪和18世纪初，各种布匹的制造和出口对英国经济至关重要。在工业革命之前，纺织品是在放养制度下生产的，在这种制度下，商人服装店中的商品是在工匠或农民的家中完成的。生产受限于对纺车和手织机的依赖，产量的增加需要在每个阶段都增加手工工人。

但技术发明极大地改变了纺织工作的性质。英国纺织工业推动了科学创新，出现了飞梭、珍妮纺纱机、水力纺纱机、骡机、水力织布机等重大发明。这些机器极大地提高了生产力并进一步推动了技术进步，将纺织业转变为一个机械化的行业。

约翰·凯伊（John Kay）率先发明了飞梭，其增加了纺纱工的产量，增加了对纱线的需求。这促使其他人努力使纺织各个环节机械化。凯伊作为羊毛制造商的儿子，在他年轻时就被任命为他父亲工厂的负责人。他在整理、打浆和梳理机器方面进行了许多改进。1730年，他获得了用于精纺的捻线机的专利。

---

① ROSER C. Faster，Better，Cheaper in the History of Manufacturing：From the Stone Age to Lean Manufacturing and Beyond［M］. Portland：Productivity Press，2016.

1733年5月，他获得了一项最具革命性的装置的专利——一种用于手织机的“轮式梭子”。该专利允许携带纬线的梭子更快地穿过经线，并可以在更大宽度的布料上穿过。它是为宽幅织机特别设计的，过去每台织机上需要两个操作员并排坐着，第一个人要从左边传给第二个人，第二个人从右边再传给第一个人。凯伊将他的梭子安装在轨道上的轮子里，当织布工猛拉绳子时，桨将梭子从一边射到另一边。这样使用飞梭，一个织布工可以比以前的两个人更快地织出任何宽度的织物。

凯伊称这一发明为“有轮梭”，但其他人则使用“飞梭”命名这一机器，因为它的速度很快，特别是当年轻工人在窄幅织机上使用它时。“飞梭”被描述为以“无法想象的速度飞行，只能看到它像一朵小小的云”。

1733年7月，凯伊在埃塞克斯郡科尔切斯特成立了一个合伙公司，开始制造飞梭。这是现代纺织工业的重大突破，可以显著提高生产力，一名工人能够抵得上过去16名织工的产出。飞梭提高了织布的效率，但纺纱的效率没有提高，这扰乱了纺纱工和织布工的工作。1733年9月，工业动荡带来巨大影响，科尔切斯特的织工对他们的生计非常担心，于是他们向国王请愿，要求停止生产凯伊的发明。

更为雪上加霜的是：约克郡的羊毛生产商虽然很快就采用了这项新发明，但他们却组织了一个“穿梭俱乐部”，以避免向凯伊支付专利费，他们盗用专利的策略几乎使凯伊破产。凯伊在英国遭受了暴力对待，他无法从他的专利中获利。1747年，凯伊离开英国前往法国，并与法国政府谈判，向他们出售他的技术。在法国政府拒绝了他想要的巨额专利金后，凯伊最终同意以3000里弗尔加2500里弗尔的养老金来交换他的专利。

1753年，随着飞梭在法国的广泛采用，法国纺织业生产开始机械化运行。这些新飞梭大多是仿制品，不是凯伊家族制造的。也有传言说：1753年，凯伊在伯里的家中遭到纺织工人的袭击，这些纺织工人对他的发明可能会夺走他们的工作感到愤怒。但这可能是19世纪基于早期科尔切斯特暴乱的故事演绎而成的。1756年，凯伊短暂返回英国，之后他就一直待在法国，1780年，凯伊最终死于贫困。

凯伊的发明为其他纺织机器的改进铺平了道路，大约30年后，动力织布机由埃德蒙·卡特赖特（Edmund Gartwright）在1785年发明出来。在此之前，凯伊的儿子罗伯特留在了英国。1760年，他发明了“下沉箱”，使织机能够同时使用多个飞梭，从而实现了多色纬线织布。

1782年，凯伊的儿子约翰曾向发明水力纺纱机的阿克莱特提供了一份关于发明家的困境的说明，阿克莱特随后在议会请愿书中强调专利保护的问题。在伯里，凯伊成为当地的英雄。即使在今天，仍然有几家酒馆以他的名字命名，凯伊花园也是如此。

凯伊的发明极大地增加了纱线的消耗，从而刺激了纺纱机的改进。纺纱技术的第一次重大改进发生在1764年，兰开夏郡的托马斯·海斯（Thomas Hayes）推出了改良纺纱机。海斯当时希望有一台能更快地生产棉线的机器，他建造了一个有6个锭子的设备。

（三）哈格里夫斯的珍妮纺纱机

詹姆斯·哈格里夫斯（James Hargreaves）也来自兰开夏郡，他是木匠和织布工，他从未受过任何正规教育，是那种不会读写的发明家，但这种弱点从未掩盖他对工程的兴趣。他被认为是珍妮纺纱机的发明者，通过他的设计可以得知，他显然是通过增加更多的锭子改进了海斯的设计。珍妮纺纱机据说是以他女儿的名字命名的。但有证据显示，哈格里夫斯的妻子和他的任何女儿都没有使用珍妮这个名字，因此，这种说法并不恰当。“Jenny”指的是引擎，这是18世纪兰开夏郡的一个常用俚语，现在也偶尔会用到。

哈格里夫斯在1770年申请了珍妮纺纱机的专利，但法院驳回了他的申请，理由是他在提交申请书之前制造并出售了许多纺纱机。同样由于这样的机器减少了对劳动力的需求，因此，哈格里夫斯很不受邻居欢迎，甚至有一群暴徒摧毁了他的纺纱机并把他赶出了他所居住的镇子。

图9　哈格里夫斯的珍妮纺纱机

对纺纱工的行为感到失望的哈格里夫斯随后搬到诺丁汉，他与他的合伙人托马斯·詹姆斯（Thomas James）在那里一起建立了一个小型纺纱厂。当他忙于工作时，其他人对他的设计进行了改进。现在，纺纱机的线程从 8 条增加到 80 条。另外，哈格里夫斯制作的珍妮纺纱机受到了一些批评，因为它生产的线很不结实，只能用于纬线。

到哈格里夫斯去世时，已有超过 20000 台珍妮纺纱机在使用。但不幸的是，哈格里夫斯去世时非常贫困。1760 年，理查德·阿克莱特（Richard Ackley）为他的水力纺纱机申请了专利，这种纺纱机能生产出粗大的线，并以水为动力。到 1777 年，水力纺纱机已经完全取代了珍妮纺纱机，成为英国最流行的纺纱机，原因是它生产的线很结实。

（四）克朗普顿的骡机

英国纺织业的发展还离不开另外一个发明家——塞缪尔·克朗普顿（Samuel Crompton），他在哈格里夫斯和阿克莱特的工作基础上，结合了两种机器的优点制造了一种纺织机，其被认为是两种机器的杂交，因此被称为“骡机”，这种机器在全球范围内彻底改变了整个纺织业。

图 10 克朗普顿的骡机

克朗普顿是一个小农夫的儿子，他于 1753 年出生于博尔顿，后来搬到了博尔顿以北 14.5 千米的小村庄达尔文。他的父亲年仅 32 岁就去世了，留下他的母亲继续从事家庭纺织，同时租用了一些土地用于小规模农业。家庭手工顾名思义是全家的事，因此克朗普顿早在 5 岁时就开始纺纱，以帮助家庭维持生计，

10 岁时他就在织布机上工作。

克朗普顿的母亲是一个脾气暴躁的女人，每当珍妮纺纱机断线时，她就会发脾气。当克朗普顿意识到这是珍妮纺纱机设计中的缺陷时，他便着手制造新的纺纱机。克朗普顿把他家门廊上方的小书房称为“魔法室”，正是在这里，他花了很多时间来思考如何解决珍妮纺纱机的缺陷。他花了 5 年时间用来制造骡机，所需的钱都是在当地的博尔顿剧院拉小提琴赚来的。他通常是在晚上秘密进行工作，他的工作室发出的噪音让许多邻居相信这座建筑闹鬼。到了 1779 年，最终产品——一台粗糙但非常高效的机器，就在克朗普顿 27 岁生日之后完成了。

骡机使用了水力纺纱机和珍妮纺纱机这两个机器中最重要的元素：从阿克莱特的机器上借用了一套压扁和拉伸纱线的辊子；从哈格里夫斯的珍妮纺纱机上借用了在移动的小车上抽出和扭曲纱线的锭子。除此之外还有他自己设计的锭子托架，可以确保纱线在完全纺成之前不会受到阻力。这台机器纺出的纱线结实光滑，可以用于制造细布，还不容易断线。虽然它最初被称为霍尔木轮，但由于其混合的性质，很快就被称为骡机。

骡机制作完成后，克朗普顿的家人将骡机纺的纱线带到当地市场，以较高的价格进行出售。然而，随着克朗普顿优质棉线的出现，当地的寻宝者开始想方设法获取他的秘密，有些人试图入室盗窃（一个故事说阿克莱特本人曾试图闯入克朗普顿的工作室），间谍还爬上梯子从窗户偷看骡机。克朗普顿和他的妻子甚至采取在屏风后面纺织的方式来保护他的秘密。几个月后，克朗普顿再也受不了了，他决定寻求建议，他咨询了当地一位受人尊敬的商人约翰 · 皮尔金顿（John Pilkington）。

皮尔金顿是曼彻斯特制造商委员会的成员，该组织反对专利和专利造成的垄断。他向克朗普顿提供了一个机会，让他在曼彻斯特的交易所向理事会的其他成员展示他的机器。按照惯例，任何在交易所展示其机器模型的发明者都会得到 200 英镑的认购费。

不幸的是，只有很少的人对克朗普顿这台看起来很不起眼的机器留下深刻印象，许多人拒绝付款。他们也注意到了专利问题，即使他们想安装骡机，也要等到阿克莱特的专利在 1785 年到期后才能进行。克朗普顿在这次展示中只赚了 60 英镑。克朗普顿没有将这笔钱投资于制造更好的骡机，而是带着他的妻子和孩子来到位于沙普斯的奥德哈姆斯的新家。他们于 1782 年在那里定居，他以农家织布工的传统方式继续耕作和编织。他在农舍里安装了两台骡机，但发现很难让员工为他工作。每当他培训好一个新的骡机纺织工时，他们都会被更高报酬的工作所吸引。

由于无法与新工厂竞争，克朗普顿的收入继续下滑。他还拒绝了伯里的罗伯特·皮尔（Robert Peel）爵士在1780年提出的合作机会，以及麦卡尔平先生在1785年提出的类似机会。尽管工业化使他独立家庭编织者的理想变得不可行，但克朗普顿仍坚持独立编织。

克朗普顿于1790年搬入博尔顿，1791年居住在国王街。他和他的家人都在为生计而挣扎。他靠微薄的收入养活5个儿子和1个女儿。更糟糕的是，在1796年，他的妻子玛丽去世，克朗普顿遭受了情感上的打击。他退回到宗教中，一个被称为“瑞典布尔吉亚人”的不墨守成规的宗教团体。与此同时，博尔顿的多布森（Isaac Dobson）和巴洛公司的创始人艾萨克·多布森等机器制造商却在利用克朗普顿的发明生产机器。

1802年，一群因克朗普顿的发明而获利的制造商决定为他捐赠一笔钱，也许他们的良心获胜了。但即使是这个姿态也并不是全心全意，因为他们只设法筹集了他们承诺的872英镑中的444英镑，而且没有一笔付款来自博尔顿的制造商。

后来，克朗普顿参观了博尔顿96.6千米半径范围内的650家棉纺厂，收集有关骡机被广泛采用的证据，他证明大约有70万人直接或间接依赖骡机维持生计。支持他的詹姆斯·瓦特（James Watt）作证说，他的公司在纺纱厂安装的所有蒸汽机中的三分之二是用来驱动骡机的。克朗普顿总结说，纺纱骡机已经成为英国棉纺的中流砥柱。他因此向议会请求赔偿。考虑到骡机已经取代了珍妮纺纱机和水力纺纱机，并且解决了很多人的就业问题。1812年，克朗普顿从下议院获得了5000英镑的赠款。尽管如此，他仍然没有摆脱贫困。他用这笔钱投资了一家棉花工厂，但以失败告终。1823年，一群朋友匿名向克朗普顿捐赠了63英镑的年金——足以维持他的生活。克朗普顿于1827年在博尔顿去世。尽管他在有生之年只是勉强被认可，但在克朗普顿去世30年后，吉尔伯特·法兰奇（Gilbert French）出版了一部克朗普顿的传记，颂扬了他的成就。人们为纪念克朗普顿为他建立雕像，克朗普顿终于得到了他应得的荣耀。博尔顿博物馆中有唯一现存的一台由克朗普顿制造的骡机。

（五）卡特赖特的动力织布机

相比而言，另外一位发明家就要比克朗普顿幸运得多。他就是埃德蒙·卡特赖特（Edmund Cartwright）。卡特赖特不仅是一名牧师，还是一位高产的发明家，尽管他直到40多岁才开始尝试发明。1784年，他参观了发明家阿克赖特在德比郡的棉纺厂，这改变了他的生活。当时，哈格里夫斯、阿克莱特和克朗普顿的发明使纺纱厂远远领先于人工织布的速度，他受到启发，希望创造一种新的织布机。尽管他没有这方面的经验，很多人认为他的想法是无稽之谈，但卡特赖特在一位木匠的帮助下，努力将他的想法付诸实践。他于 1784 年完成了第一台动力织布机的设计，并于 1785 年获得了这项发明的专利。

尽管最初的设计并不成功，但卡特赖特继续对他的动力织布机进行改进，直到他制造出一台高效的机器。随后他于 1787 年在唐卡斯特建立了一家工厂来批量生产这些设备。然而，卡特赖特在商业和工业方面没有任何经验，他无法成功地推销他的动力织布机，他主要是利用他的工厂来测试新发明。他于 1790 年发明了羊毛精梳机，并继续改进他的动力织布机。1792 年，他获得了另一项编织发明专利。

卡特赖特于 1793 年破产，这迫使他关闭工厂。他将自己的 400 台织布机卖给了曼彻斯特的一家公司，但这家公司的工厂却被烧毁，这可能是手摇织布机的织工纵火造成的，他们担心新的动力织布机会导致他们失业。这一事件使其他制造商不再购买卡特赖特的机器。

1796 年，破产的卡特赖特搬到伦敦，他在那里致力其他发明创新。他发明了一种以酒精为动力的蒸汽机和一种制绳机器，并帮助罗伯特·富尔顿（Robert Fulton）制造了蒸汽轮船。1809 年，他因其动力织布机的发明而获得 10000 英镑的奖金，后来还被选为皇家学会会员。

苏格兰发明家威廉·霍罗克斯（William Horrocks）和美国发明家弗朗西斯·卡博特·洛厄尔（Francis Cabot Lowell）改进了卡特赖特的动力织布机。霍罗克斯是变速棒的设计者，他发明的变速棒可以更快地将织好的布缠绕到布梁上。动力织布机在 1820 年以后被普遍使用，女性取代了大多数男性成为纺织工厂的织工。

（六）英国的纺织厂

第一批纺织厂需要水力来驱动它们的机器工作，它们建在英格兰农村的小河边上。1781 年后，随着蒸汽动力的应用，纺织厂也在城市中发展起来。最初，英国的纺织厂依靠贫民劳工，在相当长的一段时间内，厂主很难招募到工人。工人们还会通过破坏动力织机和放火烧毁新工厂来抵制这些新机器。但是，纺织业还是迅速发展了起来，在 1780 年至 1840 年间，纺织品的产量增加了 50 倍。

英国不仅有干净的美国棉花，还有一系列机器用来处理织布的每个环节，而且拥有良好的电力供应。18 世纪的机器通常使用水力驱动，因此早期工厂的选址靠近奔宁山脉的湍急河流。但在詹姆斯·瓦特于1781年改良蒸汽机后，煤炭成为主要燃料。巧合的是，英格兰最富有的矿山也在兰开夏郡、约克郡、诺丁汉郡和德比郡的奔宁山脉附近。因此，这些北部地区成了英国的纺织中心。

新机器改变了传统的英国纺织业生产体系。机器必须靠近它们的动力，这样工人就不能住在远离工厂的家里。此外，工人操作按顺序执行特定任务的不同机器需要进行分工和学习专业技能。因此，工人必须遵守工作流程和时间方面的严格规定。

一些工厂专门从事一种纺织品制造工作，但其他工厂，如在1784年成立的斯泰尔工厂，是保存最完好的一个工业革命时期的纺织工厂，拥有完整的工业社区，它从事将棉花纤维变成布料的所有工作。这个工厂对工人采取某种家长式的管理态度，不仅为所有人提供医疗服务，还负责部分童工的教育，但所有工人每周大约工作72小时，直到1847年新法律发布，才缩短了工作时间。工厂还为工人建造了住房，这些住房有些是农舍或旧住宅改建的，另一些是新宿舍。

工厂里几乎一半的工人都是童工，他们大多数来自济贫院和孤儿院，作为学徒与工厂签订了为期7年的合同。到了1800年，有90名儿童在工厂里生活和工作，没有报酬，学习这门手艺是他们工作的回报，但是并没有专人来教他们这门手艺。大多数时候，他们被视为廉价劳动力。

童工们的一天开始得很早，他们通常在早上5:30起床，一块面包作为早餐，然后在6点开始工作。整个白天，他们通常有三次短暂的休息时间，这时他们会吃燕麦片，然后在晚上8:30完成他们的工作，在这之后，他们会得到一份面包或肉汤作为晚餐。周日，他们有阅读课、教堂活动和家务学习，家务学习的内容包括照看业主的菜园。

成年工人的生活同样艰苦。直到1833年，他们的工作时间都很长，到了1844年，法律才坚持要求机器周围必须有围栏，以保护工人。机器雷鸣般的噪音从未停止过，因此，大多数老工人都失去了听力。肺部疾病也很普遍，这是由空气中的微小纤维碎片引起的。很少有成年人能离开工厂，特别是当整个城市都在从事纺织业，几乎没有其他工作可做的时候。

从1815年到1870年，英国成为世界上第一个现代化的工业化国家并从中获益。英国人欣然将他们的国家描述为“世界工厂”，这意味着其制成品的生产效率高且成本低廉，商品的价格可以在任何市场上都低于当地制造的同类产品的价格。如果特定海外市场足够稳定，英国就可以仅通过自由贸易来主导其经济，而无须诉诸殖民统治。1820年，英国30%的出口流向其殖民地，到1910年缓慢上升至35%。除了煤和铁，英国的大多数原材料几乎都是进口的，在18世纪30

年代，主要进口的顺序是：原棉（来自美国南部）、糖（来自西印度群岛）、羊毛、丝绸、茶叶（来自中国）、木材（来自加拿大）、酒、亚麻、兽皮和牛脂等。到了 1900 年，英国的全球份额飙升至总进口量的 22.8%；而到了 1922 年，其全球份额飙升至总出口的 14.9%和制成品出口的 28.8%。

（七）美国的纺织厂

英国工业革命对美国人产生了重要影响。它刺激了美国南方的棉花种植，以满足英国对棉花不断扩大的需求。英国纺织品生产巨大的利润也启发了美国商人，有远见的人开始寻求生产布匹，而不仅仅是销售棉花。但是，英国工厂的恶劣条件和社会动荡使许多美国人对制造业保持警惕。对美国来说，艰巨的挑战是如何在引进创新的同时不带来社会问题。

德比郡的塞缪尔·斯莱特在看到一则向移民美国的英国工人提供 100 英镑奖金的广告后移民美国，并带走了水力纺纱机的秘密以及工厂生产管理方面的技术。在美国，斯莱特与一直在罗得岛州的普罗维登斯试验机器的摩西·布朗（Moses Brown）合作，制造水力纺纱机。1790 年，他们在罗得岛州的波塔基特建造了一家新的工厂，1797 年，斯莱特在黑石河边建造了纺织厂，后来又建造了一个名为斯莱特斯维尔的工人村。

马萨诸塞州的洛厄尔是波士顿商人，专门从事纺织品和其他商品的贸易，他目睹了国际冲突如何危及美国经济，因为美国依赖外国商品。洛厄尔认为，消除这种威胁的唯一方法是让美国发展自己的国内纺织业。他于 1811 年前往英国参观曼彻斯特的工厂，当时工厂正在安装动力织布机，由于无法购买动力织布机的图纸或模型，他将织布机的设计记在脑子里，回到波士顿后，他聘请了机械大师保罗·穆迪（Paul Modi）来帮助他制造动力织布机。1814 年，在一群被称为“波士顿合伙人”的投资者的支持下，洛厄尔和穆迪在马萨诸塞州沃尔瑟姆的查尔斯河上制造了他们的第一个台动力织布机，这也是美国第一家能够将原棉转化为成品布的工厂。

洛厄尔的动力工厂并不是他对美国工业的唯一贡献。他不仅雇用年轻妇女操作机器，还设立了新的工作标准，这在那个时代几乎是闻所未闻的。作为签署一年工作合同的交换条件，洛厄尔向这些妇女支付了相对较高的工资，并且提供住房、教育和培训机会。

1817 年洛厄尔去世，享年 42 岁，但他的工作并没有随之消亡。沃尔瑟姆工厂的利润如此之大，波士顿联合公司很快在马萨诸塞州建立了更多的工厂，首先是东切姆斯福德，一个以他的名字命名的洛厄尔新城镇很快成为美国棉花工业的中心。

当工厂在 1834 年削减工资并增加工作时间时，洛厄尔工厂女工成立了工厂女工协会，以争取更好的补偿。她们在组织方面的努力取得了成功，这引起了作家查尔斯·狄更斯（Charles Dickens）的注意，他于 1842 年参观了工厂。狄更斯称赞他所看到的，并指出："他们工作的房间和他们自己一样井然有序。有些人的窗户边种着绿色植物，用来遮阳。总之，这里有尽可能多的新鲜空气，清新、舒适，正如职业的性质所允许的那样……我一直小心翼翼地避免将这些工厂与我们自己土地上的工厂进行比较。这种对比将是强烈的，因为这将是善与恶的对比，是活生生的光与最深的阴影之间的对比。"① 从这段话中，可以看到狄更斯对美国工厂的推崇，作为一个全新的、刚建国没多久的资本主义国家，一切都处在冉冉上升的通道中，甚至对工人的剥削也没有老牌资本主义国家那么严重。

到了 1840 年，洛厄尔镇拥有 10 家工厂，工厂内有 4 万多名工人，主要是年轻女性，许多人来自英国，因为英国的纺织业处于低谷期。19 世纪 40 年代的形势严峻，它们被称为"饥饿的 40 年代"。即使在 1865 年美国内战结束后，美国棉花供应仍没有恢复，英国的失业率居高不下，许多纺织工人因此移居国外，而同根同种的美国成为他们的首要选项。英国移民在马萨诸塞州劳伦斯市的纺织厂分拣室工作。来自兰开夏郡的移民队伍前往马萨诸塞州新贝德福德的工厂，而来自柴郡麦克尔斯菲尔德的丝绸工人则前往新泽西州的帕特森——一个被称为丝绸城的小镇。

到了 1850 年，波士顿联合公司控制了美国五分之一的纺织品生产，并已扩展到铁路、金融和保险等行业。随着财富的增长，波士顿联合公司转向慈善事业，建立医院和学校，以及投身政治事业，在马萨诸塞州的辉格党中发挥了重要作用。该公司持续运营，直到 1930 年大萧条期间倒闭。

一个多世纪以来，工厂制度和工业革命对成年人的影响经常是历史学家争论的主题。乐观主义者认为，工业化为大多数人带来了更高的工资和更好的生活。而悲观主义者则认为，这些收益被过度夸大了，在此期间的工资并没有显著增长，经济收益掩盖了新城市日益恶化的健康和住房问题。

关于工业革命期间的工厂工人生活条件的最著名的描述是弗里德里希·恩格斯发表的《英国工人阶级状况》。恩格斯描述了曼彻斯特和其他工厂城镇的后

---

① DICKENS C. The Celestial Factory [C] //GIBERT M G. The Meaning of Technology Selected Readings from American Sources. Barcelona: Universitat Politecnica de Catalunya, 2010: 19.

街地区，那里的人们住在简陋的棚屋里，有些没有完全封闭，有些地板很脏。这些棚户区在形状不规则的住宅之间有狭窄的人行道，没有卫生设施，人口密度极高。8~10 个不同的工厂工人经常共用一个没有家具的房间，睡在一堆稻草或锯末上，疾病通过受污染的水源传播。

到 18 世纪 80 年代后期，恩格斯指出，他在 1844 年所写的极度贫困和缺乏卫生设施的状况已基本消失。关于工厂工人生活条件问题的历史争论一直存在。有些人指出工业化慢慢提高了工人的生活水平；而另一些人则认为，直到 19 世纪末 20 世纪初，在早期资本主义国家，大多数工人的生活水平在下降。

（八）缝纫机的发明历程

工业革命时期，纺织机器的变革不仅发生在工厂中，还有一些了不起的发明改变着整个纺织行业和人们的日常穿戴方式。还有一些看起来可能不太起眼的发明，既影响了我们的日常生活，又重新定义了生活。很少有像缝纫机这样重要的机器，它进入千家万户，不仅给成千上万的针线妇女带来了经济利益，而且也给我们的母亲和女儿带来如此大的便利。事实上，这是一项主要为女性利益研制的发明。圣雄甘地称缝纫机为“有史以来发明的少数有用的东西”。

手工缝纫是一种已有 2 万多年历史的手艺。最早的缝纫针是用骨头或兽角制作的，第一根线是用兽筋制作的。中国考古学家在汉代官员的坟墓中发现了缝纫针以及顶针，时间可以追溯到公元前 202 年。由于十字军东征，欧洲人接触了许多其他国家的文化。他们开始使用纽扣和纽扣孔来固定衣服。不久之后，纽扣成为欧洲服装业的推动力，这也使针在欧洲流行起来。铁针发明于 14 世纪，最早的有眼针出现于 15 世纪。

机械缝纫源自 18 世纪后期开始的第一次工业革命。1730 年，英国人用机器纺棉线，棉线被民众广泛接受。至此，它像野火一样蔓延到英国殖民地和整个世界。于是，人们便开始尝试寻找新方法来改进旧任务——没有比缝纫更古老的任务了。最终目标是创造一种缝纫速度比人类更快的机器，从而让制造商在更短的时间内制造出更多的纺织品。用今天的话来说是人们开始考虑大规模生产的可能性。

第一个制造这种机器的例子是在 1790 年左右。英国发明家托马斯·山特（Thomas Saint）获得了一项发明专利，该机器可以在皮革上打孔，然后用针穿过它们。他发明的缝纫机由手摇曲柄驱动，用于缝制帆布和皮革，该设计包括一个进给机构、一个垂直针杆和一个悬臂。一位德国人大约在 1810 年发明了一种缝制帽子的机器，但他从未申请专利或扩大其用途。19 世纪早期，佛蒙特州的一位牧师约翰·亚当斯·多格（John Adams Dorge）和他的搭档约翰·诺尔斯（John Knowles）生产了一种机器，这种机器尽管缝线合理，但是只能缝制很短的材料。这些机器都不是很有效，人们决心解决这些问题，制作出一个功能性强的缝纫机出来。正如发明家和缝纫机创新者詹姆斯·爱德华·艾伦·吉布斯（James Edward Allen Gibbs）说的那样："没有任何有用的机器是由一个人发明的，所有第一次尝试用机器完成工作都失败了。只有在几个有能力的发明家尝试失败后，才会有一人把别人的努力和自己的努力结合起来，最终制造出一种切实可行的机器。缝纫机在这方面也不例外。"

第一台功能性缝纫机是由法国裁缝巴泰勒米·蒂莫尼耶（Barthelemy Thimonnier）于1830年发明的，并获得了法国政府的专利。虽然他最初想要制作的是一台绣花机，但他发现它的真正用途是作为一台缝纫机，它迈出了缝纫机关键的一步：针眼在尖端。它实用且高效，使用带单线的钩针缝制链式针迹，针最初主要由木头制成。他的专利使他开设了第一家基于机器的服装制造公司，公司里有80台缝纫机，并受法国政府委托为法国军队制作制服。尽管他的缝纫机改变了世界，但他的竞争对手有不同的想法。

1831年1月20日上午，大约有200名裁缝发生骚乱，因为他们担心缝纫机的发明会导致其失业，他们洗劫了蒂莫尼耶的工厂，摧毁了80台缝纫机，并将碎片扔出窗外。幸运的是，蒂莫尼耶没有被裁缝杀死，他逃了出来。随后，蒂莫尼耶与一个新的合作伙伴重新开始，他们生产了一台大大改进的机器，并准备进入全面生产。但裁缝们再次攻击了这个工厂。由于法国正处于革命的背景之下，蒂莫尼耶无法指望警察或军队的帮助，他带着他打捞的一台机器逃到了英国。在接下来的20年里，他一直在尝试完善其原始机器的链式针迹。

在蒂莫尼耶发明功能性缝纫机4年后，即1834年，美国一位贵格会教徒瓦尔特·亨特（Walter Hunt）发明了第一台美国缝纫机，而且是第一台没有模仿手工缝纫的机器。他发明的缝纫机的锁针使用两根线，一根穿过另一根的环，两根线再互锁，形成所谓的平缝。

正如约瑟夫·凯恩（Joscph Kanc）在《需要的孩子：美国被遗忘的发明家瓦尔特·亨特的故事》中所写的那样："没有任何东西可以作为基础或模型，也没有其他机器可以从中获得零件，他制订了一个机器缝纫计划，太具有革命性了。如果他敢在他的模型完成之前提出建议，他就会被嘲笑并被认为是疯了。"

1846年5月27日，伊莱亚斯·豪（Elias Howe）因改进缝纫机而获得了第4750号专利，他声称自己创造了第一台使用两根线缝制平缝线迹的机器。当豪开始起诉制造商要求支付专利费时，律师们认为亨特的发明先于豪的发明。因此，豪申请专利的要求是无效的。1853 年 4 月 2 日，亨特为他于 1834 年制作的缝纫机提交了申请。起初，亨特选择不为他的发明申请专利是因为他相信这会减少工作机会。但不论怎么说，他的发明先于豪的机器。专利局承认了亨特的优先权，但没有授予亨特专利，因为他在豪的申请之前没有申请过专利。亨特的发明得到了公众的认可，但由于技术上的原因，豪的专利仍然有效。

亨特最终于 1854 年获得了缝纫机改进的专利。在亨特于 1854 年 6 月 27 日发布的第 11161 号专利说明书中，他声称："所述的改进包括送入布的方式，以及完全通过针的振动运动来调节缝线的长度；在一个旋转台或平台上，将布料放置在其上进行缝纫；有控制缝线的导向器和量具。"

亨特通过投资房地产来养活他在纽约的家人，但他仍不减对创造的热情。从 1829 年到 1853 年，他的发明和专利有磨刀器、制绳机、取暖炉、木锯、弹性弹簧、几台制造钉子的机器、墨水瓶、钢笔、瓶塞、枪支以及安全别针。亨特的创造性在《纽约论坛报》上得到了说明，该报在他 1859 年去世时写道："40 多年来，他一直以艺术实验家而闻名。无论是在机械运动、化学、电力还是金属成分方面，他总是游刃有余，而且，可能在所有方面，他比其他任何发明家都尝试了更多的实验。"

伊莱亚斯·豪在 1846 年获得专利后的接下来 9 年里，一直在挣扎，首先是为了引起人们对他的机器的兴趣，然后是保护他的专利免受模仿者的侵害。豪为了让裁缝行业对他的发明感兴趣，他甚至安排了一场比赛，让他的机器与美国最好的手工缝纫工进行竞争。他的机器赢得了胜利，但世界还没有为机械化缝制做好准备，尽管他进行了几个月的演示，但仍然没有做成一笔生意。

负债累累的豪让他的兄弟阿马萨带着机器去英国，希望它在大西洋的另一端能得到更多的关注。在英国，阿马萨只找到了一个支持者，即胸衣制造商威廉·托马斯（Willams Thomas），他最终买下了这项发明的专利，并安排豪来伦敦进一步开发该机器。

但这两人的合作并不顺利，他们各自指责对方没有履行协议。最终，经过两年的挣扎、失望和失败，几乎身无分文的豪决定回到美国。他以乘务员的身份登船，通过充当厨师来支付他在航行中所需的费用。当他回到家乡时，他发现缝纫机终于流行起来了，这要归功伊萨克·辛格（Issac Singer）更好的营销手段和该机器改进后的设计。但是，在豪看来，包括辛格在内的几十家制造商制造的缝纫机，都违反了豪的专利。于是，一长串的法律诉讼接踵而至。

1851 年，伊萨克·辛格制造出第一台商业上成功、实用的缝纫机，由此缝纫机才开始大规模生产。辛格制造的缝纫机里的针是上下移动而不是左右移动的，它靠脚踏板为针提供动力，以前的机器都是手摇的。

然而，辛格本人并不关心设备的实用性，而只关心它能否给他带来财富。“我根本不在乎这项发明。”时代周刊报道，他曾经说过：“我所追求的是一角硬币。”他可能更喜欢他的另一个创作：第一个付款计划。辛格允许他的客户分期付款购买一台机器，因为大多数人无法一次性支付费用购买这台机器。正是因为辛格的商业策划才最终使缝纫机风靡，这个新机器的粉丝来自各行各业。美国第一本时尚杂志《女士手册》的出版商滔滔不绝地赞扬缝纫机：“除了犁，（缝纫机）也许是人类最幸福的工具。”在缝纫机成为裁缝们的固定工具之后，女性的时装发生了巨大的变化，根据《时代》周刊报道，（女性）“用丝带和机器做的花边来装饰”。莱特兄弟用一台辛格缝纫机为他们的第一架飞机机翼制作了覆盖物。极地探险家理查德·伯德（Richard Byrd）上将在南极探险时带了 6 台缝纫机。俄罗斯沙皇亚历山大三世让他的士兵用辛格缝纫机为帝国军队制作了 25 万顶帐篷。

然而，辛格的机器使用了豪已申请专利的锁针。豪以父亲的农场为抵押物，筹集资金起诉辛格等人侵犯其专利权。花了数年时间，豪终于在 1854 年获胜，赢得了 15000 美元的判决。实际上，亨特的缝纫机也使用了带有两个线轴和一个尖头针。然而，由于亨特放弃了他的专利，法院维持了豪的专利。由于辛格败诉，他不得不向豪支付专利使用费。

在成功捍卫了豪发明的权利后，豪、辛格和其他制造商合并了他们的专利。在美国销售 1 台机器豪都会获得 5 美元的特许权使用费，而在其他地方销售 1 台机器也会获得 1 美元的特许权使用费。这加起来达到了 200 万美元，相当于今天的 5000 万美元。在美国内战期间，豪捐出了一部分财富为联邦军装备了一个步兵团，并以私人身份在该团服役。豪于 1867 年去世，那年他的专利到期。

与他们的前辈不同，豪和辛格并没有身无分文地死去，而是取得了巨大的成功，他们都以百万富翁的身份结束了他们的生命。辛格的个人财富约为 1300 万美元，其中的一些用来供养他的 24 个孩子，这些孩子是由 2 个妻子和至少 3 个情妇生下的。他 64 岁时在英国去世，当时他正在建造一座价值 50 万美元的豪宅，他戏称其为他的“棚屋”。

1857 年 6 月 2 日，詹姆斯·吉布斯（James Gibbs）获得了第一台链式单线缝纫机的专利。缅因州波特兰的海伦·布兰查德（Helen Blanchard）于 1873 年获得了第一台锯齿缝纫机的专利。锯齿缝线能更好地密封接缝的边缘，使服装更坚固。布兰查德还为其另外 28 项发明申请了专利，这些发明包括帽子缝纫机、手术针和缝纫机的其他改进。虽然在 1889 年，辛格公司推出了内置电动机的家用缝纫机，但是直到1905年，电动缝纫机才得到广泛使用。辛格公司后来发展成为世界上最大的缝纫机制造商，1978年，该公司发明了第一台由计算机控制的缝纫机。

尽管现代缝纫机设计种类繁多且主要用于特殊工业用途，但基本操作保持不变。现代机器通常由电动机提供动力，但脚踏式机器仍在世界大部分地区被广泛使用。缝纫机的历史是一段复杂的历史，这些先驱发明家中的每一个人都促进了缝纫机的进步。如果没有早期失败的尝试和纯粹的坚持来创造这个可以减少女性和工厂工人漫长而危险的工作的东西，那么，我们今天的服装制造业不知道会是什么样子。

在缝纫机的发明过程中，美国在其中起到了重要作用。美国在近现代为世界提供了许多对人类具有重大意义的新发明。其中最突出的是电报、收割机以及缝纫机。电报对商业世界的意义、收割机对农业的意义、缝纫机对家庭的意义都非比寻常。

在缝纫机被发明之前，人类的发明天才总是警惕地向世界提供节省劳动力和降低制造成本的机器，人类似乎一致认为人类是唯一的劳动者。木匠用他的刨床、带锯和其他机器使他们的工作不再那么辛苦，但当他晚上回到家时，却发现没有任何节省劳动力的机器来减轻他妻子拿针的辛苦。农民用他的收割机和脱粒机收割他的庄稼，并为市场提供他的谷物，其速度是这些机器发明之前的十倍，但他的伴侣却没有任何机器可以加快她的工作速度，减轻她的劳累，直到缝纫机的出现。长期以来，机器一直被用于各行各业，将人类从疲惫的劳作中解放出来，加快了陆地和海洋的商业发展，它不仅没有剥夺劳动者的工作，反而开辟了新的领域，将成千上万的人带入了财富之路。

（九）合成纤维的出现

进入20世纪，随着电力和计算机的发展，新的物理和工程概念被用于纺织品的研究和开发。科学在纺织业中的一个突出应用是合成纤维的使用，其为工厂提供了新的纺织材料，并使新工艺得到应用，从而提供了更快的加工方法并引入更多的新技术。合成纤维工业最初采用了天然纤维加工积累的经验，随后通过科学的方法获得纤维在各种条件下的状态信息。

在古代，人类所能提供的唯一纤维是可以从自然界收获的纤维，即棉花、丝绸和羊毛，这些材料都有其局限性。这些材料的供应量也取决于数百种因素，疾病、天气和战争等因素都会影响其供应情况。因此，就像人类将技术应用于这些材料的加工和制造一样，人类试图绕过大自然，自己制造自然界中并不自然存在的纤维，这就是合成纤维，也称人造纤维。

人造纤维的早期尝试始于对“人造丝”的探索。1855 年，一位名叫奥德玛斯的瑞士化学家在英国获得了一项专利。这位“纤维炼金术士”溶解了桑树的纤维内皮，对其进行化学改性以产生纤维素。他通过针头将这种溶液拉出来形成一条条线，但他从未想过通过将纤维素液体通过一个小孔挤出来模拟蚕吐丝。19 世纪 80 年代初期，英国化学家兼电工约瑟夫·斯旺（Joseph Wilson Swan）爵士就这样做了，他受到托马斯·爱迪生（Thomas Edison）的新型白炽电灯发明的刺激而采取行动。

斯旺通过将类似奥德玛斯溶液的纤维素液体通过细孔强行挤出、凝固以进行实验。他得到的纤维像碳丝，并且在爱迪生的发明中找到了用途。幸运的是，斯旺还想到他的长丝可以用来制造纺织品。因此，1885 年，他在伦敦展出了一些由斯旺夫人制作的织物。

人造纤维的首次商业化生产是由法国化学家希莱尔·夏多内（Hilaire Chardonnet）伯爵实现的，他于 1889 年在巴黎展览会上展示了他的“人造丝”，引发了轰动。两年后，他在法国贝桑松建造了第一家商业人造丝工厂，并赢得了“人造丝工业之父”的美誉。由于法国当时正经历严重的丝绸短缺，这为将合成产品推向市场提供了一个机遇。夏多内还发现了硝化纤维素，这是他产品中的主要成分。然而，虽然它在巴黎展览会上引发了巨大轰动，但事实证明这是一种不太理想的丝绸替代品，因为这种材料非常易燃。它最终被更稳定的替代品所取代。

美国之后又进行了几次生产“人造丝”的尝试，然而直到 1900 年，所有生产人造丝的尝试都失败了。到了 1909 年，塞缪尔·考陶尔德公司成立了美国粘胶公司，它是英国考陶尔德公司的美国分部，开始生产人造丝和其他合成纤维，从而改变了历史的轨迹。

到 20 世纪 20 年代中期，人造纤维被纺织业越来越多地使用，这不是因为它更好，而是因为它比丝绸等天然纤维便宜 50%。在比较天然和合成服装时，价格这个因素是必须首先要考虑的因素。

（十）杜邦公司的尼龙袜及涤纶

1931 年 9 月，为杜邦公司工作的美国化学家华莱士·休姆·卡罗瑟斯（Wallace Hume Carothers）发现了一种“神奇的纤维”，即聚己二酸己二胺，简称为“66”。数字 66 来自聚合物链的每个重复单元，己二酸单元和己二胺单元分别含 6 个碳的酸和含 6 个碳的胺。这是第一种真正具有革命性的纤维，因为与其他人造纤维（如人造丝和醋酸纤维）不同，尼龙是完全由石化产品合成的，它的发明是合成材料的一个转折点，并为随后发现人造纤维新世界奠定了基础。

杜邦公司于1939年开始尼龙的商业生产，尼龙的首次实验性测试是用于缝制降落伞织物的线和生产妇女的长袜。第一批尼龙于1939年2月在旧金山世界博览会上生产，一夜之间，女性开始沉迷于尼龙丝袜，因为它们比丝绸更便宜且孔洞更少。尼龙丝袜非常受欢迎，4天之内400万双售罄。起初，它们只有黑色的。后来，科学家们找到了一种将尼龙染成其他颜色的方法。

这是一个工业化学带领人类走向更光明未来的时代。“我们周围都是现代化学的产物”，1941年的一部宣传片吹嘘道：“窗帘、窗幔、室内装潢和家具，都是由来自试管的东西制成的，或者是用它们来覆盖的。……在这个工业化学的新世界中，视野是无限的。”

不幸的是，第二次世界大战的爆发缩短了这个新兴市场的寿命，因为所有的尼龙都被分配给了部队。尼龙在战争期间也成为一些丑闻的中心，以前每双售价1.25美元的尼龙紧身裤现在在黑市上以10美元的价格出售。像贝蒂·格拉布尔（Betty Grable）这样的电影明星和比较富有的女孩会以高达40美元的价格购买尼龙袜。

妇女们对此很不高兴，在1945年到1946年的“尼龙骚乱”中，妇女们排着1千米长的队伍，希望能抢到一双尼龙袜。汉德利在其《尼龙：一场时尚革命的故事》中写道：“有一次，4万人排队争夺13000双丝袜，匹兹堡报纸报道说‘一场老式的揪头发、抓脸的战斗在排队中爆发了。’”骚乱的消息充斥在报纸和杂志上。有人宣称：在报业史上，没有其他商品获得过如此多的免费广告。媒体报道了一些歇斯底里的妇女为一双珍贵的尼龙袜而争吵的例子。这场骚乱持续到1946年的3月才结束，杜邦终于把长袜产量提高到每月生产3000万双，这才满足市场的需求。

第二次世界大战期间，尼龙取代了丝绸用于制作降落伞，因为亚洲的大部分丝绸产地已经沦陷，日本停止了丝绸制成品的供应，美国难以从日本那里进口到丝绸。杜邦公司说服军方以尼龙作为替代品，于是它便被广泛用于轮胎、帐篷、绳索、雨衣和其他军事用品中，甚至被用于制造美国货币的高级纸。这样做的结果是，尽管在战争开始时，棉花是纤维之王，但到战争结束时，人造纤维已经占据了15%的市场。

可以说，人造纤维同样赢得了战争。随着战争的结束，巨大的战争工业转向和平时期的生产，正如人们所猜测的那样：人造纤维从丝袜开始，很快蔓延到其他领域，如地毯和汽车内饰等。到了20世纪50年代，人造纤维占纺织厂纤维需求的20%以上，杜邦开始生产另一种新的纤维，它被称为腈纶，这是类似羊毛状产品的通用名称。

同时，作为卡罗瑟斯早期研究的一部分，聚酯纤维也得到了发展。它引起了英国花布印刷协会的兴趣。在那里，迪克森和温菲尔德通过从乙二醇与对苯二甲酸的缩聚中获得了一种聚酯纤维（俗称涤纶，也称 PET 纤维），是当前合成纤维的第一大品种。杜邦公司随后在美国申请了该产品的专利。

涤纶最好的地方，也是我们大部分户外装备都是由这种材料制成的原因，就是它的疏水性，这意味着纤维不吸水，不像尼龙是亲水的。尼龙可能更坚固，但它无法防水，会使织物膨胀，最终会削弱分子结构。尼龙中使用的染料在阳光下也会氧化，这是导致聚合物基体从褪色到完全降解的原因（这就是尼龙帐褪色更快的原因）。尼龙直接暴露在阳光下 250 小时后，其实际损坏程度为40%，500 小时后为 65%，而在相同条件下，涤纶仅为 15%和 30%。

涤纶比尼龙更适合用于制作服装，这意味着它现在主导了 54%的纺织品市场，1953 年，大部分基本人造纤维都已被发现。因此，该行业的工程师转向改进其化学和物理特性，以扩大其在整个行业中的应用，这促使了合成纤维的进步，如三维空心纤维、防弹的凯夫拉纤维和防火、防电的诺梅克斯工作服等。

1958 年 4 月，第一批中国国产己内酰胺试验样品终于在辽宁省锦西（现辽宁省葫芦岛）化工厂试制成功。产品送到北京纤维厂一次抽丝成功，从此拉开了中国合成纤维工业的序幕。因为它诞生在锦西化工厂，所以这种合成纤维后来就被命名为“锦纶”，也就是尼龙。由于锦纶在中华人民共和国成立初期具有重要的国防军事用途，因此锦纶诞生的意义不言而喻。

人造纤维的廉价供应不仅使人们得到了大量更便宜的优质服装，它还帮助登山者以更便宜的价格装备最先进的装备，而这在丝绸的时代是不可能的。合成材料历史的巅峰也许是在 1969 年 7 月 20 日下午，阿姆斯特朗穿着 25 层人造材料组成的服装在月球上迈出了“一小步”，并插上了尼龙制成的旗帜。

人造纤维被广泛应用于人类的太空探测中，大型火箭的助推器排气管口含有 13 吨的碳化人造纤维，这些排气管口的作用是将航天飞机或飞船提升到轨道上。碳纤维也被用于飞机上的许多部件中，用于降低重量、减少燃料成本和增加机身强度。

今天还有一种反对意见，有人认为尼龙的出现给人类带来了难以预测的风险，尤其是各种合成织物上脱落的超细纤维成为海洋塑料污染的主要来源，人们已经在包括鱼、浮游生物、贝类、螃蟹和其他海洋物种的肚子里发现了塑料纤维，当人类在食用这些海产品时，塑料又进入人体。因此，今天在全球范围内发现的塑料污染危机反映了我们现代生活方式的负面性，我们怎样才能在环境与生存中找到一个平衡点，这的确是一个关于未来生存的重要议题。

X 射线机的发明是开发合成纤维的关键。早在 1895 年，德国物理学家伦琴就发现了 X 射线，但是 X 射线的具体应用却要到 20 世纪初随着克鲁克斯管的发明才算正式开始。现在科学家可以借助射线机看到纤维的内部。以前，因为他们不了解天然纤维的内部结构，所以不可能用合成材料复制它们。通过 20 世纪 20 年代制造的 X 射线机，科学家了解到纤维是由长而窄的分子组成的，开始研究合成纤维以模仿自然界中已经发现纤维的特性。

1990 年年初，一些超级纤维被发现，如玻璃纤维、复合纤维、陶瓷纤维和碳纤维，它们是完全无机的纤维。人造纤维在工业领域有不同的应用，可被用于制造月球空间站的建筑材料、超级吸水尿布和人造器官，工程无纺布产品被用于制造屋顶材料、软盘封套、路基稳定器、服装接口和手术服等。这些无纺布的制作不需要机织或针织，它既可以像软布一样柔软舒适，又可以像纸一样坚韧。

研究人员也在研究新的面料。2016 年 9 月，斯坦福大学的一组研究人员创造了一种他们称为 nanoPE（纳米聚乙烯）的新织物，它的面料上有比平常更小的孔，而这些孔又可以以更密集的模式分布，为衣服增加冷却效果，其被称为“行走的空调”。这样的面料适合用于运动服装，这样的例子并不少见，研究人员一直在研究未来新的材料和织物。

纺织业是一个庞大的系统工程，它是将天然纤维和化学纤维加工成各种纱、丝、线、带、织物及其印染制品的工业部门，按照生产工艺流程可以分为纺纱工业、织布工业、印染工业、针织工业、纺织品复制工业等，涉及原料、半成品、织造、印染、整理等多重工序流程。其中，纺纱、织布、印染是其中 3 个相对独立的行业。纺纱工艺的主要流程包括：清棉、梳棉、精梳、并条、粗纱、细纱。织造工艺的主要流程包括：络筒、整经、浆纱、穿经、织造、整理。印染工业的主要流程包括：配坯、缝头、烧毛、冷轧车、退煮漂、丝光、前定拉幅、调浆、印花（平网或圆网印花）、蒸化机、皂洗机、整理定型、预缩机、压光机、品检包装。由此可见：无论是哪道工序，哪部分工艺，现在都已经普遍采用了机器生产的方式，虽然世界上还有一些落后地区的纺织业是劳动密集型的，但在许多工厂都已经使用了先进的制造工艺。如今天的工业织机采用喷气式织机，以每分钟 2000 次的速度进行织造。

发达国家和发展中国家现在都拥有能够高效生产织物的现代化设施。除了纱线和织物制造的机械改进外，开发新纤维、改善纺织品特性的工艺以及控制质量的测试方法也取得了快速进步。

计算机辅助设计和制造对纺织品生产产生了重要影响，因为各大公司为保持竞争力纷纷寻求效率的提高，机器设计已变得越来越复杂和精确。生物医学领域使用了特殊织物用于恢复人体心脏和血管系统损伤。杜邦公司的莱卡面料用于自行车运动员穿的紧身裤。纺织品也出现在道路建设和环境应用中，这已经远远超出了服装和家居用品的范围。

虽然纺织制造业的黄金时代已经结束，但是其依然是某些国家增长和就业的关键引擎，特别是对发展中国家解决就业问题仍然具有重要意义。变革性的新兴技术也将继续影响纺织和服装行业，大数据、人工智能和机器学习、激光切割机、缝纫机器人和纳米技术得到应用。纳米技术有可能对未来的材料创新做出重大贡献并带来轻质材料和耐用材料的进步，为纺织品设计、制造和生产中使用更少能源提供一把“万能钥匙”。此外，区块链技术在整个供应链中创造透明度和可追溯性，也将为市场提供其他机会。

第六章　建筑机器与住房、环境的变化

建筑是一种古老的人类活动，它始于功能性需求，因为人类需要有一个受控的环境来减缓气候对人体的影响。建造庇护所是人类能够适应各种气候并成为全球性物种的一种手段。

人类庇护所起初建造得非常简单，可能只能维持几天或几个月。然而，随着时间的推移，即使是临时建筑也演变成高级的形式，如冰屋、毡房等。渐渐地更耐用的建筑结构出现了，特别是在农业出现之后，人们开始长时间居住在同一个地方。最初的庇护所是住宅，但后来其他功能，如食品储存也被安置在单独的建筑物中。一些建筑结构开始具有某种象征意义，这标志着建筑之间开始有所不同。建筑不仅限于建筑物，还包括土木工程和基础设施的建设。因此，它包括桥梁、下水道、发电站、工厂等工程类建筑物以及体育馆、艺术馆、博物馆等常规基础设施类建筑物。

建筑的发展受很多因素影响。一是所用材料的耐用性不断提高。早期的建筑材料很容易腐烂，如树叶、树枝和兽皮。后来，使用了更耐用的天然材料，如黏土、石头和木材，最后是合成材料，如砖、混凝土、金属和塑料。想要建造更高高度和更大跨度的建筑，就必须开发更坚固的材料，了解材料的性能，最大限度地利用材料。二是对建筑物内部环境的控制程度不断加强：对气温、光、湿度、气味、风速以及影响人类舒适度的其他因素进行精确的调节已经成为可能。三是建筑过程中可用能量的变化。现代建筑的发展已经从人类的肌肉力量发展到今天使用的强大机械力量。

一、古代人类的建筑及技术

建筑的历史大约与人类的历史一样长，而且同样复杂。建筑的确切起源可以追溯到公元前 1 万年左右的新石器时代，或许是当人们不再住在洞穴里，并开始按照他们希望的房屋样式来建造时，建筑就产生了。我们今天谈论的建筑通常是通过视觉术语来评估的，并受制于视觉感知，但这种设计建筑艺术品的冲动不仅仅是由审美吸引力的需求所推动的。建筑已经被证明是多种多样的——舒适的、优雅的、现代的、野蛮的、标志的、乡土的……然而，它最有趣的方面是它具有反映时代精神的作用。历史上的建筑与人类历史平行，它是社会变革的最佳物理证据。只要看看在不同时间、不同地方建造的建筑，就能帮助我们了解建筑的演变过程和我们的过去，不需要使用任何语言。

旧石器晚期的狩猎采集者在四处迁徙寻找食物时，建造了考古记录中出现得最早的临时庇护所。在公元前 12000 年前欧洲的一些遗址中，发现了一些圆形的石头环，据说这些石头环是庇护所的一部分。它们可能用于支撑着由木杆制成的简陋小屋，或者压住由兽皮制成的帐篷墙壁，帐篷大概是由中心的木杆支撑的。

帐篷的发明说明了环境控制是建筑所关注的基本要素。帐篷形成了一层薄膜，用来遮挡雨雪，避免人被淋湿后皮肤上的冷水吸收人体热量。帐篷也能降低风速，减少了皮肤热量流失。帐篷通过阻挡太阳的光照和在寒冷天气中限制热空气的流失来控制热量。它还能阻挡光线，提供视觉上的隐私保护。帐篷必须有支撑才足以抵抗重力和风的作用。兽皮的膜具有很强的张力，必须增加杆子来支撑。事实上，建筑史的大部分内容都是寻找更优的解决方案，用来解决帐篷所要解决的基本问题。因此帐篷一直使用到现在。沙特阿拉伯的山羊毛帐篷、蒙古包及其可折叠的木质框架和毛毡覆盖物、美国印第安人的帐篷及其多杆支撑和双层膜，都是早期狩猎采集者简陋住所的更精致和更优雅的后代。

公元前 1 万年左右的农业革命对建筑业产生了巨大的推动作用。人们不再为寻找猎物而到处迁移或跟随他们的牛群四处流浪，而是待在一个地方照料自己的田地。住宅开始变得更加坚固。新石器时代是大约从公元前 9000 年到公元前 5000 年。当时可用的工具由天然材料制成，包括骨头、皮革、石头、木材。当时的人们使用这些工具进行切割，如手斧、砍刀、锛和凯尔特（一种细长的史前石头或青铜工具，类似于锄、锛）等。也使用工具进行刮、切、捣、刺、滚、拉等。

建筑材料包括骨头（如猛犸象肋骨）、兽皮、石头、金属、树皮、竹子、黏土、石灰泥等。人类建造的第一座桥梁可能只是横穿溪流的木质原木。最早的建筑被当作简单的庇护所，像因纽特人的图皮克那样的帐篷，有时被建造成坑屋状的小屋，以抵御恶劣的天气，有时作为安全防御工事，如 Crannog（克兰诺格，一种遍布苏格兰和爱尔兰的神秘古老的人工岛）。

关于早期住宅的考古记录很少，但在中东发现了整个村庄的圆形住宅遗迹，这些住宅被称为 Tholoi（托洛伊），其墙壁是用填塞的黏土制成的，不过所有的屋顶都已经消失了。在欧洲，托洛伊是用石头建造的，有圆形的屋顶。在阿尔卑斯山上，仍有这些蜂巢式结构的遗迹存在。在后来的中东托洛伊中，出现了一个长方形的前厅或入口大厅，与主要的圆形厅相连，这是建筑中最早出现长方形的例子。后来，随着住宅空间被分割成更多的房间，更多的住宅被安置在一起，圆形的建筑形式被摒弃，取而代之的是长方形的建筑形式。托洛伊标志着住宅在寻求耐久性方面迈出了重要一步，它们是砖石结构的开始。

在欧洲和中东地区也发现了黏土和木头建造的复合建筑，即所谓的荆条法。墙壁是用小树苗或芦苇做成的，这些材料很容易用石器切割。它们被用植物纤维横向捆绑在一起，然后用湿黏土涂抹在上面，以增加硬度来抵挡风雨。屋顶并没有保存下来，这些建筑的屋顶很可能是用粗糙的茅草或捆绑的芦苇覆盖而成的。圆形和长方形的建筑都有一个共同点：通常都有中央炉灶。

新石器时代也出现了较重的木材建筑，尽管用石器砍伐大树的困难限制了大尺寸木材的使用。这些建筑的框架通常是长方形的，中间有一排柱子支撑着一根梁柱，沿着长墙有一排相匹配的柱子，椽子从梁柱延伸到墙梁。框架的横向稳定性是通过将立柱深埋在地下来实现的，用植物纤维将梁柱和椽子绑在柱子上。屋顶的材料通常是茅草：干草或芦苇捆成小捆，然后以重叠的方式绑在横跨在椽子之间的轻型木杆上。虽然茅草屋顶漏雨严重，但是，如果它们被放置在适当的角度，雨水在渗透之前就会流走。原始的建筑者很快就掌握了能让水流走的屋顶坡度。这些框架房屋的墙壁上使用了多种填充物，包括黏土、荆棘木和泥灰、树皮（美国林地印第安人喜欢）、茅草。在波利尼西亚和印度尼西亚，这种房屋仍在被建造，为了安全和干燥，它们被高跷架在地面上。屋顶通常由树叶制成，墙壁基本上是开放的，以便空气流动，实现自然冷却。在埃及和中东发现了这种框架的另一种变化，在那里人们用木材代替成捆的芦苇。

新石器时代的建筑有帐篷、巨石（大石头的排列）和岩石切割建筑，这些建筑通常是寺庙、坟墓和住宅。西欧新石器时代最引人注目的建筑是被称为巨石阵的标志性巨石，一些考古学家认为它展示了木结构建筑的建造方法，因为在巨石阵东北 3 千米处发现了可容纳 60 个小柱子的木制建筑遗迹。废墟中可以看到柱子和门楣的结构，包括巨大的砂岩门楣，这些门楣通过使用榫眼连接在支撑立柱上，门楣本身通过使用榫槽接头进行连接。还有证据表明石制品是预制的。石头的对称几何排列清楚表明，巨石阵的建造者已经掌握了复杂的测量方法。新石器时代的村庄已经具有乡村和城市的特征，因此被称为原始城市，这区别于始于埃里都（被古代苏美尔人认为是世界上第一个城市，是古苏美尔最古老的遗迹）的城市。

这一时期，青铜技术以及后来的冶铁技术得到了快速发展，用于加工木材的金属工具开始出现，如斧头和锯，这大大减少了砍伐和加工树木的难度也促进了建筑技术的新发展。木材被切成方柱，被锯成木板，被劈成木瓦片。欧洲的森林地区出现了木屋建筑，木结构变得更加复杂。虽然出土的遗物很零散，但毫无疑问，这一时期的木材技术取得了重大进步，其中一些产品今天仍在使用，如锯木板和木瓦。

大河流域的文明包括尼罗河、底格里斯河、幼发拉底河、印度河和黄河，它们都以基于灌溉的密集型农业为基础，发展出第一批被称为城市的社区。这些城市是用一种新的建筑技术建造的，建筑材料以河岸上的黏土为基础。早期的填充黏土墙被那些预制的单元——泥砖所取代。这代表了一个重大概念的产生，从填充黏土的自由形式到长方形砖的几何调节，建筑平面图也变成了严格的长方形。

砖头是由泥土和稻草制成的，在一个四方的木头框架中成形，当蒸发使填充物充分变硬后框架被移除。然后，砖块在太阳下被彻底晒干。如果干燥过程中出现收缩裂缝时，稻草便起到了加固作用，将砖块固定在一起。砖块被铺在地基上，用湿砂浆或黏性物质将它们相互连接起来，开口显然是由木头支撑的门楣所组成。在河谷温暖干燥的气候下，风化作用不是一个主要的问题，泥砖被暴露在外面或覆盖上一层泥灰。这些早期城市建筑的屋顶都已经消失，但它们很可能是由木梁支撑的，而且大多是平的，因为这些地区的降雨量很少。这样的泥砖或土坯建筑在非洲、亚洲和拉丁美洲仍然被广泛使用。

大约在公元前 3000 年的美索不达米亚，出现了第一批烧制的砖块。陶器窑炉烧制技术被应用到砖上，砖也是用黏土烧制成的。由于其劳动力和燃料成本都比较大，最初烧制的砖块只用于磨损较大的地方，如人行道或易受风化的墙顶。这些砖块不仅被用于建造建筑物，还被用于建造下水道，以排出城市的废水。正是在这些地下排水沟中发现了砖砌拱门，这是后来拱门的开端。

大约在同一时期，美索不达米亚的墓葬中出现了由石灰石瓦砾制成的拱顶和圆顶。拱顶是由一排砖石砌成的，每一排砖石都略高于下面的一排砖石，因此，两个相对的墙在顶部相接。拱门和拱顶很可能被用于其他建筑物的屋顶和地板，但这一时期并没有实例幸存于世。美索不达米亚发达的砖石技术被用来建造由大量砖块组成的大型建筑，如提坡高拉（Tepe Gawra）神庙以及乌尔（Ur）和博西帕（Borsippa）的金字形神塔。这些具有象征性的建筑物标志着这个文化中建筑的开端。博西帕塔大概是 2600 年前由尼布甲尼撒国王建造的，其高度达 70 米，第一层 1 米高的外墙就使用了超过 100 万块烧制的砖，可以想象建造其他部分的外墙时需要多少块砖。它的前两层被沥青覆盖着，呈黑色，第三、第四和第五层用蓝釉砖装饰，靠近圣殿的第六和第七层平台全部由泥砖建成。

（一）埃及的建筑

当我们按时间顺序来谈论建筑的历史时，人们通常是从金字塔开始的，因为它是我们过去最具象征意义的建筑结构。这在一定程度上要归功于巴别塔（一座献给美索不达米亚神马尔杜克的金字塔）。美索不达米亚为祭祀而建造的巨大梯田结构，被认为是“真正”金字塔的类型学前身。当结构呈阶梯状并逐渐向天空退缩时，金字形金字塔（或阶梯金字塔）通常被解释为地球和天空的纽带，我们的祖先通常是这样看待它的。实际上，它的堡垒式结构是理想的保护，可以逃避不断上升的水位。埃及人最初也在建造阶梯金字塔（左塞尔的金字塔是埃及第三王朝法老左塞尔的陵墓，由有史以来最早的建筑师——伊姆霍特普建造）。之后，埃及陵墓的形式已经有了进步，吉萨的三座金字塔体现了他们在第四王朝时期获得的外观升级——侧面光滑，人们至今仍倾向于欣赏这种设计。此外，在玛雅和其他中美洲建筑中也发现了阶梯金字塔，因为它们的寺庙在类型上很容易让人想起美索不达米亚的寺庙（尽管它们建造得晚得多）。

像其他大河流域的文明一样，埃及用泥砖建造城市，直到罗马时代才出现烧制的砖。木材的使用也非常少，因为那里的森林从来都不茂密。木头主要用于屋顶，此外还大量使用芦苇作为补充。只有少数皇家建筑是用全木框架建造的。

正是在这种一望无际的泥砖房屋的单调背景下，一种新的切石建筑技术出现在第四王朝（约公元前2575—公元前2465年）的神庙和金字塔中。与美索不达米亚或印度河流域不同，埃及拥有暴露在地面上的优质石料，石灰石、砂岩和花岗岩都是可用的。但是在使用过程中石材的开采、移动和加工都是非常困难的，而且石材的采掘是国家垄断的，石头成为仅用于重要的国家建筑的珍稀建筑材料。

埃及人制造了用于皇家陵墓建筑的切割石头，它的强度高，耐用性好。它似乎是为法老的“卡”（灵魂）提供永恒保护的最佳材料，“卡”指的是法老从太阳神那里获得的生命力，法老通过它进行思想统治。因此，切割石头既具有功能性，也具有象征的意义。

在漫长的砖砌建筑传统中，石头建筑出现得很突然，几乎没有过渡期。早期国王和贵族的砖砌玛斯塔巴（小平顶、泥砖）墓穴突然让位于左塞尔法老在塞加拉的仪式建筑群，该建筑的出现与它的建造者伊姆霍特普有关。这座建筑的形式有些怪异，但在细节方面却非常优雅。仪式建筑群主要由巨大的石灰岩墙组成，包围着一系列的内部庭院。墙体的表面错综复杂，让人联想到玛斯塔巴墓，不仅带有假门，甚至还有整座实心石头的假建筑物。该建筑群有一个大型入口大厅，其屋顶由巨大的石头门楣支撑，门楣靠在从围墙上伸出的一排排短翼墙上。翼墙没有独立的柱子，但在其两端出现了初具规模的凹槽柱，3/4 的柱子从庭院的墙壁上伸出。该建筑群还包括一个金字塔，它是由连续的较小的玛斯塔巴墓创建的。所有这些元素都是用小石块建造的，可以由一两个人处理。仪式建筑群的石头技术代表了一种已经高度发达的技术，涉及采掘、运输和加工石头等方面的复杂方法。

建造的过程是从采石场开始的。大多数采石场都是露天的，但在某些情况下，隧道会延伸到几百米外的悬崖上，以获得最优质的石材。开采沉积岩的主要工具是石匠的镐，它是由一个 2.5 千克重的金属头和一个 45 厘米长的柄组成的。用这些镐在长方形石块周围凿出一个跟人一样宽的垂直通道，露出五个面。第六个面的分离是通过用金属弓形钻头在岩石上钻出成排的孔来完成的。木楔子被打入孔中，以完全填满它们。楔子被浇上水，它们吸收了水并膨胀，从而使石头从岩床中脱离出来。在开采花岗岩等火成岩时，由于花岗岩比石灰岩坚硬得多，石匠的镐头还辅以重达 5 千克的大理石岩球，通过敲打和撞击来打破岩石。花岗岩还可以在磨料的帮助下被钻孔和锯开，并在分离时使用膨胀的木楔。

埃及人能够将重达 100 万千克的石块从采石场运到遥远的建筑工地。这是一项了不起的成就，因为当时他们使用机器是由大量的人和役畜使用的杠杆和粗糙的滚木。当时的大多数采石场都在尼罗河附近，因此船只也被广泛用于运输石头。

在建筑工地上，粗糙的石头经过精细的加工形成最终的形状。通过其暴露的表面，可以推断这些石头都是用金属凿子和木槌加工的。方块、铅锤和直尺被用来检查工作的精确性。这些工具一直到 19 世纪才成为标准工具。在塞加拉首次出现小石块后，石块的尺寸逐渐增大，最后发展到埃及砖石建筑工程常用的巨石。尽管石头结构产生了沉重的负荷，但地基却出奇的简陋，它是由小块的劣质石料制成的。直到第二十五王朝（约公元前 750—公元前 656 年），重要的建筑才被放置在几米厚的砖石平台上。

埃及人没有垂直提升石头的起重机。一般认为，连续砌石层的铺设是通过泥土或泥砖的坡道来完成的，在这些坡道上，石头通过借助动物和人的肌肉力量被拖到墙上的位置。后来，随着坡道的拆除，它们成为石匠的平台，人们在石块表面做最后的修饰。在托勒密时期开始建造的一些未完成的寺庙中，仍然可以看到这种坡道的遗迹。石头表面通常被铺上一层用石膏、沙子和水制成的砂浆，这更像是一种润滑剂，用来将石头推到合适的位置。在石块之间也使用了金属燕尾锚用来帮助固定。

吉萨金字塔群中最高的达 147 米，这是一项了不起的技术成就，其达到的视觉冲击力即使在今天也是惊人的，直到 19 世纪才有更高的建筑出现。但是，它们也代表了大规模石头建筑进入一个死胡同，之后石头建筑很快就朝着更轻、更灵活的石头框架和创造更大内部空间的方向发展。支撑石梁的独立石柱第一次出现在公元前 2600 年的与金字塔相关的皇家庙宇中。带有重型花岗岩门楣的方形花岗岩柱子横跨 3~4 米，门楣之间的空间由巨大的花岗岩板所覆盖。在这些结构中，早期皇家建筑的木材框架被石头框架代替。

石头不仅比木材更耐用，而且两者在结构强度上也大不相同。石头的抗压性比木材强得多，但很难拉伸。鉴于这个原因，石头很适合做柱子，而且柱子可以做得非常高。如在卡纳克的阿蒙神庙中，柱子有 24 米高。但是，横跨在柱子之间的石质门楣受到强度的限制，其最大跨度只能是 5 米。因此，想要更长的跨度，需要采用另一种结构形式来增强，如可以采用拱门的形式。在卡纳克和卢克索新王国时期（公元前 1539—公元前 1075 年），埃及石匠们在建造的一系列大型神庙中逐渐使用了石头框架，他们所建立的石结构寺庙也一直延续到古典世界的尽头。

公元前 1800 年后，埃及普遍使用的石头框架在整个地中海东部地区开始传播，希腊大陆尤其受到它的影响。在爱琴海和意大利南部建造了许多石头框架的神庙，一些神庙保存至今。这些神庙主要是用当地的大理石或石灰石建造的，其中使用的巨石中没有花岗岩。这些建筑使用的技术与埃及的相比变化不大，其主要区别在于劳动力：不是国家动员的大批非熟练工人来搬运巨大的石头，取而代之的是有一小群熟练的石匠独立工作。帕特农神庙的建筑记录显示，每根柱子都是根据与石匠签订的单独合同建造的。当然也有搬运石块的起重机械，不过关于它的精确描述无从得知。石块的隐蔽面仍有凹槽和孔洞，这些凹槽和孔洞用于与将它们吊起的绳索相连。金属夹箍和销钉被用来将石头连接在一起，砂浆几乎从未被使用过。其中有一些实验是用铁梁来加固石头，但最大的跨度仍然只能是 5~6 米，想要更长的跨度只能是由石头框架支撑的木梁来实现。埃及神庙的实心石屋顶板是无法复制的。

（二）中国的建筑

正如梁思成先生所说：“中国的建筑与中国的文明一样古老。从每一个文学、图形、示范性的信息来源，都有强有力的证据证明，从史前到今天，中国人一直享有一种本土的建筑体系。在从中国的新疆到日本，从满洲里到法属殖民地，同样的建筑体系盛行，而这是中国文化的影响区域。这种建筑体系能够在如此广阔的领土上延续4000多年，并且仍然是一种有生命力的建筑，尽管一再受到外国的入侵（军事的、知识的和精神的入侵）但仍然保持其主要特征，这种现象只能与它作为一个组成部分的文明的连续性相媲美。”①

中国古代建筑在世界建筑史中具有独特的风格。其类型包括宫殿、寺庙、塔、住宅、园林、陵墓以及各种建筑物，在内容上也极为丰富。从材料结构来看，有土工建筑、木结构建筑、砖石建筑以及竹构建筑等多种方式。其中尤以对土、木的应用发展最早、使用最广。世界上其他许多民族早期也是用土制成土坯，用土坯砌成墙体，或者用泥土拌和纤维做敷面层。但中国发展出了一种夯土版筑的技术。许多巨大的建筑工程，如城墙、陵墓等都是采用夯土版筑的方法建造的。由于土坯、夯土版筑便于就地取材而且施工简易、造价便宜，因而具有长久的生命力，直到今天还有许多工程在使用。

中国古代建造各种房屋的主要结构方式是木结构，在长期实践中，中国木匠在木材的选择、培植、采伐、加工、防护等各环节，积累了丰富的经验。其在应用木材并组合为结构的技术水平上，无论是在高度、跨度还是在解决抗风、抗震的稳定问题上都达到了古代世界的先进水平。

木结构之所以在中国建筑史上长期居于主要地位，主要在于它的取材、运输、加工都比较容易，而且施工工期也比较短。除此之外木结构还具有分间灵活、门窗开设自由等实用性优点，因而在长期的发展过程中，建筑技术逐步成熟。木结构虽然有易朽易燃的缺点，但是古代积累了丰富的维修经验，即使毁坏，重建也比较容易。

规模巨大的木结构建筑，并不仅靠单体建筑的体量来实现，而是以组合体或组群的方式出现，由各个单体建筑组成“院落”，不同的“院落”在组合中主次分明，这种方式既减少了由于建筑庞大的单体建筑而带来的技术上的复杂性，又满足了大规模建筑包含的多种功能需要。因此，建筑组群是中国古代建筑的显著特点和卓越的创造。

木结构的特点也给中国古代建筑带来了特有的造型艺术。如轻巧的飞檐、轻质的装修、五彩缤纷的油饰彩画、精美的雕刻艺术等，这些都为世界所赞叹。

---

① LIANG S H. A pictorial history of Chinese architecture：a study of the development of its structural system and the evolution of its types［M］. Cambridge：MIT Press，1984.

世界上很少有其他民族的建筑曾像中国古代建筑那样重视色彩的运用，并且是那样的大胆。到了文艺复兴时期，欧洲建筑的色彩运用才达到了一定的高度。常常可以看到，在一座建筑上，彩画、描金、琉璃、雕刻等的应用，互相配合，组成了完美的艺术整体。

与木结构相比较，中国古代砖石结构的建筑则处于次要地位，常见的使用砖石的方式是作为木结构建筑的辅助补充部分，如墙脚、柱础、地面、台基边缘、踏道等。然而，中国古代砖石建筑的工程技术仍然获得了很高的成就。长城就是一项宏伟的砖石工程。以砖塔而言，15 世纪曾达到百米的建筑高度（南京报恩寺塔）。以单孔桥而言，河北赵县的安济桥（即赵州桥）最大跨度达到 37.7 米，安济桥建于公元 6 世纪初的隋朝，历经 1400 多年，其间经历洪水、地震、重压的重重考验，依然屹立不倒，比欧洲同类拱桥早了 1200 年。这些记录表明了中国古代砖石建筑技术的先进。

图 11　赵州桥，李春设计建造，宋哲宗赐名安济桥

中国古代砖石建筑的装饰手法乃至造型常常模仿木构建筑的轮廓和细部，其中历史遗物如汉石阙、牌坊、无梁殿、石亭、塔等都有这样的现象。毕竟后出现的事物，往往要受到先前事物的影响。古埃及和古希腊的石造建筑，也有装饰主题来自早先木质材料建筑的现象。不过，它们都没有中国古代的砖石建筑表现得那样强烈。

除了各类建筑以外，中国古代园林也是世界建筑艺术的杰作之一，是中国古代建筑的一颗明珠。园林主要由树木、山水、建筑三方面组成。但是中国古代园林的一个重要且突出的特点是建筑奇巧的形式。此外，人工叠山理水的卓越成就也是世界其他园林所少有的。

当然，中国的园林建筑与西方的建筑也有交汇的地方。清朝在建造紫禁城时的主要工作是恢复或重建主要的明代建筑，因此其结果比唐朝以来的任何时候都更华丽，色彩也更鲜艳。清朝统治者建造的夏季宫殿最为奢华，这些宫殿是为了躲避城市的炎热而建造的。1703 年，康熙皇帝开始在清旧都正德附近建造一系列宫殿和楼阁，这些宫殿和楼阁坐落在自然景观中。耶稣会神父 Matteo Ripa（马国贤）于 1712—1713 年绘制了这些图案，并在 1724 年被他带到了伦敦，人们认为这些图案影响了这个时期在欧洲开始的园林设计革命。在正德宫附近建造的几座气势恢宏的佛教寺庙，其汉藏混合风格反映了康熙、雍正和乾隆三代皇帝受到藏传佛教的影响。

大约在 1687 年，康熙皇帝开始在北京西北部建造另一个园林，在他的继任者手下，这个园林发展成为著名的圆明园。这里分布着大量的官方和宫廷建筑，乾隆皇帝将他的皇宫半永久地搬到这里。在圆明园的北部角落，传教士和艺术家朱塞佩·卡斯蒂里奥内（Giuseppe Gastiglione）（在中国被称为郎世宁）为乾隆设计了一系列中式洛可可风格的建筑，这些建筑坐落在意大利风格的花园中，花园中的机械喷泉由传教士米歇尔·贝诺斯特（Michelle Benoit）设计。今天，圆明园几乎完全消失了，因为这些外国风格的建筑在 1860 年被法国和英国人烧毁。为了取而代之，慈禧太后在城北的昆明湖畔扩建了新的夏宫——颐和园。

中国古代的城市建设也是独具一格。中国几个重要古城，例如长安、洛阳，东京，元大都，明北京城，明南京城，都是古代世界伟大的城市。中国古代城市规划性很强，表现为分区严明、规整有序，其对防御、交通、排水、防火、商业集市和城市绿化，均有一定的考虑。这样高度的计划性既依靠长期城市建设经验的积累，又需要一定的技术方法去实现。例如水工方面，饮水、排水、水运的处理，水渠运河的建设，闸、堰的建造，历来规模都很大。其中许多经验至今仍值得重视和认真研究。① 中国古代建筑技术为建筑质量设定了一个高标准，并一直保持到 19 世纪。

中国建筑一个非常重要的特点是强调衔接和双边对称，这意味着平衡。从宫殿建筑群到简陋的农舍，中国建筑中随处可见双边对称和建筑物的衔接。在条件允许的情况下，只要有足够的资金，房屋的翻新和扩建计划都会尽量保持

---

① 中国科学院自然科学史研究所．中国古代建筑技术史［M］．北京：科学出版社，1985：3-4.

这种对称性。次要元素被安置在主要结构的两侧，作为两翼，以保持整体的双边对称。建筑物通常被规划为在一个结构中包含偶数的柱子，以产生奇数个间隔。如在中央隔间中包含了通向建筑物的正门，因此保持了对称性。

与中国建筑相比，中国园林往往是不对称的。园林构成的基本原则是创造持久的流动。中国古典园林的设计是基于“天人合一”的思想，与住宅本身相反，园林是人类既与自然共存又与自然分离的象征。因此，布局相对灵活，让人们感觉到他们被自然包围并与自然和谐相处。园林的两个基本元素是山石和水。山石意味着对不朽的追求，而水则代表虚无和存在。山属于阳（静态美），水属于阴（动态奇观），它们相互依存，形成了整个自然。

到了唐末，中国传统建筑的选址技术已被综合为风水系统。这些技术至少可以追溯到周朝，并且被各个时期的建筑师充分利用。中国北方的传统流派是道教，他们强调使用磁罗盘，并特别注重根据月份和季节、恒星和行星、《易经》卦象以及火、水、木、金、土的“五行”理论，主张将星象和地球的基本原理结合在一起。在景观特征更不规则的南方，“形法派”强调山脉（北方代表黑暗力量，需要屏障，南方是良性的，需要开放）和水流之间的适当关系。后来，这两个流派的元素在中国各地都得到了应用。

关于建筑工程中用到的工具也有很多，例如，用于平整场地的打桩机，因为尺寸比较大，所以要利用杠杆、滑车等机械来提升铁锤击桩，这种工具大约出现在3世纪的西晋时期。再如，建筑中最常用的起重运输工具，除了靠人力、畜力之外，还常用滑动、浮运、车运、滚辊等辅助，根据《营造法式》中“搬运功”条的记载，用于运输建筑材料的车的种类有：螭车（即辎车），载重量为五百斤，甚至一千斤以上；犊车，载重一千斤以下；独轮小车，载重二百斤。如果需要运输的物件重量比较大，则需要用到多轮车。据记载，历史上十六轮是轮车的最高纪录。在起重机器方面，一般用得较多的是杠杆、滑车（轮状）和辘轳（筒状）。单滑车可以改变用力方向，并且可以多人和畜力一起形成合力。用滑轮组，可以大大减小劳动强度，辘轳加上绞盘长柄，可以和滑车配套，提升工具的效果。

此外，建筑工程中必不可少的工具还有很多种，如测量、定位工具，脚手架，施工检验与校正工具，维修工具等。成书于11世纪（北宋时期）的《营造法式》一书，总结了中国土木工程技术的经验，反映了中国古代的技术成就，但也在一定程度上抑制了进一步的技术发展。明代的《鲁班经》是一部民间木工行业的专业书，书中对当时的房舍施工步骤、定位技术、日常生活家具的构造都进行了详细的说明，它编成于15世纪，可以说是木工职业用书。

（三）古希腊的建筑

石匠的大部分精力都集中在细节的完善和光学校正的改进上，古希腊建筑正是因这些细节而闻名。在现存的建筑图纸中也可以找到这些细节，这些图纸是绘制在迪迪玛（位于土耳其西海岸）的阿波罗神庙（其重要性仅次于德尔斐神庙）的石墙未完成的表面上的。这种图纸通常会在墙面最后修整的过程中被抹去，而迪迪玛的图纸之所以能保留下来，正是因为该神庙并未完工。这些图纸显示了石匠是如何一步步设计出最终的柱子和造型的轮廓的，这是在铅笔和纸张出现之前，对建筑工匠设计过程的罕见一瞥。

古希腊社会还引入了公共空间的概念，出现了名为 agora（集市）的公共广场。古希腊的建筑强调公民生活，它诞生于民主，致力于为人民服务。神庙是集市的一部分，是纪念性的，也是开放的。希腊人没有用巨大的石墙来保护他们的神庙，而是采用了柱子和顶棚。有趣的是，希腊人设计它们是为了“纠正”人类视觉的扭曲，他们第一个注意到我们的眼睛有时无法感知物体真实的面貌，并将此作为建筑设计的输入点，因此他们将凸曲线（神庙上所有线条的有意弯曲）应用于柱子的表面。这种曲率反而会误导人眼把线条看成直的。

与石材技术相比，黏土砖石技术在很大程度上保留了埃及的方法，但也有了相当大的发展。虽然泥砖仍然是住宅的标配，但烧制砖得到更广泛的使用，并开始用石灰砂浆铺设，这是一种从石头建筑中借鉴的技术。这一时期也出现了釉面砖，特别是在巴比伦人和波斯人中，他们在皇家宫殿中大量使用了釉面砖。现存的一个很好的例子是巴比伦尼布甲尼撒王宫的伊什塔尔门，它是一个真正的拱门，跨度为7.5米，时间可追溯到公元前575年。另一项砖石技术的重大创新是烧制的黏土屋顶瓦片。这比茅草的防水性要好得多，而且瓦片屋顶具有希腊神庙特有的低坡度特征。用于墙面装饰的空心陶土块也是在这个时期出现的，这些空心陶土块可能是来自高度发达的制陶业，因为该行业经常制作超过一米长的烧制黏土容器。

尽管石材技术仍然局限于横梁（柱梁）框架，但也有一些结构暗示了未来的发展。亚历山大灯塔也许是那个时代最壮观的建筑，这是公元前3世纪为托勒密二世建造的伟大灯塔。它是一座巨大的石塔，几乎与大金字塔一样高，但底部却小得多，大概有30平方米。在这一大堆砖石中，有一个复杂的坡道系统，驮畜在上面为顶部的灯塔运送燃料。法罗斯灯塔是第一座高层建筑，但由于砖石结构的局限性和缺乏快速的垂直移动工具，在公元7世纪灯塔被阿拉伯人拆毁。直到19世纪，高层建筑都没有进一步发展。

希腊人尝试新的石材技术的一个例子是迈锡尼的地下墓穴，大约建于公元前1300年。这些墓穴的主室被尖尖的拱形石结构包围，直径约14米，高13米。早期美索不达米亚的陵墓和新石器时代欧洲的托洛伊中就出现了托臂圆顶的原始版本，但在迈锡尼的地下墓穴中，石材技术得到了完善，建筑规模上也有所扩大。托臂顶没有形成真正的拱顶和圆顶所特有的，而真正的拱顶和圆顶是由石块或砖块沿半径的方向分段建成的。因此，托臂顶不能充分利用石头的巨大抗压强度，也不能跨越很长的距离，14米是最大的距离。希腊石匠没有选择继续探索这种类型的结构，他们的建筑仍然主要关注外部形式。然而，紧随其后的罗马建筑者却充分地利用了砖石结构的这种优势。

（四）古罗马及欧洲的建筑

在罗马人征服了希腊之后，他们接收了大部分建筑，并在接下来的几个世纪里对希腊建筑产生了强烈的影响。虽然受到希腊建筑的启发，但罗马人自己有许多创新——拱门（这是一种杰出的建筑元素）以及混凝土，尽管它与我们今天广泛使用的材料略有不同，但终于可以建造圆顶了，我们可以将它视为万神殿的一部分，并与不同类型的拱门结合，帮助罗马人建造了他们的渡槽和凯旋门。

图12　罗马万神殿的内部

罗马人在拱门的基础上采用了伊特鲁里亚人的石头建筑技术，并建造了许多壮观的建筑，他们称这种方式为“方石”，它是一种由切割的高度相同的方形石块平行铺设的方法。维特鲁威在公元前 35 年到公元前 25 年的十年间写下了他的杰作《建筑学》，其中描述了这项技术，这本书被认为是那个时代建筑知识的总结。

由于波斯人、埃及人、希腊人和伊特鲁里亚人的建筑都依赖立柱和门楣系统，这就意味着他们必须要使用两个直立的柱子，柱子上面放着水平块，称为门楣。由于门楣很大，导致建筑物的内部空间受到限制，而且大部分建筑物的内部空间也必须有支撑柱，更是降低了空间的利用。古罗马建筑与这一传统有着根本的区别，由于混凝土、拱门和拱顶的应用，他们不再用结构支撑来填充内部空间，他们创造出了前所未有的室内空间。因此，古罗马建筑的内部与其外观一样令人印象深刻。

古罗马的公共工程大部分是在被征服的地区进行的，例如公元 1 世纪末的加尔桥，在法国尼姆附近，这是一座有三层渡槽（引水渠）的多拱桥，桥高 50 米，跨度为 22 米，目的是使总长度达 50 千米的渡槽穿过加尔河。再如西班牙阿尔坎塔拉的塔古斯河上的精美桥梁，跨度近 30 米，大约建于公元 110 年。奇怪的是，这种大跨度的石头桥从未被应用于建筑物建造之中。现存的带有石拱门或拱顶的古罗马建筑的典型跨度只有 4~7 米。叙利亚还建造了许多直径为 4~9 米的小石拱门。这样的拱门和圆顶意味着在建造过程中存在复杂的木质模板以及先进的起重机器来支撑它们，但这些没有留下任何记录。有许多建筑在帝国灭亡后仍然存在，它们成为中世纪欧洲石头建筑复兴的示范，当时石匠们再次寻求“以罗马方式”建造建筑物。罗马人还从意大利南部的希腊人那里继承了梯形石框架技术，并在公元 3 世纪继续用这种建筑方式建造神庙和其他公共建筑。

罗马人在当时享有许多便利设施，包括公共厕所、地下排污系统、喷泉和华丽的公共浴室。如果没有罗马渡槽，这些创新都是不可能实现的。这些工程奇迹建于公元前 312 年左右，罗马人利用重力将水沿着石头、铅和混凝土管道输送到城市中心，引水渠将罗马城市从对附近水源的依赖中解放出来，并证明了促进公共健康和卫生方面的重要性。虽然罗马人没有发明水渠，但在埃及、亚述和巴比伦早些时候就出现了用于灌溉的水渠，罗马人利用土木工程来完善水的运输。数以百计的渡槽最终在整个帝国兴起，其中一些渡槽将水输送到 90 多千米之外。最令人吃惊的是，罗马的渡槽建造得如此之好，甚至有些渡槽至今仍在使用。例如，罗马著名的特雷维喷泉的水就是由古罗马 16 条渡槽之一的“处女座水”的修复版提供的。它是罗马帝国时期建造的最后一条仍在使用的渡槽。

罗马混凝土的发展。许多古罗马建筑如万神殿、斗兽场和罗马广场都使用混凝土建造，直到今天仍然屹立不倒。罗马人在2100多年前首次开始使用混凝土建造建筑，并将其应用于整个地中海盆地，从渡槽、桥梁到纪念碑，无所不包。罗马混凝土比现代混凝土要弱得多，但也非常耐用，其是使用熟石灰和火山灰混合制成的黏稠糊状物，可以有效抵御化学腐蚀。火山灰帮助罗马混凝土在海水中也能快速凝固，从而能够建造精致的浴池和港口。这就掀起了一场罗马建筑革命，建造师的设计变得更有创意，而且由于混凝土可以使用模具或框架浇筑，因此建筑物开始呈现出流畅的线条和富有创意的形状。

图13　加尔桥，罗马人的杰作，建于1世纪

罗马城市通常以广场为中心（一个开放的大广场，周围有重要的建筑），它是城市的宗教和经济中心。在城市的广场上，主要的神庙（如卡皮托里神庙，供奉朱庇特、朱诺和密涅瓦）都位于这里。在广场的规划中，大教堂（一个法庭）和其他城镇议会的会议场所也很有用。这个城市的肉类、鱼类和蔬菜市场经常在繁华的广场周围兴起。在广场周围、城市的街道两旁、交叉路口都矗立着城市的连接性建筑：门廊、柱廊、拱门和喷泉，它们不仅美化了罗马城市，还吸引了旅行者。意大利的庞贝城是一个保存完好的广场城市的典范。

罗马人有各种各样的住房。富人可以在城里拥有一栋房子，也可以拥有乡村农舍（别墅），而穷人则住在被称为“岛”的多层公寓楼里。公元前2世纪末，罗马港口城市奥斯蒂亚的戴安娜之家，就是一个很好的罗马岛的例子。即使在死亡后，罗马人也认为有必要建造宏伟的建筑来纪念和安置他们的遗体，如面包师尤里萨斯，他精心设计的坟墓至今仍矗立在罗马的马焦雷门附近。

罗马人在木材技术方面也取得了重大进展。图拉真纪念柱上的浮雕显示了罗马军队用来跨越多瑙河的木桁架桥。桁架是一种空心梁，其受力集中在一个三角形的线性构件中，这显然是罗马人的发明。虽然没有证据表明他们理解它的原理，但他们还是能够以一种实用的方式掌握桁架的设计。例如，特里尔的君士坦丁大教堂，那里的木质特大桁架横跨一个 23 米宽的大厅，看上去非常壮观。

桁架的概念从木材扩展到金属。青铜桁架横跨 3 个跨度，每个跨度约 9 米，支撑着万神殿门廊的屋顶。选择青铜可能更多的是为了耐久性而不是强度，因为教皇乌尔班八世在 1625 年拆除这些青铜作品（将其熔化用于大炮），并以木制桁架取而代之。桁架是古罗马建筑中的一个成就，直到文艺复兴时期才有建筑能与之匹敌。

金属在古罗马建筑中得到了广泛的应用。除了青铜桁架，万神殿还有青铜门和镀金的青铜屋顶瓦片。铅是一种天然存在的金属，罗马人把它引入屋顶的建筑材料中，因为它可以防水，所以被用于建造较低坡度的屋顶。在整个罗马帝国，从化妆品到调味品都曾使用铅。家用餐具通常由铅制成，包括杯子、盘子和其他餐具。这种材料被广泛使用，甚至一些最贫穷的公民也能使用它。最重要的是铅作为廉价而可靠的管道材料，适用于罗马帝国庞大的管道网络，能够使罗马和罗马帝国的省会城市保持正常供水。事实上，“管道”这个词来自拉丁语“铅”的意思。作为古罗马重要动脉的铅管是由铁匠锻造的，他们的守护神瓦肯也表现出一些严重铅中毒的症状：跛足、苍白和干瘪的表情。

公元 64 年，一场大火席卷了罗马，并摧毁了市中心的大部分地区，此后，尼禄皇帝开始建造他臭名昭著的 Domus Aurea（黄金屋）。这场破坏使尼禄得以建造一个巨大的新别墅。虽然这个选择不符合公众利益，但尼禄渴望过上奢华的生活，这开启了古罗马的建筑革命。建筑师西弗勒斯和塞勒开始为人所知（这要多亏罗马历史学家塔西佗），他们建造了一座宏伟的宫殿，配备了庭院、餐厅、柱廊和喷泉。他们还广泛使用混凝土，建造整个建筑群的筒形拱顶和圆顶。西弗勒斯和塞勒以新的和令人兴奋的方式使用混凝土，使得黄金屋在罗马建筑中独树一帜，建筑师不再仅仅将材料用于结构目的，而是开始尝试在美学模式下使用混凝土，如制造宽大的圆顶空间。

尼禄开创了混凝土建筑的新趋势，而且古罗马建筑师和支持他们的皇帝们接受了这一趋势，并将其潜力推向了最大。维斯帕西安斗兽场、图拉真市场、卡拉卡拉浴场和马克森提乌斯大教堂只是古罗马建筑革命中最令人印象深刻的几个建筑。然而，古罗马建筑并不完全是由混凝土构成的。一些由大理石建造的建筑，让人回想起古希腊建筑的简洁、古典之美，如图拉真广场。混凝土结构和大理石建筑在古罗马并肩而立，表明罗马人在欣赏地中海的建筑历史时，就像他们欣赏自己的创新一样。归根结底，古罗马建筑在很大程度上是一个成功的实验，也是一个追求新事物的愿望。

随着5世纪西罗马帝国的灭亡，欧洲开始了长达一千年的中世纪，罗马人的建筑技术也逐渐在欧洲衰退。制砖业变得稀少，直到14世纪才恢复。水泥混凝土完全消失了，直到19世纪，人造水泥的出现才能与它相提并论。石头建筑中的圆顶和拱顶也消失了。建筑技术快速下降，主要使用原木、黏土、泥砖和瓦片。

从9世纪开始，欧洲出现了石头建筑复兴的第一波热潮。中世纪建筑以古罗马设计为基础，但在欧洲的不同地区，不同的建筑元素也被创造出来，使当地的居民生活得更愉快、更安全。由于基督教的兴起，欧洲人开始大规模兴建教堂，并将其视为精神信仰的重要元素。位于亚琛的查理曼大帝的帕拉蒂纳教堂（805年建成），其八角形的分段式圆顶跨度为14.5米，该教堂是这一时期建筑趋势的早期例子。但是古罗马式风格，即用石拱门、拱顶和圆顶来跨越内部空间的“罗马式”建筑，直到11世纪后期才真正开始出现。拱顶重新出现在西班牙的圣地亚哥·德·孔波斯特拉大教堂（始建于1078年）和图卢兹的圣塞尔南大教堂（始建于1080年）等建筑中。在施佩尔大教堂（1030—1065年，约1082—1137重建）和达勒姆大教堂（1093—1133）中再次出现了柱子上的十字拱顶，威尼斯的圣马克大教堂（11世纪末）和佩里格的圣方济各大教堂（1120—1150年）的圆顶标志着罗马结构形式的全面恢复。

这些建筑都是由天主教会建造的，这时，天主教会的影响已经遍及整个西欧。大约从12世纪开始，随着圣德尼修道院教堂的翻修，整个大巴黎盆地的几十座大教堂和修道院也开始以新的哥特式风格进行翻修和重建。圣德尼的工程似乎启动了哥特式大教堂的建造运动，这一运动持续了400多年。一位当代编年史家写道，地球似乎“披上了教堂的白袍”，白色是因为它们是新的，是用石头建造的。从1050年到1350年，仅在法国开采的石头就比整个古埃及开采的总量还要多，这些石头足以建造80座主教大教堂、500座大教堂和数以万计的教区教堂。

德国哲学家和社会学家马丁·瓦恩克（Martin Wahnke）将其称为“一场伟大的文化竞争”。索尔兹伯里大教堂的伊恩·邓洛普（Ian Dunlop）将其描述为

"大教堂的十字军东征"，中世纪的伟大建筑运动与收复圣地的伟大军事冒险一样，同样充满了激情。毫无疑问，这场运动是一场规模惊人的竞争，主教、国王和修道院院长们之间互相争夺，以建立更宏伟的哥特式大教堂和修道院。

法国历史学家乔治·杜比（George Dolby）写道："主教是一位伟大的领主、一位王子，因此，他要求人们注意到他。对他来说，一座新的大教堂是一项壮举、一场胜利、一场由军事领袖赢得的战斗。……正是这种获得个人声望的冲动导致了在四分之一世纪的时间里，效仿的浪潮席卷了皇家（法国）的每一位主教。"①

杜比讲述了兰斯大主教的一段经历，他不仅在大教堂的彩色玻璃窗上雕刻了自己的形象，让随行的主教们在他脚下膜拜，而且还安排人把刚完工的入口门廊去掉，并重新修建，使其比他的主要竞争对手亚眠主教刚刚修建的门廊更大、更宏伟。他们声称自己的大教堂在中殿的高度、塔楼或尖顶的壮观程度、彩色玻璃的宏伟和美丽、中殿的长度、整体质量等方面要比之前的任何大教堂都更大、更高、更好、更宽敞，这已经成为一个人在教会和社会中地位的象征。

这项庞大的事业需要许多石匠，他们以自由工匠的身份工作，将自己组织成协会或行会。他们监督石料的开采，监督学徒过程中新成员的培训，并在建筑工地完成所有石料的切割和放置工作。中世纪石匠的基本工具与古埃及的工具几乎没有变化，但他们拥有由水车驱动的大型锯子，用来切割石头，以及用于升高和移动材料的大型机器。他们的技术知识是一个秘密：包括整体规划和确定结构部件安全尺寸的比例规则。

现存的一本素描本，出自石匠大师维拉尔·德·奥内库尔（Villar de Onecourt）之手，这本素描本表现出奥内库尔敏锐的观察力、对机械设备的热爱，他提出了几何形状的概念，但素描本只提供了有关实际施工的信息。米兰大教堂的继任建筑师让·米尼奥特（Jean Minot）用"没有科学，艺术什么也不是"这句话来总结他们的方法，也就是说，从实践经验中获得的建筑技能必须受到原则的约束和指导，这些原则被视为中世纪唯一的科学——几何学。即使在工具有限的情况下，石匠们也能够实现伟大的成就。当时要建好米兰大教堂，工匠们就必须使用新的技术将石料提升到前所未有的高度，米尼奥特迫使工程师改进了他们的仪器，迅速推进了教堂建设工作的完成。

罗马式石匠有两个赞助人：教会和国家。国家的建设主要是为了军事，而

① SCOTT R A. The Gothic Enterprise：A Guide to Understanding the Medieval Cathedral［M］. Berkeley：University of California Press，2003：92.

罗马石雕一旦恢复，就足以用来建造城堡和防御工事。但是，教会还有其他的利益，这些利益推动了石头建筑向新的、大胆的方向发展。圣奥古斯丁曾写道，光是上帝最直接的表现形式。正是这个想法促使人们寻找将越来越多的光线引入教堂的方法，于是出现了在墙壁上开出越来越大的窗户，接着演变成一种新的无遮挡的石头骨架。

后来，中世纪的工匠们发现了一种更有效的拱门形式。他们用两个弧形线段让它们在顶部相接，形成近似于弹弓的形状，这就是哥特式拱门。这种拱门可以做得很薄，因为它们可以更有效地疏导它们的压力，并允许在墙壁上开出更大的开口。因而，承受屋顶拱顶侧向推力的沉重支撑柱被挖空，变成了半拱门或飞扶壁，更多的光线进入了大殿。

图 14　哥特式建筑内部结构

大教堂的中殿被做得更高，以聚集更多的光线。13 世纪法国建造的大教堂和其他类型的大教堂相比，人们追求的是越来越高的内部高度。14 世纪，大教堂十字军东征的热情逐渐消退，大多数大教堂的基本结构已经完成，一个新的元素出现了，这进一步考验着工匠们的技术：尖顶。尖顶与其说是神学上对更多光线的追求，不如说是当地自豪感的象征。从它对光的追求上来看，用法国艺术哲学家勒内·于热（Rene Huyghe）的话说：“哥特式建筑被理解为一个向着太阳生长的有机体。”

在索尔兹伯里大教堂，尖顶建在中殿和横厅的交接处，而中殿和横厅的设计并没有考虑到这一点：高大的交接墩在重压下开始弯曲。因此必须在墩子之间增加应力拱，以防止其弯曲。这显然是第一次观察到石柱负载重到足以弯曲的程度。此后，这种情况成为金属柱设计中的一个主要问题。索尔兹伯里的尖顶是一个巧妙的复合结构，由石头包覆在木材框架上，并在底部用铁带捆绑在一起。它在 1362 年完工时，总高度达到了 123 米。斯特拉斯堡大教堂在 1439 年增加了一个 144 米的尖顶，博韦大教堂在 1569 年完成了 157 米的尖顶，达到了建筑高度的上限。博韦大教堂的尖顶在 1573 年倒塌，再也没有重建，这是大教堂十字军东征悲伤的尾声。

除了宗教建筑之外，欧洲还有许多城堡也以罗马式风格著称，被称为诺曼风格。英国的贵族和崛起的豪门，如培根索普城堡的海顿家族也通过建造奢华的豪宅来彰显他们的财富和地位。建造豪宅成为一个规模庞大且利润丰厚的行业。这些豪宅通常以城堡的风格建造，周围环绕着护城河，但防御力并不强。

在 14 世纪的后几十年，角塔式长方形城堡风靡一时，如苏塞克斯的博迪亚姆城堡、萨默塞特的法利·亨格福德城堡和约克郡的博尔顿城堡。威尔特郡的老沃德城堡是不同寻常的六边形，而萨默塞特的纳尼城堡则是一座紧凑的法式“塔楼”。

15 世纪的伟大豪宅包括塔特舍尔城堡（林肯郡）和富丽堂皇的温菲尔德庄园（德比郡），这两座城堡都是为财政大臣拉尔夫·克伦威尔（Ralph Cromwell）建造的，上面装饰着他的膨胀钱包徽章，写着他的座右铭：“我没有权利吗?”

塔特舍尔城堡是用砖砌成的。这种材料在英格兰东部变得越来越流行，在那里，它被大量用于桑顿修道院门楼、柯比·穆克斯洛城堡和甘斯伯勒旧大厅的建造。建筑用砖最初从佛兰德斯进口，但很快就在英格兰开始制造。

随后就是文艺复兴时期的建筑，这主要指的是 15 世纪到 17 世纪的欧洲建筑。在 14 世纪末期，哥特式风格已经开始衰落，这时欧洲新兴的民族国家开始与教会竞争，成为权力中心。对这些新兴国家来说，罗马帝国是模范的民族国家，他们使用罗马建筑的形式作为其权力的象征，特别是圆拱门、拱顶，最重要的圆顶，这些是效仿万神殿的强力证据。从 1350 年到 1750 年，大部分的建筑技术都集中在圆顶教堂上，它不仅是宗教信仰的象征，也是国家和城市的骄傲。人们开始有意识地拒绝哥特式建筑形式，转而支持罗马的建筑形态。这种态度导致了设计和施工过程的分裂，也促进了第一批专业建筑师（这个词来自希腊语 architekton，意思是首席工匠）的出现，他们构思建筑的形式，而不执行建筑的建造。第一座设计者和建造者分开的建筑是佛罗伦萨大教堂的钟楼。它的设计者是意大利画家乔托，由大教堂的工匠在 1334 年至 1359 年期间建造。

人们普遍认为文艺复兴时期建筑风格的起源者是菲利波·布鲁内列斯基，

他是文艺复兴职业建筑师及工程师的先驱，他最大的成就是于1420—1436年完成了佛罗伦萨花之圣母大教堂巨大的砖砌圆顶。圆顶由红砖制成，在没有支撑的情况下巧妙地完成了建造，这体现了他对物理和数学的深刻理解。截至目前它仍然是世界上最大的砖石圆顶，这不仅在当时取得了前所未有的成功，而且圆顶也成为此后教堂乃至世俗建筑中不可或缺的元素。

文艺复兴时期的另一个伟大的圆顶建筑是罗马的圣彼得大教堂，由教皇尤利乌斯二世于1506年建造。建造技术与布鲁内列斯基的非常相似，直径也几乎相同。圆顶的设计经历了许多变化，延长了近80年才竣工。设计者主要是画家和雕塑家米开朗琪罗，他在1546年至1564年期间担任建筑师，建筑师还有贾科莫·德拉·波尔塔和多梅尼科·丰塔纳，在他们的共同指导下，圣彼得大教堂最终于1580年建成。它的圆顶比佛罗伦萨花之圣母大教堂的圆顶要薄得多，用三个连续的铁链组成的拉环进行加固。在18世纪40年代，圆顶出现了许多裂缝，因此又增加了五条铁链以进一步稳定它。由于圆顶使用的是成熟的技术，大部分的设计都是用图纸的方式完成的。

文艺复兴时期的建筑虽然具有古罗马建筑的明显特征，但是随着时间的推移，建筑的形式和用途发生了变化，城市的结构也发生了变化，这反映在古典建筑和16世纪建筑形式的融合中。文艺复兴时期建筑的平面图通常具有方形、对称外观的特点，其中的比例通常是基于一个模块。16世纪建筑的主要特征是融合了古罗马技术和文艺复兴时期的美学，其特征主要基于几个基本的建筑概念：外墙、柱子和壁柱、拱门、拱顶、圆顶、窗户和墙壁。

文艺复兴时期建筑的外立面是垂直轴对称的。例如，这一时期的教堂外墙一般都有一个门廊，并由壁柱、拱门和立柱系统组成。柱子和窗户呈现出向中心发展的趋势。第一个真正的文艺复兴时期的外立面是皮恩扎大教堂的外立面（1459—1462），它被认为是佛罗伦萨建筑师贝尔纳多·甘巴雷利的代表作品。

文艺复兴时期的建筑风格也不是纯粹地重回古罗马时代，它并不是从先前的建筑风格缓慢演变而来的，而是寻求复兴古典黄金时代的建筑师的有意识地发展而来的。这些建筑师得到了包括强大的美第奇家族和丝绸协会在内的富人的赞助，他们从组织和学术的角度来研究建筑的工艺，这与古典学习的普遍复兴相吻合。

文艺复兴风格避开了哥特式结构复杂的比例系统和不规则的轮廓，强调结构的对称性、比例、几何形状和规则性。

文艺复兴时期还出现了另外一种建筑风格——巴洛克建筑，它起源于16世纪末的意大利，在一些地区，特别是德国和南美殖民地较为流行，这种建筑风格一直持续到18世纪。巴洛克建筑起源于反宗教改革，当时天主教会通过艺术和建筑向信徒们发起了公开的情感上的呼吁，这是对抗新教改革的一种手段，旨在以惊奇、热情和敬畏的感觉激励普通人。为了实现这一点，它结合了对比、运动、错视和其他戏剧效果，具有复杂的建筑平面形状，通常以椭圆形为基础，通过空间的动态对立和相互渗透以加强运动和感性的感觉。其他特征包括宏伟度、戏剧性和对比度（特别是在照明方面）、曲线性，以及经常令人眼花缭乱且丰富的表面化处理、扭曲的元素和镀金的雕像。建筑师们毫不掩饰地应用鲜艳的色彩和虚幻的、生动的绘画来装饰天花板。

意大利最早的巴洛克建筑师卡洛·马德诺在圣彼得大教堂的新立面和柱廊中使用了巴洛克风格的空间和透视效果，与米开朗琪罗早先建造的巨大圆顶形成鲜明对比。意大利其他杰出的巴洛克建筑师还包括吉安·洛伦佐·贝尔尼尼、弗朗西斯科·博罗米尼和瓜里诺·瓜里尼。

教会很快将这种风格引入巴黎，圣热尔韦圣普罗泰教堂拥有法国第一座巴洛克式立面。

1661年，主教马扎林去世后，年轻的路易十四掌管了政府。由他的财务总监让·巴蒂斯特·科尔伯特来担任艺术指导。皇家绘画与雕塑学院院长查尔斯·勒布伦被任命为国王建筑总监，负责所有的皇家建筑项目。皇家建筑学院成立于1671年，其使命是让巴黎成为世界的艺术和建筑典范。

路易十四的第一个建筑项目是重建卢浮宫东翼的立面。意大利的贝尔尼尼是当时欧洲最著名的建筑师，他被传唤到巴黎提交一个设计方案。从1664年开始，贝尔尼尼提出了几种巴洛克风格的变体，但最终国王还是选择了法国建筑师查尔斯·佩罗的设计，采用经典的巴洛克风格。这也逐渐成为路易十四的风格。路易十四很快就开始了另一个更大的项目，即建造新的凡尔赛宫。这次选择的建筑师是路易斯·勒·瓦和儒勒·哈杜安·曼沙特，新宫殿的外墙是在1668年至1678年间围绕大理石法院建造的。巴洛克式的凡尔赛宫更加宏伟，尤其是面向花园的外墙和曼沙特设计的镜厅，成为欧洲其他宫殿的典范。

在中欧，巴洛克风格虽然来得很晚，但其在奥地利的菲舍尔·冯·埃尔拉赫等建筑师的作品中得到了蓬勃发展。它在英国的影响力从克里斯托弗·雷恩的作品中就可以看到。在巴洛克晚期（1675—1750），这种风格出现在欧洲各地，从英国、法国到中欧和俄罗斯，从西班牙和葡萄牙到斯堪的纳维亚半岛，以及西班牙和葡萄牙在新大陆的殖民地。它经常采用不同的名称，并且区域之间的差异很明显。18世纪初出现了一种特别华丽的变体，在法国称为洛可可风格，在西班牙和美洲被称为丘里格拉风格。雕刻和彩绘的装饰覆盖了墙壁和天花板上的每个空间。这种风格最杰出的建筑师是巴尔塔萨·诺伊曼，他以设计十四圣徒朝圣教堂和维尔茨堡住宅而闻名。这些作品是洛可可风格或晚期巴洛克风格的最终表达。

有人认为当时的三大文化对巴洛克建筑产生了深远的影响。一是反宗教改革及其领域的扩张，它将教徒的感官或虔诚引向天堂；二是巩固专制君主制，在巴洛克宫殿中展示中央集权国家的权力和宏伟；三是在科学发展和对地球探索的推动下，人们对自然产生了新的兴趣，并普遍拓宽了人类的知识视野。这些导致当时的人们产生了一种新的人类无意义感，即人类的渺小（特别是哥白尼把地球从宇宙中心推到了边缘）和自然界出人意料的复杂性和无限性。在17世纪山水画的发展中，人类经常被描绘成在广阔的自然环境中的微小人物，这表明了对人类状况的认识不断深化。

（五）拜占庭的建筑

拜占庭帝国（4—15世纪）的建筑延续了罗马传统，因为它就是从罗马帝国中分裂出来的，又叫东罗马帝国，所以罗马传统在建筑和其他文化方面的延续就不足为奇了。但建筑师们还在其中增加了新的结构，特别是改进了防御墙和圆顶教堂。此外，人们更关注建筑物的内部而不是外部。基督教也影响了一些建筑发展，如将大教堂改建为带有令人印象深刻的圆顶的宏伟教堂。一般来说，拜占庭建筑一直采用古典主义风格，但之后变得更加折中和不规则，也许是因为最初旧的异教徒建筑被用作采石场，为新建筑提供了兼收并蓄的石块。这种对功能而非对形式的强调是拜占庭建筑的一个特殊方面，它将来自近东的影响与丰富的古罗马和古希腊建筑遗产相融合。拜占庭建筑后来影响了东正教建筑，今天在世界各地的教堂中仍然可以看到这种影响。

我们今天所说的拜占庭式建筑大部分是教会式的，与教堂有关。313年，罗马皇帝君士坦丁（约285—337）颁布了米兰敕令之后，基督教开始蓬勃发展，当时君士坦丁宣布自己皈依基督教，促使新宗教合法化，基督徒也不再经常受到迫害。有了宗教自由，基督徒就可以公开、不受威胁地礼拜，年轻的宗教迅速传播开来。随着对礼拜场所需求的增加，对建筑设计新方法的需求也增加了。位于土耳其伊斯坦布尔的神圣和平教堂（也称为圣伊莲娜教堂）是4世纪君士坦丁下令建造的第一座基督教教堂。

说起拜占庭式建筑，我们有必要来看看这场运动背后的人：查士丁尼皇帝。查士丁尼皇帝在527年至565年的统治时期，拜占庭式建筑和艺术得到了蓬勃发展，接着他开始在君士坦丁堡和意大利拉文纳开展建筑运动。

拜占庭建筑的典范是圣索菲亚大教堂，它的名字的意思是“神圣的智慧”，这是一座巨大的教堂，拥有一个巨大的圆顶，内部光线充足。圣索菲亚大教堂的众多窗户、彩色大理石、明亮的马赛克和金色亮点成为后来拜占庭建筑的标准模型。

为了设计在骚乱中被烧毁的圣索菲亚大教堂，查士丁尼一世聘请了两位著名的数学家：米利都的伊西多尔和特拉勒斯的安特米乌斯。伊西多尔曾教授立体测量学（立体几何学）和物理学，并以编纂希腊工程师和科学家阿基米德的第一部作品集而闻名。作为一名数学家，安特米乌斯撰写了一篇关于立体几何形状及其关系的开创性研究报告，他通过设计曲面将光线聚焦到一个点上。这两个人利用几何原理设计了圣索菲亚大教堂的大圆顶，而且他们率先使用了吊灯。圆顶方形底座角落处的三角形支撑着整个大圆顶并重新分配了重量，使得建造历史上最大的圆顶成为可能，直到 1590 年罗马修建的圣彼得大教堂的圆顶才超过了它。

查士丁尼雇用了 1 万名工匠来建造和装饰圣索菲亚大教堂，还在君士坦丁堡装饰了无数的圣像绘画、象牙雕刻、珐琅金属制品、马赛克和壁画。正如艺术史学家霍斯特·沃尔德玛·詹森和安东尼·詹森在他们的著作中所写的那样：“君士坦丁堡成为帝国的艺术和政治首都……他赞助的纪念碑具有壮丽的气势，足以证明他的时代是黄金时代。”① 在查士丁尼统治时期，帝国的地理范围达到了最广阔，拜占庭艺术和建筑影响了现代土耳其、希腊、意大利、西班牙及中东、北非和东欧的建筑风格。这座建筑与君士坦丁堡的其他早期建筑一样，后来被毁坏了。因此，早期拜占庭创新的最佳例子只能在意大利的拉文纳中看到。

拉文纳在 402 年取代罗马成为西方帝国的首都。在拉文纳有一个实现查士丁尼帝国建筑愿景的最好例子：圣维塔莱教堂。

查士丁尼任命他的门生马克西米亚努斯为拉文纳大主教，他是一位卑微且不受欢迎的执事，在拉文纳，他相当于是意大利皇帝的一位摄政者。547 年，马克西米亚努斯完成了圣维塔莱教堂的建造。这是一种集中式教堂，顶上建有希腊十字架，中堂的圆顶放在八角形的柱墚上，其上有架在木屋架上的八角形坡屋顶，这成为后来建筑的典范。拜占庭的工程师们转向使用悬臂结构，将圆顶建筑提升到新的高度。利用这种技术，圆顶可以从垂直圆柱体的顶部升起，就像筒仓一样，给圆顶带来新的高度。圣维塔莱教堂的外观就是以筒仓式悬臂结

---

① JANSON H W, JANSON A F. History of Art: The Western Tradition [M]. New York: Pearson Education, 2004: 34.

构为特征的。艺术史学家汉斯·布赫瓦尔德说："开发了确保结构稳固的复杂方法，例如，精心打造的深层地基、拱顶、墙壁和地基中的木制拉杆系统，以及水平放置在砖石中的金属链。"①

在这座教堂里，我们可以清楚地看到早期基督教建筑和拜占庭建筑的异同。乍一看，很明显拜占庭式建筑具有早期基督教建筑的许多特征：使用马赛克装饰表面，对后殿的关注，或教堂前面的半圆顶壁龛，并使用天窗或高窗来引入光线。所有这些建筑趋势都是从基督教时代延续下来的。在这些方面，早期基督教和拜占庭艺术和建筑之间的主要区别可以概括为两个词：更大和更多。拜占庭教堂在每个可以想象的表面上都有更多的天窗和马赛克。

圣维塔莱教堂几乎完好无损地保存了下来，教堂内部呈现出错综复杂的辉煌效果，每一寸都装饰得十分华丽。描绘皇帝和皇后的大型马赛克确立了拜占庭式的构图和比喻技巧，古典艺术的现实主义描绘被摒弃，取而代之的是肖像画。这些高大、瘦削、一动不动的人物有着杏仁形脸和大眼睛，他们在金色背景下摆出的正面姿势，成为拜占庭艺术中一个一目了然的特征。

中拜占庭时代通常被称为马其顿文艺复兴时代，因为867年加冕的马其顿人巴西尔一世重新开放了大学，促进了文学和艺术的发展，重新激发了人们对于古典希腊学术的兴趣。希腊语被确立为帝国的官方语言，图书馆和学者们收集了大量的古典文献。君士坦丁堡大公会的牧首佛提奥斯不仅是主要的神学家，还被历史学家阿德里安·福特斯库（Adrian Fortescue）描述为"他那个时代最伟大的学者"。他的《书目》是一部重要的汇编，收录了近300部古典作家的作品。

在整个欧洲，拜占庭文化和艺术被视为审美的最高境界，因此，许多统治者，甚至那些在政治上与帝国对立的人，都雇用了拜占庭艺术家。在被诺曼人征服的西西里，第一个诺曼国王罗杰二世招募了拜占庭艺术家，在1066年诺曼人征服西西里和大不列颠后发展起来的诺曼建筑深刻地影响了哥特式建筑的发展。1063年威尼斯的圣马可大教堂开始施工，该教堂的设计也由数百名拜占庭艺术家完成。在俄罗斯，基辅的弗拉基米尔在与一位拜占庭公主结婚后皈依了东正教。他于1307年在基辅建造的圣索菲亚大教堂雇用了来自君士坦丁堡的艺术家。马其顿文艺复兴时期的著名作品也是在希腊文化的影响下创作的，而拜占庭艺术家的涌入影响了整个西欧艺术的发展。

---

① Jade Turner. The Dictionary of Art（Volume 9）［M］. Macmillan Publishers Ltd，1996：524.

君士坦丁堡以其财富和艺术珍品而闻名，1204 年被第四次十字军东征的军队残酷洗劫后，整个帝国被征服。

被拉丁人征服后，晚期拜占庭时代开始修缮和恢复东正教教堂。然而，由于征服破坏了经济，使城市的大部分地区成为废墟，艺术家们便开始采用更经济的材料，于是微型马赛克圣像开始流行。

在将近 1000 年的时间里，拜占庭时代影响了伊斯兰建筑、加洛林文艺复兴时期的艺术和建筑、诺曼建筑、哥特式建筑和国际哥特式建筑风格的发展。当奥斯曼土耳其帝国于 1453 年征服君士坦丁堡，将其更名为伊斯坦布尔时，拜占庭帝国时代宣告结束。尽管如此，拜占庭风格继续被希腊和俄罗斯所沿用。

在 19 世纪中期，俄罗斯经历了拜占庭式的复兴，也称为新拜占庭式，被 1885 年至 1891 年在位的俄罗斯亚历山大二世确立为教堂的官方风格。这种风格一直持续到第一次世界大战开始，并且在 1917 年俄罗斯革命之后，许多建筑师移民到巴尔干地区，那里的拜占庭复兴风格的教堂建设一直持续到第二次世界大战之后。对圣像的崇拜和对圣像的描绘仍然是东正教信仰的一个显著特征，因为东正教家庭有一个专门用于展示圣像的空间，以圣像闻名的教堂能吸引大量的信徒。

拜占庭建筑的影响主要是通过征服和模仿来进行传播的。几个世纪以来，君士坦丁堡一直是基督教的首都，各地的基督教统治者也都试图在自己的城市中建设辉煌建筑。例如，11 世纪的威尼斯圣马克大教堂复制了一个拜占庭模式的建筑，尽管当时它已经有 500 年的历史了。俄罗斯的王公们也有同样的经历，建造了拜占庭风格的东正教教堂。

即使是那些有自己建筑传统的地方，如亚美尼亚和格鲁吉亚，也吸收了拜占庭建筑的元素。然后是神职人员，他们复制了已建成的拜占庭教堂和修道院的布局，即使在拜占庭帝国早已崩溃的情况下也能确保它们的存在。帝国被征服时，数百座教堂被摧毁，还有许多被改建为清真寺，但也有足够多的教堂幸存下来。此外，在基督教回归的地方，还启动了修复工作，因此从科孚岛到西奈岛，许多拜占庭式的建筑直到今天仍在使用。

二、现代建筑的开端及建筑机器的发展

中国人把鲁班当作是土木建筑的祖师爷，因为他发明了钻、刨子、曲尺、墨斗、锯子等工具，另外，传说他还发明了伞、石磨、水井、滑轮、云梯等。在希腊神话中，也有一个了不起的发明家，叫代达罗斯。罗马学者普林尼认为是他发明了建筑上常用的工具——铅垂线，还有人说他发明了锯子、陶轮等。

但也有人反对这种观点，认为这些工具实际上是他的侄子佩迪克斯发明的，他因为嫉妒侄子比自己更有才能所以把他从城墙上推了下去，自己则逃到了克里特岛，并接受国王米诺斯的委托，为牛头人身的巨怪米诺陶洛斯建造了一座迷宫。

人们到现在还在使用的一些工具，如锤子、凿子、锯子、尺子等，的确已经发明了几千年，而且没有太大的变化。但是第一次工业革命对建筑技术产生了深远的影响，建筑业从材料、外观到技术、结构、工艺都发生了翻天覆地的变化，这也是一次真正意义上的建筑革命。

正如意大利建筑师、建筑历史学家莱昂纳多·贝内沃洛所认为的那样：现代建筑运动的发展不是由美学形式主义决定的，而主要是由大约1760年以来发生的社会变化决定的，“18世纪中叶以后，正式活动的连续性并未受到任何破坏，事实上，尽管建筑语言似乎获得了某种特定的连贯性，但建筑师和社会之间的关系开始发生根本性的变化……新的物质和精神需求、新的理念和程序模式在传统的范围内和范围外都出现了，最终它们共同形成了一个与旧建筑完全不同的新建筑综合体。这样，就有可能解释现代建筑的诞生，否则就会显得完全不可理解……”① 现代建筑的最先突破体现在建筑材料方面，铸铁和轧钢被引入建筑业用来满足新的需求。

（一）钢铁材料的出现及应用

钢铁应用于建筑绝对是自古以来建筑领域中最重要的创新。它与石头、砖块和木材相比，能以更少的材料消耗提供更坚固、更高密度的结构，并且可以在开口和内、外部空间上产生更大的无支撑跨度。因此，钢框架结构彻底改变了墙和支撑的概念。

虽然早在公元前1800年左右，就已经在安纳托利亚的考古遗址中发现了使用钢铁的证据，但是它主要用于武器，很少用于建筑。世界各地的金属锻造者为寻求完美的金属而不断努力，因此开发了多种形式的钢。第一种真正的钢被称为“乌兹钢”，它是在公元前300年左右被印度工匠制造的，工匠把小段的铁条和木炭块放入坩埚中，然后将容器密封并放入熔炉中。当他们通过波纹管鼓风提高炉温时，熟铁熔化并吸收木炭中的碳，坩埚冷却后，含碳量在1%~2%之间的钢锭就出现了。这种钢随后被运往世界各地，在大马士革，叙利亚铁匠使用这样的金属锻造了著名的“大马士革钢剑”。印度钢铁被运到西班牙的托莱多，那里的铁匠用它为罗马军队锻造剑。

---

① BENEVOLO L. History of Modern Architecture［M］. Cambridge：MIT Press，1977：9.

早在公元前500年，中国已经制造出铸铁，而且也认识到了它的优势，尽管它很脆，缺乏钢的强度和韧性，但它很适合制造金属容器。当时的中国人已经掌握了氧化铸铁中的碳来生产钢或锻铁的方法。

现代钢铁制造始于17世纪的欧洲，并很快成为工业化的推动力。在早期工业革命中，铁的大规模生产，始于亚伯拉罕·达比（Abraham Darby），他在1709年第一个在熔炼过程中将焦炭作为燃料。铁的大规模生产促进了机械的发展，推动了蒸汽机的应用。亨利·科特在1784年发明了用于制造锻铁的工艺，同年，他建造了第一台由蒸汽机驱动的轧机，用于生产锻铁条、角钢和其他形状的轧制钢。标准的铁制建筑构件很快出现，为金属建筑的发展做好了准备。

在1800年之前的建筑中，金属只是扮演辅助的角色。它们被用于黏合砖石（销钉和夹子），用于拉伸构件（加强圆顶的链条，穿过拱门的拉杆以加强拱顶），以及用于屋顶、门、窗和装饰。铸铁是第一种可以替代传统结构材料的金属，其在1779年就被用于桥梁建设。铸铁承重能力强并且耐火和抗腐蚀，特别适合用于建筑。它首先被用作柱子和拱门，然后被用作骨架结构。由于铸铁的抗压强度远远大于抗拉强度，因此，它作为小柱子比作为梁的效果更好。在19世纪末，钢取代了铸铁，因为钢的强度、弹性和可加工性更加均匀，更适合作为建筑材料。

随着高炉的发明，不同的炼钢技术不断出现。然而，钢的生产仍然相当昂贵，因此只有在没有更便宜的替代品时才会使用钢。1856年，贝塞默提出了一种有效的方法，将氧气引入铁水中以降低碳含量。1876年，西德尼·吉尔克里斯特·托马斯（Sidney Gilchrist Thomas）通过在贝塞默工艺中添加化学碱性助熔剂石灰石，去除了钢中不需要的元素。这意味着，来自世界上任何地方的铁矿石都可以用来炼钢，钢铁的生产成本开始显著下降。由于新的钢铁生产技术的产生，钢轨价格在1857年至1884年间降低了80%以上，开启了世界钢铁工业的革命。从那时起，建筑行业开始见证“钢铁福音”。

铁在工业时代之前几个世纪就被应用在建筑中。在中国，最早的木制桥面铁链吊桥是明朝弘治年间的桥街龙江桥，后因塌方被毁；现存最早的用铁链建成的悬索桥是泸定桥，它建于1706年。长征中一场著名的战役就发生在这里。圣彼得大教堂和圣保罗大教堂圆顶上的铁制拉力链也是早期铁在建筑中应用的例证。

工业时代的第一个大型铸铁结构铁桥是塞文河大桥。1773年，建筑师托马斯·普里查德（Thomas Pritchard）写信给当地的铁匠兼企业家约翰·威尔金森（John Wilkinson），建议他在河上建一座铁桥。他结合工程专业知识和新的铸铁技术，于1775年提出了铁制单拱桥的方案，这样能避免在河中建造柱子，不仅不会对过往的船只造成障碍，而且能把英国的马德利教区和本瑟尔教区最繁忙的街道连接起来。普里查德的设计得到议会的批准，并发行股票以筹集资金。威尔金森后来将他的股份转让给了达比，达比作为大股东继续建造铁桥。这项工作于1777年11月开始动工，普里查德在同年去世，他的兄弟在1779年从达比那里收到了40英镑作为“他已故兄弟的图纸和模型”的设计费。

铁桥最终由达比的孙子达比三世在1779年建造完成，跨度为30米，有五个半圆形拱门，这些拱门由细长的铁肋组成蜘蛛网状的结构。每个拱门都是分两块铸造的，最大尺寸为21米，很难搬运和安装，至于这些铁构件是在哪里铸造的，目前尚无定论，但人们普遍认为它是在达比的熔炉中铸造的，工厂距离大桥所在地2.57千米。在当时铸造、运输这些巨大的构件都是一项了不起的壮举，它被后人描述为“工业革命的巨石阵”。全新的结构于1781年元旦被正式启用，并开始征收通行费。大桥总共使用了378吨铁，成本约为6000英镑，这远高于最初估计的3200英镑。当然，如果在今天要建造这样一座桥，那么至少需要筹集150万英镑。

现位于英格兰的什罗普郡塞文河畔的乔治铁桥区是英国的一处世界文化遗产。那里因被作为工业革命的发源地而闻名于世，是工业革命的象征，它包含了18世纪推动这一工业区快速发展的所有要素。乔治铁桥区以铁桥和鼓风炉最为著名，是采矿区、铸造厂、工厂、车间和仓库的汇集区，密布着由巷道、轨道、坡路、运河和铁路编织成的古老运输网络，与一些由传统房屋建筑组成的遗留物共存。附近有1708年建成的煤溪谷鼓风炉，以纪念在此地生产焦炭。也有连接峡谷的金属制成的桥，这座桥对科学技术和建筑学的发展产生了巨大影响。

早在1772年，利物浦的圣安妮教堂就使用了实心铸铁柱，到了1790年，效率更高的空心管状柱被发明。1786年，建筑师维克多·路易斯（Victor Louis）在巴黎剧院的屋顶上建造了一个28米的桁架，这是第一次使用锻铁桁架，它是由扁条铆接而成的。在那里，铁的使用是为了防火，人们希望使用铁能减少发生火灾的危险。出于同样的原因，1800年，英国纺织业开始在七层楼高的工厂建筑中使用部分金属框架。空心铸铁圆柱的中心间距约为3米，支撑着跨度达4.5米的铸铁三通梁；楼层由砖拱架在三通梁的底部翼缘上；在周边，梁架靠在砖石承重墙上，这使结构具有横向稳定性。这种带有砖石外墙的铁架建筑原型很快就确立了一个新的建筑标准，并一直延续到20世纪末。

在英国的历史中，有一个著名的工程建筑人物为现代英国建筑奠定了基础，他就是被称为“钢铁侠”的托马斯·特尔福德（Thomas Telford）。

特尔福德出生于1757年8月9日，父亲在他4个月时就去世了。他14岁就离开学校，在石匠那里当学徒。虽然白天工作很艰苦，但他还是利用晚上学习建筑方面的相关知识。1784年，他到朴次茅斯造船厂工作。他在那里自学了建筑项目的基础知识，从涉及的材料到整体管理。他还学习了新兴的土木工程。

1792年，他建造了横跨塞文河的蒙特福德石桥，用以连接伦敦到霍利黑德的公路。这项工程奇迹的完成，使他赢得了英国“最伟大工程师”的美誉。它是特尔福特建造的40座桥梁中的第一座。但悬索桥作为一种设计理念是具有创新性的。接下来，特尔福德率先使用铁来建造桥梁。

1793年，他被任命为埃尔斯米尔运河的工程师。这成了他最伟大的工程成就。他参与建造了庞西西尔特渡槽，渡槽横跨兰戈伦谷的迪伊河。这是当时最伟大的工程，需要10年时间才能完成。特尔福德使用了一种新的建筑方法，他将用铸铁板制成的槽固定在砖石上，渡槽的长度超过300米，距离谷底的高度为38米，由19个拱门组成，每个拱门的跨度为14米。作为在大型结构中使用铸铁的先驱，特尔福德发明了很多新的技术，如使用煮沸的糖和铅作为铁连接处的密封剂。该渡槽在2009年被认定为联合国教科文组织的世界文化遗产。

1803年，特尔福德带着他来之不易的声誉回到了自己的祖国，从事长97千米的大型喀里多尼亚运河的建设。虽然他在苏格兰工作时为那些无家可归的人提供了谋生的机会。但是，他也因在苏格兰人离开时雇用爱尔兰工人而受到很多批评。该项目不仅超出了预算，而且也超时严重。项目建设历经10年的时间，比预定时间整整长了3年。快速发展的工业时代，使用蒸汽船已经变得很普遍，但运河的规模不够大，不足以承载它们。因此，这条运河在商业上是失败的。但这却是一项出色的土木工程壮举。

1820年，特尔福德成为新成立的土木工程师学会的第一任主席。在他的一生中，他几乎创造了一个新职业，并成为其中的王者。1826年，他完成了建在北威尔士的梅奈悬索桥。它是当时世界上最长的悬索桥，总跨度为180米，后来也被认为是有史以来最伟大的钢铁工程的例子。

特尔福德分析了当时的道路建设方法，并改进了从使用的石头厚度到对齐、坡度等方面的标准。他设计了一个系统，将中心道路的地基抬高，避免积水，确保排水顺畅。他的设计成为所有道路的标准。他按照这些规格重建了伦敦到霍利黑德的道路，这是现代高速公路的先导。

特尔福德建造了1000多座桥梁、1600多千米的道路、无数的运河、教堂和港口。因此他的朋友罗伯特·索西，一位诗人，给他起了个绰号——“道路巨像”，借用了古代世界七大奇迹之一的巨大希腊泰坦雕像“罗德巨像”对他进行了一语双关的赞誉。特尔福德奠定了英国基础设施建设的基础，将农业国家英国带入工业强国。

（二）玻璃材料的出现及应用

玻璃的发现距今已有4000年的历史，它的出现似乎是偶然的，但后来逐渐发展成为最常用和最受尊敬的材料。直到2000年前，人们才能够制造出足够坚固的玻璃板材，可以用作窗户和建筑。

在公元100年时，罗马人掌握了玻璃的吹制技术，他们有史以来第一次制造出无色玻璃。这项技术很快传遍了整个帝国，富裕的精英们很快都安装了玻璃窗，这也是玻璃首次被运用于建筑中。罗马人将这项技术当作秘密，但当帝国分崩离析时，这些秘密便传遍了整个欧洲。7世纪时，玻璃已在欧洲教堂使用。

当玻璃首次被用于建筑和施工时，玻璃只能用于小窗户。随着建筑技术的发展，这种情况开始发生变化，到了中世纪，玻璃开始更多地被用作装饰。高大的石头哥特式教堂的建造促进了精心制作的玻璃窗的使用，并用彩色玻璃碎片描绘了圣经场景。这些窗户将圣经的故事与不识字的民众联系起来。

在17世纪，铅玻璃的发展使大型玻璃窗的制造向前迈进了一大步。1800年，人们对温室的兴趣上升，人们在建筑中大规模地使用玻璃。新型建筑，包括展览馆、火车站和其他公共建筑，都被允许设计大型的采光空间。1851年以前，玻璃被认为是一种奢侈品，这种概念在工业革命期间，由于玻璃供应的增加而逐渐淡化。渐渐地，金属框架技术取得了进步，使得使用大面积玻璃成为可能，从而使玻璃成为现代建筑不可分割的一部分。

1851年，植物学家和温室建造者约瑟夫·帕克斯顿（Joseph Paxton）在伦敦建造了水晶宫，这是建筑史上的一座重要建筑，不仅是因为其巨大的规模和建造过程中涉及的许多技术创新，还因为在水晶宫举办了第一届世界博览会。这座建筑以作家道格拉斯·杰罗德在讽刺杂志《笨拙》（*Punch*）上的一篇文章命名，他在文章中谈到了这座建筑的玻璃外观，这立即将公众对展览的敌意变成了期待。

在观众的眼中，铁和玻璃组成的水晶宫似乎是飘浮在空中的。这是一个巨大的建筑，当时很少有这样的建筑结构，而且由于其纤细的框架和脆弱的墙壁，观众认为它似乎一直处于崩溃的边缘。帕克斯顿使用玻璃创造了透明的建筑，标志着建筑传统的不透明性得到了改变。他首次将玻璃从温室带到了建筑领域，实现了室内空间的均匀照明。为了减少这种极度透明所产生的强烈眩光，半透明的花布幕被悬挂在屋顶。

从外面看，这是一座雄伟的建筑，它长600米，宽120米，高34米，整个内部空间是连续的、不间断的。一条大型中央走廊作为主轴线，两边都可以容纳不同的展品。该建筑分为两层，第二层的面积要小得多，因为它有一个大型的开放式中央空间，悬挂在底层的主轴上方。

从内部看，水晶宫无疑是他那个时代公众从未接触过的最明亮的建筑，因为它是由玻璃制成的天花板，允许光线自由进入。这也导致了室内温度过热的问题，帕克斯顿采用了几种冷却方法：遮阳、自然通风。建筑物的墙壁有数百个大型百叶窗，每天必须由服务员手动调整数次。

尽管采取了一些措施，过热问题还是在1851年夏天成为一个主要问题，并且是每日报纸上频繁评论的主题。对1851年5月至10月期间水晶宫内记录数据的分析表明，室内温度极不稳定。这座建筑增高了而不是降低了夏季的峰值温度。这些问题迫使组织者暂时拆除大部分玻璃。这个过程重复了几次，然后部分玻璃窗被帆布窗帘永久取代，帆布窗帘可以根据室内温度打开和关闭。水晶宫在活动结束后被拆除，并于1852年在伦敦南部的西德纳姆重新被建设为伦敦郊区的一个受欢迎的休闲公园时，这些问题仍然存在，尽管为了改善通风已经改变了设计。

如果水晶宫是投资者的噩梦，那么它对游客来说就是一个巨大的成功。在1851年5月1日至10月15日的活动期间，有超过600万名游客参观了这座建筑。其中，有些人对水晶宫没有留下好印象，例如，威廉·莫里斯（William Morris）和约翰·拉斯金（John Ruskin）。在《威尼斯的石头》中，拉斯金将其定义为“一些非常普通的计算”的结果。但是，维多利亚女王被迷住了，她于1854年6月10日为这座建筑揭幕，其中包括冬季花园、庭院和雕塑，并于1856年6月18日为开放的水景花园揭幕。为了吸引人群，花园里使用了大量的色彩，这个方案遭到了威廉·罗宾逊（William Robinson）和“自然”园艺学派的反对。尽管经历了破产和其他变迁，但是，帕克斯顿在西德纳姆的创作满足了当代人对巨大的音乐厅、展览馆和露天剧院的需求。从1859年起，每3年一次的“亨德尔音乐节”都在中央大厅举行。

透明墙的概念随着帕克斯顿的水晶宫而出现，并于1864年由彼得·埃利斯（Peter Ellis）在利物浦的奥里尔商会进行的玻璃幕墙实验中得到了发展。它展示了一种非常早期的幕墙玻璃和铁框架的使用，可以最大限度地利用光线，并最大限度地减少实心墙，这强烈影响了北美的商业建筑。这种灵感可以在威利斯·波尔克（Willis Polk）位于旧金山的哈里德办公楼（1918年）中看到，它被认为是美国第一座玻璃幕墙建筑。

建筑师越来越着迷于透明、全玻璃的建筑。在20世纪上半叶，芝加哥建筑师开始建造美国第一座高层玻璃建筑。1922年，德国的路德维希·密斯·凡·德·罗（Ludwig Mies van der Rohe）设计并制作了20层和30层摩天大楼模型，这些摩天大楼完全被玻璃包裹，与今天建造的建筑物很相似。20世纪中叶，许多高层玻璃幕墙建筑被建造出来，例如，邦沙夫特的利华大厦和密斯·凡·德·罗的西格拉姆大厦，以及构成曼哈顿天际线的许多其他玻璃摩天大楼。

20世纪玻璃建筑最伟大的壮举是曼哈顿美国自然历史博物馆的海登天文馆，该馆于2009年年初向公众开放。天文馆的钢球体是一个27米，可容纳585人的结构。令人叹为观止的是，它似乎飘浮在玻璃立方体的中心。随着海登天文馆这样的建筑的建造，各种限制消失了，玻璃建筑开始有了自己的生命。

（三）混凝土的出现及应用

混凝土在我们的日常生活中非常重要，很多建筑物都是用混凝土建造的。如果没有混凝土，世界将看起来完全不同。

在研究混凝土的历史之前，我们需要先澄清一个误解：混凝土就是水泥。尽管这两个词经常被相互混淆，但它们之间有一个主要区别：水泥是混凝土的一种成分。

用于制造水泥的常用材料包括石灰石、黏土、贝壳、白垩、页岩、板岩、硅砂，有时甚至是由高炉矿渣或铁矿石的不同组合制成。这些成分在高温加热时会形成一种类似岩石的物质，之后将混合物研磨成我们通常认为是水泥的细粉。

只需加水，这个过程就会变得有趣。水合是水泥细粉中含有的矿物质——钙、硅、铝、铁等与水分子形成化学键时发生的过程。当这个过程完成时，水蒸发，糊状物变干，留下类似岩石的物质。混凝土是这种水泥和水的糊状物与沙石料的混合物。水泥是混凝土的基本成分，当水泥与水形成糊状物并与沙子和岩石结合后硬化时，就会形成混凝土。水泥通常占混凝土混合物的10%~15%。几乎所有类型的混凝土都在使用波特兰水泥，它不是一个品牌名称，而是一种公认的在整个行业中广泛使用的水泥类型。

从数千年前开始，甚至在埃及金字塔建造之前，混凝土就出现了，罗马人的建筑和现代建筑都使用混凝土。

现代土耳其的哥贝克力石阵是在大约12000年前使用石灰石雕刻的T形柱

子建造的，沙漠商人在8000年前使用早期混凝土制造地下蓄水池，古埃及人使用石膏和石灰制造出灰浆，但毫无疑问，古罗马人才是以我们今天的方式使用混凝土的第一批人。古罗马人在从浴室到港口，从水渠到斗兽场的所有建筑中都使用了它，从公元前3世纪到5世纪帝国灭亡，古罗马人将其生产和应用系统化了。

与现代钢筋混凝土不同的是，现代钢筋混凝土只可以持续一百年而无须大修或更换，但许多古罗马混凝土结构在许多世纪后仍然存在。其寿命长的关键似乎是使用了火山灰，或称灰浆。现代混凝土主要是由石灰基水泥、水、沙子和砾石等材料混合而成，而建筑师维特鲁威在公元前1世纪制定的混凝土配方涉及火山灰和被称为凝灰岩的大块火山岩。当研究用于建造码头和防波堤的罗马海洋混凝土时，2017年发表的报告表明，随着时间的推移，海水的加入实际上加强了这些结构，使它们在几千年的历史中变得越来越坚硬。

今天的混凝土虽然看似很坚固，但是正如罗伯特·库尔兰（Robert Courland）在他的巨著《混凝土星球》中所说的那样："今天人们看到的几乎所有混凝土结构最终都需要更换，在这个过程中我们花费了数万亿美元。"自从罗马帝国灭亡之后，史无前例的古罗马混凝土配方就失传了，大约过了1400年，混凝土才再次被大规模使用。

当英国土木工程师约翰·斯米顿（John Smeaton）在1793年受委托在英国康沃尔郡的埃迪斯通岩石上建造一座新的灯塔时，他开始寻找他能找到的最耐用和最防水的建筑材料。他在附近发现了黏土石灰石后，将其放入窑内烧制，等它变成熟料后，再将其磨成粉末与水混合成糊状物，用它建造了灯塔。

在这个过程中，在混凝土的秘密失传1000多年后，斯米顿重新发现了如何制造水泥。不久之后，制造商开始将他的发现称作"罗马水泥"进行销售。埃迪斯通灯塔矗立了近130年，比它下面的岩石更坚固。

英格兰利兹的瓦工约瑟夫·阿斯普丁（Joseph Aspdin）于1824年发明了波特兰水泥。他最初是在厨房炉灶中燃烧粉状石灰石和黏土制造出的水泥，然后通过不断地调整石灰石粉和黏土的比例，在窑中燃烧混合物。他还加热氧化铝和二氧化硅，直到材料变成玻璃状，然后将它们粉碎并与石膏一起加入石灰石混合物中，由此产生的钙、硅、铝、铁、石膏和其他矿物成分的化学组合构成了波特兰水泥的独特配方。阿斯普丁将这种水泥命名为"波特兰"水泥，因为它类似于在英格兰波特兰附近开采的优质建筑石材。通过这种配方，他奠定了这个行业的基础。

混凝土之所以如此受欢迎（并且一直如此），是因为它具有三个突出的优点：可塑性、耐用性和经济性。当它潮湿时，混凝土几乎可以倒入任何容器，适合任何空间，几乎可以填充任何空隙，几乎可以覆盖任何表面。但是一旦它干燥并固化，它就会保持其形状，随着时间的推移变得更坚固、更坚硬、更稳定。

钢筋混凝土的发明赋予了这种材料新的生命。它于 19 世纪中期在法国被率先推出，后被加利福尼亚的工程师欧内斯特·兰瑟姆（Ernest Rutherford）大力推广，他通过在铁（以及后来的钢）条上浇筑的方式来提高其抗拉强度。

兰瑟姆建造的第一个钢筋混凝土建筑是旧金山的北极石油公司仓库，该仓库于 1884 年完工。5 年后，兰瑟姆在金门公园建造了阿尔沃德湖大桥，这是世界上第一座钢筋混凝土桥。仓库于 1930 年被拆除，但这座桥仍然是世界上现存最古老的钢筋混凝土结构的建筑。兰瑟姆本人并没有参与建造世界上第一座混凝土摩天大楼，即 1903 年在辛辛那提建造的 16 层英格尔斯大厦，但如果没有他的钢筋（加固条）混凝土，这是不可能实现的。

与此同时，美国发明家乔治·巴塞洛缪（George Bartholomew）在俄亥俄州的贝尔方丹建造了世界上第一条混凝土街道。与使用沥青制成的柏油路相比，混凝土的耐用性更好，因此它被广泛用于整个美国州际公路系统。1891 年建造的贝尔方丹混凝土街道至今仍在使用。

1906 年夏末，在旧金山毁灭性地震发生后不久，托马斯·爱迪生宣布了他的提议，即大规模生产混凝土房屋，这种房屋可以耐火、抗震，并且对白蚁、霉菌和腐烂免疫。几十年来，人们一直在用钢筋混凝土定制房屋，但它们很昂贵。爱迪生的工业化建设计划将推动混凝土价格下降。居民可以坐在爱迪生设计的浇筑混凝土家具上，在他的混凝土冰箱中保持食物新鲜，并通过他的混凝土留声机柜进行娱乐。

爱迪生说："我将活着看到工人的房子能在一周内用混凝土建成的那一天。如果我成功了，它将从城市贫民窟中带走所有值得带走的人。"① 为此，这位发明家宣布，他将把他的专利技术赠送给那些承诺将大部分新房留给工人阶级居民并且利润不超过 10%的人，但过了 10 年才建成第一批这样的房子。

美国各地推出了一些混凝土房屋建造项目，包括在匹兹堡南部被称为水泥城的多诺拉项目，但建造廉价、宽敞的混凝土房屋的梦想却从未真正实现。

建筑师弗兰克·劳埃德·赖特（Frank Lloyd Wright）意识到钢筋混凝土在创造全新形式建筑方面的潜力。他的第一座混凝土建筑——1908 年伊利诺伊州

① 田建伟．爱迪生的混凝土房屋［J］．世界发明，1997（3）：3.

橡树园的团结神殿，被广泛认为是世界上第一座现代建筑。他在许多设计中都使用了钢筋混凝土，包括他最著名的作品——宾夕法尼亚州米尔润的流水屋，其悬挂的悬臂制造了一个小瀑布，如果没有钢筋混凝土的抗拉强度，这是不可能实现的。

20世纪30年代，赖特还在拉斯维加斯附近的科罗拉多河上建造了胡佛大坝。大坝使用了超过300万立方米的混凝土材料，堪称当时最大的混凝土工程，尽管它很快就被哥伦比亚河上的大库利大坝所超越（中国2794万立方米的三峡大坝使两者都相形见绌）。

在20世纪50年代，有远见的建筑师将混凝土塑造成更加奇特和冒险的形式。这种材料最伟大的先驱奥斯卡·尼迈耶（Oscar Niemeyer）说："没有理由设计更基本和更直线的建筑，因为有了混凝土，你几乎可以覆盖任何空间。"①

但是，这些现代建筑没有一个会比万神殿更长久，包括用钢筋加固的混凝土。"钢筋使现代世界成为可能，"库尔兰说，"但就寿命而言，钢筋混凝土比不上罗马人使用的东西。几十年来，（钢筋）会生锈……并且会膨胀到足以使混凝土出现裂缝。我们许多令人印象深刻的结构的抗拉强度只是暂时的。"②

如果我们要问世界上哪种材料更多地改变了地球，不是塑料，不是钢铁，而是混凝土。可以说，它实际上是现代世界的基础，我们今天看到的城市、乡村的各种建筑几乎都是由混凝土建造而成的，即使我们的房子不是用它来建造的，那么它们通常也是建造在它之上的，至少地基是用混凝土浇筑的。从学校、医院到桥梁、港口、地铁站、办公大楼，混凝土已经无处不在。

现在我们每年生产超过40亿吨的水泥，它们大部分被用于制造混凝土。而且，这个数字还在增加，中国每3年浇筑的混凝土比美国在整个20世纪浇筑的还要多。混凝土在推动经济增长、改善基础设施和创造就业机会方面发挥了巨大作用，它还能通过代替泥地而减少80%的寄生虫病，改善儿童的健康，甚至改善他们的认知能力。

但是，我们也应该看到，它在带来好处的同时，也在不断增加环境成本。水泥的生产是能源密集型的，石灰石需要加热到很高的温度，而且化学反应本身会产生二氧化碳。水泥行业的碳排放量占总量的8%。混凝土的用水量占全球工业用水量的9%。另外，建筑工地和工厂使用水泥和混凝土产生的灰尘是造成

---

① GODFREY P. Swerve with verve: Oscar Niemeyer, the architect who eradicated the straight line [N]. Independent, 2010-04-18.

② COURLAND R. Concrete Planet: The Strange and Fascinating Story of the World's Most Common Man-Made Material [M]. New York: Prometheus Books, 2011: 112.

空气污染的重要因素。混凝土对特定沙子的需求还破坏了海滩、湖泊和河床。铺砌过的土地吸收的水会大大减少，更容易引发洪水，并破坏生态系统的多样性。

因此，为了我们地球的未来，为了我们的子孙后代，我们需要将碳排放量减少到避免灾难性气候变化所必须的水平，我们需要改变制造水泥的方式，不断推动城市和建筑行业的创新发展。

现在已经有许多新出现的改进混凝土的方法正在回应全球对可持续发展的关注。如“自愈”混凝土含有分泌石灰石的细菌，可以重新密封任何出现的裂缝；“自清洁”混凝土的混合料中注入了二氧化钛，它可以分解烟雾，使混凝土保持白色。还有一些技术的改进版本也能为我们提供能够净化汽车尾气的街道表面，建筑材料的创新是一个持续不断的过程，未来肯定会出现更符合我们需要的新材料，以代替我们今天使用的、还有许多缺陷的混凝土。我们可以看到，即使微小的变化也有可能产生巨大的连锁反应，我们应该勇于挑战塑造我们世界的新材料，而不只是让地球不断付出代价。

（四）建筑机器的变革

提升和搬运建筑材料的能力帮助人们创造了今天生活的世界。如果没有起重机的帮助，许多人类最著名的建筑壮举是不可能实现的。正如巨石阵、吉萨大金字塔和世界各地无数古遗址所展示的那样，起重机的历史与人类力量极限的历史密切相关。几千年来，人们一直通过创新方法来举起重物并将它们放置在需要的地方。

起重机的概念起源于滑轮系统，早在公元前 1500 年古代美索不达米亚人就开始使用滑轮。第一个复合滑轮是由阿基米德大约在公元前 240 年制造的，他用杠杆和滑轮把一艘大船推下水，也用它把来犯的战舰吊起来并使其沉入水中。复合滑轮有许多优点也有一些缺陷。一个复合滑轮系统具有 5∶1 的优势，这意味着一个人施加 50 公斤的力，可以拉动 250 公斤的物体。缺陷是提升速度缓慢。这些特点促进了罗马人用来建造神庙时使用的绞盘和起重滑轮的发展。圆周旋转的力量迅速流行起来，使罗马人的提升效率提高了 60 倍。现存的罗马脚踏轮起重机的浮雕有两个，1 世纪后期在哈泰利陵墓碑上雕刻的尤为详细。

随着西罗马帝国的灭亡，罗马的起重技术也逐渐失传，直到中世纪才被重新启用。踏轮起重机大约在 1225 年出现在法国。

在海边，最早的港口起重机于 1244 年在荷兰的乌得勒支被使用，而在英国，起重机的记录出现在 1331 年。固定式港口起重机被认为是中世纪的新发现。典型的港口起重机是一个装有双踏轮的枢轴结构。这些起重机被放置在码头边用于装卸货物，它们取代或补充了旧的起重方法，如跷跷板、绞盘和码子。可以确定有两种不同类型的港口起重机，其地理分布各不相同。在弗拉芒和荷兰的海岸线上常见到在中央垂直轴上转动的龙门起重机，而德国的海洋和内陆港口则通常采用塔式起重机，其中卷扬机和踏轮位于一个坚固的塔内，只有臂架和顶棚可以转动。有趣的是，在地中海地区和高度发达的意大利港口没有采用码头起重机，那里的当局在中世纪以后仍然依靠更多的劳动力密集型方法，通过坡道卸载货物。

起重机被广泛用于港口、矿山和建筑工地，尤其是在建筑工地，踏轮式起重机在建造高大的哥特式大教堂时发挥了关键作用。起重机由带有辐射状辐条和曲柄的卷扬机提供动力。一个人操作踏轮式起重机的机械优势为 30∶1。踏轮式起重机一直使用到 17 世纪末。

虽然几个世纪以来，起重机仍然是以手为动力，但液压技术一直处在发展中。水力机械的历史可以追溯到古埃及、古希腊和中国古代，水力机械已经使用了数千年之久。古代的灌溉系统，如古罗马人建造的水渠，依靠的是简单的水力技术，而虹吸法使整个罗马的水渠系统闻名世界。

直到 15 世纪，布莱斯·帕斯卡研究了流体的动力学和静力学，创新了对流体密度、压力和不可压缩性等液压原理的新认识，才为发展液压传动装置和其他流体器械奠定了理论基础。他发明了水压机和注射器，这是现代液压学的组成部分。

到了 19 世纪，炼铁厂和工业化的兴起意味着起重机终于可以用铁制造了。1838 年，英国工业家、皇家学会会员威廉·阿姆斯特朗（William Armstrong）设计了一种以水为动力的液压起重机。他的设计是在一个封闭的缸中使用了一个柱塞，该柱塞被进入缸的加压液体压下，通过一个阀门调节缸中的液体量来施加柱塞所需的力，使起重机的负载得以提升。这个机制，即液压起重机，通过拉动链条来提升负载。

1845 年，一项从遥远的水库向纽卡斯尔居民提供自来水的计划被启动了。阿姆斯特朗参与了这个计划，他向纽卡斯尔公司建议，可以利用城市低处的水压为他的一台液压起重机提供动力，以便在码头将煤装载到驳船上。他声称，他的发明将比传统的起重机更快、更便宜地完成这项工作。公司接受了他的建议，而且实验证明这个建议非常成功，于是，公司就在码头边又安装了 3 台液压起重机。

液压起重机的成功促使阿姆斯特朗在纽卡斯尔西郊的埃尔斯维克建立了一

个机械公司，公司以他的名字命名，从 1847 年开始生产他所发明的起重机和用于桥梁的液压机械。这个不起眼的小公司经过数十年的发展，最终成为英国最重要的工业公司。他的公司很快就接到了爱丁堡、北方铁路公司和利物浦码头的液压起重机订单，以及格里姆斯比的码头闸门的液压机械订单。公司从 1850 年的 300 名员工和 45 台起重机的年产量扩大到 19 世纪 60 年代初的近 4000 名工人，每年生产起重机的数量超过 100 台。这家公司在 1900 年发展成为英国最大的公司，还曾在 1876 年到 1911 年间，为中国建造了 19 艘军舰。中国更是两度组织大规模接舰团赴纽卡斯尔接收军舰，开启了中国军舰访欧之先河。

阿姆斯特朗在接下来的几十年里，不断改进他的起重机设计。他最重要的创新是液压蓄能器。在现场水压不足以供液压起重机使用的地方，阿姆斯特朗经常建造高高的水塔来提供足够的压力。然而，在为亨伯河口的新荷兰公司提供起重机时，他无法做到这一点，因为那里的地基全部是由沙子组成的。为了解决这个问题，他制造了液压蓄能器，它是一个装有柱塞的铸铁圆筒，柱塞会慢慢升起，吸进水，直到重物的向下力量足以迫使下面的水以很大的压力进入管道。这项发明使水在恒定的压力下被迫通过管道，从而大大增加了起重机的负载能力。

他于 1883 年受意大利海军委托建造的一台起重机，一直使用到 20 世纪 50 年代中期，虽然现在已经处于年久失修的状态，但仍然矗立在威尼斯。

在 1870 年之前，除了一些安装在平板车上的铁路起重机外，起重机都是固定在一个位置上，提供一些有限制的移动工作。爱普比兄弟公司于 1867 年在巴黎和 1873 年在维也纳展示了他们生产的蒸汽动力起重机。1883 年，爱普比为卧式发动机和其他改进的蒸汽起重机申请了专利，与早期的立式发动机相比，这是一项重大的技术进步。1922 年，爱普比公司的经理亨利・科尔斯开始生产卡车上的起重机，命名为汽油电动卡车起重机。1939 年，科尔斯公司被桑德兰的钢铁股份有限公司收购。希尔博公司在 1947 年发明了世界上第一台液压随车式起重机。希尔博公司是一家由埃里克・桑丁（Eric Sundin）在瑞典胡迪克斯瓦尔成立的公司，桑丁是一个滑雪板制造商和发明家，他看到了液压系统的潜力，于是研发了在液压系统的帮助下使用卡车发动机为随车起重机提供动力的装置。他用自己制造的液压起重机来移动生产滑雪板所需的沉重圆木。由卡车发动机提供动力的希尔博 192 起重机在 1964 年之前就已售出 13000 多台。

此外，主要的起重机发明还包括在 1922 年采用内燃机和伸缩臂的发明。20 世纪 60 年代，现代起重机开始成型。今天，无论是在建筑工地、船厂、石油钻井平台还是港口码头，起重机都发挥关键作用。最大的起重重量已经不再是唯一重要的指标。不管是在集装箱船上还是在港口，装卸速度都很重要。为了吊起集装箱，现代龙门起重机有高效的蛤壳式抓斗，即所谓的“吊具”。有些起重机可以在一次起吊中吊起两个12.2米或四个6.1米的标准集装箱，专家认为这远远不是起重机的最大限度。

2002年以前，瑞典马尔默的考库姆起重机曾经是世界上最大的起重机，它高138米，一次可以吊起1500吨的重物。但是由于20世纪70年代末和80年代初瑞典考库姆造船厂的危机，这台龙门起重机在1974年建成之后并未真正用于提升任何东西。由于没有得到充分的利用，它在2002年以象征性的一美元被卖给了韩国的现代集团。这台起重机虽然对瑞典人来说是一个悲伤的结局，但是早在1990年，马尔默就宣布从制造业城市向“以知识为基础的绿色城市”转变，这不能不说是一个巨大的创新。当制造业开始转型时，无数人都将面临同样的风险。马尔默在城市发展和工业转型方面发生了巨大变化，当地的市民们对他们当初的选择感到自豪，因为他们相信他们正在创建世界上第一个可持续发展的城市，他们所做的事情将使整个世界受益。

另外一种对大多数建筑项目必不可少的重型机器是挖掘机，它被称为工地的瑞士军刀。这个机器具有多种功能：挖掘、河流疏浚、装载、拆除等。尽管它被认为是一项相对现代的发明，但挖掘机的历史可以追溯到近200年前。它们发展的每个阶段都受到工业和建筑业蓬勃发展的影响，因此需要越来越复杂的机械化解决方案。在19世纪初期，繁重的建筑工作仍然由大队的工人使用简单的手工工具进行。席卷全球的工业革命需要大量原材料以及长距离运输这些原材料的工具。拥有手工工具的团队根本无法应对挑战，但制造技术的进步很快就会改变这一点。

挖掘机的历史始于1796年蒸汽铲的发明。来自博尔顿和瓦特制造公司的格雷姆肖设计了第一台蒸汽动力铲，它带有高高的烟囱、嘶嘶作响的蒸汽喷射器、哗哗作响的机械部件和像下巴一样的铲斗，看起来就像一只工业时代的恐龙。今天，在世界各地的旧矿区和博物馆中都能找到老式蒸汽铲的遗迹，它提醒人们，在那个时代，是蒸汽为大量的车辆和船只提供了动力。

在18世纪30年代的美国，为了在商业和工业中心之间提供快速、直接的连接网络，铁路建设得到了蓬勃发展。速度至关重要，因此建筑工程公司会因快速完成工作而获得奖金。受此影响，被称为“液压挖掘机之父”的威廉·奥蒂斯（William Otis）发明了一台更高效的蒸汽铲。奥蒂斯在1833年加入卡迈克尔和费尔班克斯承包的公司，并在次年成为该公司的合伙人。1835年，该工程公司签订了建造波士顿—普罗维登斯铁路的合同，正是在此期间，奥蒂斯发明了改进版的蒸汽铲，并于1836年6月提交了他的原始专利申请，但专利局的一场火灾烧毁了申请书，于是他又在10月提出第二次申请，并于1839年2月获得了专利批准，编号为1089号。不过在他获得专利的几个月后，他就死于伤寒，享年26岁。但他的公司继续开发这种机器并在工作中经常使用它们。

与现代挖掘机的许多功能相似，奥蒂斯动力铲是第一台通过使用具有动力的单个铲斗来破碎和移除材料的挖掘机，它可以用于调整地面之上和地下有限范围内的土方。由于内燃机尚未发明，它是由蒸汽机提供动力在铁路轨道上移动，机器的起重机臂上有一个铲斗臂和带齿的铲斗，用铲斗抓起泥土，然后使用滑轮系统移动起重机臂和铲斗，并将其倾倒到轨道车中。铲斗可容纳0.76立方米的泥土。升降铲斗是由地面上的一名工人控制的，另外两名工人用粗绳将机臂从一侧移到另一侧。由于它的成本较高，整个19世纪，对动力挖掘机的需求还不大，因为在当时使用廉价的劳动力来挖掘土方是最划算的。

但是抛开成本，蒸汽铲的效率还是远远超过了人类用镐或手铲所能完成的工作的数量级。比较一下，一个人一天可以挖9.2立方米的土，而即使是最早期的蒸汽铲，每天也可以移动229.4立方米的土。而一把奥蒂斯蒸汽铲则可以完成60~120个人的工作量，估计每小时可以挖76立方米的土。这种巨大的运土能力使蒸汽铲成为大型工程的关键设备，包括早期摩天大楼地基的挖掘，建造荷兰隧道等工程奇迹，以及完成有史以来最伟大的工程壮举——建造巴拿马运河。当时在建造巴拿马运河时，蒸汽铲操作员每月的收入在210~240美元，这与木匠、铜匠、管道装配工、线路工、钢铁工人相比算高的。

第一台使用液压技术的挖掘机直到1882年才出现，它是由英格兰的阿姆斯特朗惠特沃斯公司制造的。阿姆斯特朗制造了液压起重机，他们同样意识到液压技术也是一种非常有效的挖掘动力来源，并将其用于开创性的设计。这台液压挖掘机被用于建造赫尔码头。与当今使用的液压油的挖掘机不同，它是使用水来操作液压功能的，它并不是一台真正的液压机，而是一种混合动力机，因为它使用电来操作铲斗，用液压缸来操作一组倍增滑轮。虽然这台机器还存在许多问题，但这是液压挖掘机首次在实际应用中被得到认可。

1897年，美国基尔戈机器公司生产了直动式挖掘机，这是第一台全液压挖掘机。它使用了四个液压缸，完全取消了电缆和链条。它几乎完全由钢制成，比以前的设计更坚固耐用。液压缸使挖掘机的每一个动作都得到了缓冲，从而减少了机器本身的磨损。简单的设计减少了工作部件的数量，使维护工作变得更容易并降低了发生故障的可能。像现代挖掘机一样，它可以只由一名工人操作，四个液压缸由两个操作杆控制，操作员操作每个操作杆的动作都能被准确而及时地复制在铲斗上。另外，它还可以通过操作脚踏板而不是依靠第二个操作员来倾倒铲斗。基尔戈还制造了用于开垦和灌溉土地的蒸汽挖沟机和翻斗式挖泥机。尽管他们的概念很先进，但他们的直动式挖掘机取得的效果还是非常有限的。因此，挖掘机在第二次世界大战之后经济开始复苏时才大显身手。

三、20 世纪的建筑及机器

如果要问 20 世纪什么建筑最让人难忘，那么，绝大多数人的答案肯定是摩天大楼。虽然人类一直都渴望着建造更高的建筑来彰显自己的权势、荣耀和财富，但是那最多只是为了炫耀而已，并没有什么实际的用途。从传说中的巴别塔到胡夫 145 米高的金字塔，再到 14 世纪 160 米高的林肯大教堂，人造建筑的最高纪录不断被刷新。当我们回头看一看 20 世纪美国建筑的标志——摩天大楼的兴起也不过只有短短百年的历史，但是它不但改写了现代城市的空间设计，而且彻底改变了我们的生活，并最终把我们的城市变成了钢筋水泥的森林。

（一）塑造城市天际线的摩天大楼

1899 年，《建筑记录》的著名评论家蒙哥马利·斯凯勒（Montgomery Schuyler）就美国进步建筑的主题写了一篇文章，名为《与时俱进的摩天大楼》，其中他感叹实验元素似乎已经从摩天大楼的设计中消失了。他回顾了早期的情况，特别是在 19 世纪 80 年代前半期，当时做了很多“疯狂的工作”。但是现在，他说，建筑师们似乎已经确定了一个公式，包括地基、竖井和资本。他接着说，这个公式可以适用于各种历史风格。斯凯勒称第一个例子是乔治·波斯特在 1889—1890 年建造的联合信托大厦，他将其描述为理查德森式罗马风格建筑。他说，不久之后，其他一些建筑也穿上了古典服装，如布鲁斯·普莱斯 1894—1895 年设计的美国担保大厦。

10 年后，在斯克里布纳的杂志上，斯凯勒再次发表了《摩天大楼的演变》。在那里，他对当时正在建造的大楼进行了评论。在这篇文章中，斯凯勒解释了使建筑高度迅速上升的技术进步。这些技术包括电梯、笼子和骨架结构、柱子和梁的防火保护、隔离式地基和沉箱式地基。如果没有这些技术作为保障，摩天大楼不可能纷纷拔地而起。

但是 19 世纪的一些发明使摩天大楼的建造成为可能。1852 年，以利沙·奥蒂斯（Elisha Otis）发明了一种“安全升降机”，这是世界上第一部电梯，它装有自动安全装置，能防止起重链条或绳索断裂时电梯坠落。1853 年，以利沙出售了第一部电梯，这部电梯当时主要用于运货。1854 年，在纽约水晶宫展览会上，奥蒂斯公开展示了他的安全升降机。他站在载有木箱、大桶和其他货物的升降机平台上，当平台升至大家都能看到的高度后，他命令助手砍断绳缆，制动爪立即伸入平台两侧的锯齿状的铁条内，平台安全地停在原地，纹丝不动。此举迎来了观众热烈的掌声，奥蒂斯不断地向观众鞠躬并说："一切平安，先生们，一切平安。"但是，升降机的订单还是很少。

1857 年，他在纽约市的霍沃特大楼的一家专营法国瓷器和玻璃器皿的商店安装了世界上第一台客运升降机。该商店共有 5 层，升降机由建筑物内的蒸汽动力站通过一系列的轴和皮带驱动。1862 年，奥蒂斯公司采用单独蒸汽机控制的升降机问世，他为此专门申请了专利。这项发明为他的两个儿子在他去世后能继续经营电梯业务奠定了基础，这些业务最终成就了奥蒂斯电梯公司，它今天仍然是世界上最大的电梯公司。

此外，1880 年至 1890 年的美国技术革命见证了创造力的迸发，产生了一波新的发明，这些发明帮助建筑师建造了比以往任何时候都更高的建筑。例如，贝塞麦钢在新的轧钢厂中被加工成工字钢，使得框架设计比上一个时代的铸铁更高、更灵活。新近获得专利的洒水喷头使建筑物摆脱了严格的 23 米高度的限制，这是为控制火灾风险而实施的一项限制。交流电的专利使电梯可以由电力驱动并上升到 10 层及以上。

第一批摩天大楼，带有铁或钢框架的高层商业建筑出现在 19 世纪末和 20 世纪初。第一座摩天大楼通常被认为是芝加哥的家庭保险大楼，尽管它只有 10 层高。它是由美国建筑师、芝加哥学派的威廉·詹尼（William Jenne）在 1884 年设计修建的，高 42 米，1891 年又增加了两层，使高度达到了 55 米。该建筑于 1931 年被拆除，取而代之的是菲尔德大厦（美国银行大厦），这是一座 45 层的摩天大楼。许多早期的摩天大楼都是按照后来被称为芝加哥学派的建筑风格建造的。一方面，这些钢框架结构通常以赤土色的外观、平板玻璃窗和精细的檐口为特色。芝加哥学派强调结构的合理性和经济性，体现了美国摩天大楼设计的新风格，打破了历史装饰形式。1871 年 10 月，芝加哥遭遇毁灭性的火灾后，大约有 17000 座建筑物被摧毁，损失超过 2 亿美元。大火之后，重建工作迅速开始，商业建筑在芝加哥蓬勃发展，这就决定要采用更简单、更经济的外部衔接方法，充分利用土地建造办公空间。另一方面，在纽约，企业的委托总是要求更多的装饰，这些都是为了呈现一个地标性建筑，以提升居住者的地位。保险公司和报社采用精心设计的风格，不仅是自我宣传，而且还激发了公民的自豪感。尽管芝加哥学派的建筑风格影响远远超出了美国中西部，给许多美国城市，特别是欧洲现代主义者留下了不可磨灭的印象，但在纽约流行的布杂艺术（学院派的新古典主义）风格才是摩天大楼建设的主流。

在20世纪上半叶，摩天大楼的设计有两个关键事件。一个是格雷厄姆、安德森、普罗布斯特和怀特设计的纽约公正大厦（1915年，38层，169米高），其巨大的规模和过剩的办公空间产生了负面的影响。随着公众对公正大厦的批评，最终推动了1916年著名的城市区划条例的通过，该条例规定任何新的高层建筑都必须从街道中心投影的对角平面内后退。该条例的目的很明确，防止出现像公正大厦这样的建筑物，因为它阻挡了自然阳光。这一要求很快被其他城市采用。

另一个事件是1922年的《芝加哥论坛报》为其总部设计“世界上最美丽的建筑”而举办的建筑竞赛，来自23个不同国家的近300个作品被提交。参赛作品包含了美国和欧洲建筑师关于摩天大楼形式的各种设想和愿景。

20世纪20年代超高的摩天大楼像打了激素的竹子一样向上生长，纽约曼哈顿天际线的崛起确实让人兴奋。第一次世界大战后开启了工业革命的高潮，这是美国经济的“办公室化”。1870年至1920年间，美国人口翻了一番；在同一时期，办公空间的需求从人均约0.1平方米增加到0.5平方米。人口增长和办公空间需求的共同作用意味着到了1920年，该国需要的办公空间是1870年的10倍。

美国企业推出的一系列商品和服务，从根本上改变了家庭生活的性质。20世纪20年代是美国开始接受以消费者为导向的文化的10年，这得益于工业生产力的显著提高。纽约市是金融、交通、通信、营销和法律服务的中心，这些都帮助它成为一个大都市。

在1925年至1931年，出现了一个摩天大楼建设的高峰期。特别是从1930年5月到1931年5月，3个超级巨人——每一个建成时都是当时世界上最高的建筑，它们共同统治着纽约。首先是曼哈顿银行信托大楼（71层），接下来是克莱斯勒大厦（77层），最后是帝国大厦（102层）。

在第二次世界大战前，欧洲城市既不希望也不需要摩天大楼，因此，欧洲建筑师们只是描绘了摩天大楼城市的纸上梦想。意大利未来主义者安东尼奥·圣埃利亚（Antonio Santelia）的“新城”项目（1914年）和德国表现主义者布鲁诺·陶特的“新阿尔卑斯建筑”项目（1919年）拥抱了现代技术和材料，尽管是以一种不切实际的方式。

路德维希·密斯·凡·德·罗后来做出了更大的贡献，他是出生在德国的美国建筑学家，也是在德绍和柏林时期的包豪斯建筑学校的校长，他和格罗皮乌斯等人在欧洲动荡期纷纷来到美国，把包豪斯的理念带到美国，并广泛传播于美国各地。包豪斯建筑师拒绝“资产阶级”细节，如飞檐、屋檐和装饰细节。他们希望以最纯粹的形式运用古典建筑的原则：功能性的，没有任何形式的装饰。

1921年，凡·德·罗在柏林的弗里德里希大街办公大楼项目以其蜂窝状重复的办公楼层和缺乏应用装饰的特点，表达了芝加哥学派在设计上的逻辑，也验证了他的格言：少即是多。

凡·德·罗所宣扬的现代主义是一种具有强烈的潜在古典感的还原性建筑风格。与他接触过的设计师们受到他的人格魅力和信念力量的影响，接受了他的信条，并在他们自己对建筑的解释中采用了这些信条。在20世纪50年代至70年代，城市、乡镇和大学校园到处都是凡·德·罗现代主义建筑。

随着第二次世界大战后人们越来越多地从市中心迁移到郊区发展，低矮建筑开始主导美国郊区。商业也随之而动，越来越多的企业总部采取了低矮、无序的结构形式，它们拥有绿色的草坪和数千平方米的员工停车场。标志性的摩天大楼正逐渐成为过去。

许多人认为约翰逊和伯吉在纽约设计的AT&T（美国电话电报公司）大楼（1984年）是第一座后现代摩天大楼，它的顶部是一个带有圆形开口的山墙，其立面是由粉红色的花岗岩制成的。后现代设计的特点是重新引入丰富、多彩的材料以及对各种历史形式的挪用。后现代主义可以是俏皮和有趣的，例如，迈克尔·格雷夫斯设计的在俄勒冈州波特兰的波特兰大厦（1982年），其顶部的微型雅典卫城，不仅展示了参考历史的抽象方式，而且还展示了在现代主义时期失去的对摩天大楼顶部的新强调。后现代主义也可以是优雅和朴素的，如科恩·佩德森·福克斯建筑事务所的作品，可以说是70年代末至90年代最成功的摩天大楼设计作品。他们设计的芝加哥瓦克路333号（1983年）以其弯曲的绿色玻璃幕墙和暗示附近地标的特定设计元素，对其场地和周围环境做出了回应。

通过尝试将他们的建筑融入城市环境，后现代建筑师们带回了对历史主义和传统材料的欣赏，而现代主义者则摒弃了对纯形式和现代材料的追求。这两个“流派”在20世纪末继续存在，并适应不断变化的客户需求，特别是在20世纪80年代以后，随着盛产石油的中东国家和环太平洋国家的经济蓬勃发展，摩天大楼日益成为这些国家和地区城市发展规划的一部分，导致了这些地区高层建筑市场的繁荣。欧洲也为建筑商提供了越来越多建造摩天大楼的机会，特别是在柏林墙倒塌后的德国和苏联解体后的其他独联体国家。尽管如此，这些国家的客户主要使用美国的建筑公司，从美国那里获得更多的设计和技术上的保证。

虽然摩天大楼被认为是西方的标志，但实际上亚洲却拥有最多的摩天大楼。香港是世界上摩天大楼最多的城市，拥有惊人的303座独立的摩天大楼和7687座独立的高层建筑。纽约市以令人印象深刻的237座摩天大楼天际线，位居世界第二。中国在世界十大最高建筑中占据了五个位置。随着时间的推移，城市开始竞争谁将拥有最高的建筑。第一个竞争的城市是纽约市。纽约的帝国大厦于1931年落成，该大厦连续40年保持着“世界第一高楼”的称号。世界贸易中心第一座塔楼于1972年落成，成为当时的“世界第一高楼”。两年后，芝加哥的西尔斯大厦（现为威利斯大厦）成为当时的“世界第一高楼”，并从1974年到1998年保持这一称号，长达24年。然后它被吉隆坡的双子塔超越，双子塔保持了6年的称号。现在世界上最高的摩天大楼也在亚洲，它就是位于阿联酋迪拜的哈利法塔，有162层，高828米。

一个世纪以来，高层建筑已经成为现代城市以及产生它的经济体的最好和最坏的象征，也成为现代性和全球野心的闪亮象征。

（二）盾构机的发明和应用

19世纪初，伦敦港是世界上最繁忙的港口。准备运往英国南部（和人口最密集的地区）的货物不得不被重重地压在吱吱作响的牛车上，并被拖过码头区和伦敦桥，而伦敦桥建于12世纪，就像其早期所暗示的那样，是拥挤和不实用的。但到了1820年，它已经成为世界上最大的交通堵塞中心。

对于伦敦这样一个骄傲的城市来说，这种情况是无法容忍的，而且很明显，如果私人企业能够在离码头近的地方建造一个渡口，就可以通过收费获得丰厚的利润。再建一座桥是不可能的，如果那样它将使帆船无法进入伦敦水域，于是雄心勃勃的人认为应在泰晤士河下开辟一条隧道。

之前没有工程师在大河下挖过隧道，而泰晤士河又是一条特别棘手的河流。北部，伦敦建立在坚实的黏土上，这是理想的隧道建设地点。然而，在南部和东部，有更深的含水、沙子、砾石的流沙地层，地面是半液态的，在深处压强变得很高，隧道很有可能发生爆裂。

1807年，由商人组成的泰晤士河拱门公司开始尝试在泰晤士河下开凿隧道，隧道项目的第一个总工程师是一位名叫理查德·特雷维西克的“巨人”，他相信在泰晤士河下可以比较容易地开凿出一条隧道。但没过多久，他就发现自己错了。虽然他在伦敦的黏土层中取得了良好的进展，但一进入泰晤士河下，就不断遇到麻烦。后来，拱门公司的资金耗尽，首席工程师也因为长期在河水中工作而生病，他的所有努力只证明了在泰晤士河下开凿隧道超出了当时建筑技术的极限。

当时，通道中唯一使用的机器是泵。一个天才的人意识到，需要一种不同的机器——一种既能防止屋顶和墙壁坍塌，又能挡住隧道面的流沙或水的机器。这个人就是伊桑巴德·布鲁内尔，一个在大革命期间逃离自己家乡（法国）的移民，他迅速成为英国最著名的工程师。

布鲁内尔是一个非常有创新能力的人。他的发明使他受到了像俄国沙皇尼古拉一世这样显赫人物的关注，其中包括用于大规模生产炮弹、编织长袜、锯木和制造船具的机器。他的最后一项发明将生产索具滑轮的成本降低了85%。在他获得向皇家海军提供滑轮的若干合同后，这位法国人发现自己虽然缺乏商业头脑，但仍相对富有。

在泰晤士河拱门公司失败后不久，布鲁内尔在查塔姆的皇家船坞里闲逛时注意到码头上躺着一块腐烂的船用木材。他用放大镜检查了这块木头，发现它已经被可怕的teredo（或称船虫）所侵扰，船虫粗糙的下颚可以使一艘木船千疮百孔。这种"虫子"（它实际上是一种软体动物）在钻洞时，将碎木头塞进嘴里并消化掉，排出一种坚硬、易碎的残留物，并把残留物在它开凿的隧道里排成一行，使它免受捕食者的伤害。

尽管布鲁内尔之前对这一主题没有任何兴趣，但他意识到，船虫的钻洞技术可以被改造成一种全新的隧道建造方式。他的洞察力使他成功发明了一种装置，在之后100多年中，几乎所有主要的隧道建设都使用这种装置，它就是隧道盾构机。它包括一个由铁架制成的网格，可以压在隧道面上，并支撑在一组水平的木板上，这组木板被称为承压板，可以防止隧道面坍塌。这些框架被分为36个单元，每个单元宽0.91米，长2.13米，并在三个层面上逐一排列。整台机器有6.40米高，工作面有78.97平方米。

盾构机的顶部是坚固的铁板，形成一个临时的屋顶，以便在工人工作时保护他们。他们不是在一个大的、暴露的表面上凿开，而是一次取下一块木板，挖出一个洞，达到预先确定的深度，比如，0.23米。然后将木板推入洞中，用螺丝钉固定好，再取出下一块木板，整个过程重新开始。当矿工挖出所有木板后面的泥土后，他们的框架就可以费力地向前顶出这0.23米。这样一来，整个90吨重的掘进机就可以安全地向前推进，而泥瓦匠则跟在后面，用砖头把新暴露的隧道加固起来。

在泰晤士河下挖隧道的项目为布鲁内尔的新发明提供了一个测试机会，他通过公开募捐为该项目筹集资金。1825年，他开始建造隧道，这条隧道位于罗瑟希特和沃平之间的泰晤士河。这项史无前例的计划，在经历了巨大的物质困难，以及因缺乏资金导致建设中断7年之后，布鲁内尔和他的支持者才说服了政府发放24.6万英镑的贷款，使这项“国家重要工程”得以完成。尽管用新的模型替换了旧的隧道盾构机，使其能更好地抵御泰晤士河因涨潮而膨胀的压力，但还是多花了6年的时间。经过昼夜不停地工作，隧道终于在1841年8月12日打通。这条365.76米长的隧道耗时16年零2个月，平均进度（考虑到7年的停工期）仅为每天0.10米，这很好地说明了该项目对当时技术的挑战。布鲁内尔因这项工程壮举在1841年被封为爵士。

作为城市改进计划的一部分，第一个地铁系统是由律师查尔斯·皮尔逊提出的。经过10年的讨论，议会授权在法灵顿街和帕丁顿的主教路之间建造6千米的地下铁路。大都会铁路的工程于1860年开始，采用了切割和覆盖的方法，即沿街道开挖沟渠，给沟渠镶上砖边，为屋顶提供梁架或砖拱，然后在上面恢复路面。1863年1月10日，这条线路开通，使用的是燃烧焦炭的蒸汽机车，后来又使用了煤炭，尽管有硫黄烟雾，但这条线路从一开始就很成功，第一年就运送了950万名乘客。

伦敦地铁开通后，泰晤士河隧道才真正发挥了应有的作用。1869年，东伦敦铁路公司购买了这一隧道，发现它的状况非常好，于是立即投入使用，开通蒸汽地铁火车，最初是沿着布莱顿线，后来是从瓦平到新克罗斯。这条隧道成为伦敦地铁网络的一部分，现在也是如此。这是对布鲁内尔的褒奖，也是对伦敦隧道建设困难的无声见证，直到1999年银禧线延长线开通前，它是东部地区唯一的地铁线路。

1866年，伦敦市和南华克地铁公司（后来的城市和南伦敦铁路公司）开始建造他们的伦敦塔地铁线路，这是伦敦市中心泰晤士河下的第二条隧道，这次使用的是詹姆斯·亨利·格雷哈特（James Henry Greathead）开发的隧道盾构机，他是当时伦敦塔地铁的主要承包商。

格雷哈特盾构机的主体是一个直径为2.21米的铁筒，配有螺旋千斤顶，使其能够被向前顶起。在使用中，随着工作面的开挖，盾构机被向前推进，而在它的后面，一个永久性的铸铁隧道衬砌被安装到位，这本身就是一个重大的创新。格雷哈特为他的许多想法申请了专利，包括使用压缩空气和液压千斤顶向前推进，这两者现在都是隧道施工的标准工艺。格雷哈特的另一项专利是在天花板高度增加注浆盘，允许在巨大的铸铁盾构后面用液压方式进行水泥注浆，以稳定盾构部分外的隧道壁。第三种隧道盾构的专利是在隧道工作面引入高压喷嘴以吹开软土。喷嘴本身是格雷哈特的另一项专利发明。在某种程度上，格雷哈特发现混凝土可以喷射到土表面上以稳定它们，这就是建筑中广泛使用的喷射混凝土的起源。

隧道的深度足以避免破坏建筑地基或公共设施工程，而且不会影响到街道交通。1890 年，第一条地下电气化铁路开始运营，由于隧道是管状的，“subway”这个词最终成为伦敦地铁的同义词。在 5 千米的线路上，任何旅程的票价统一为 2 便士。其他许多城市效仿伦敦。在布达佩斯，一条 4 千米的电动地铁于 1896 年开通，这是欧洲大陆上的第一条地铁，也是世界第二古老的地铁系统。在第一次和第二次世界大战期间，地铁站发挥了计划外防空洞的功能。

现代隧道盾构机与格雷哈特设计基本相同，即由液压千斤顶推动巨大的钢筒前进。如今，大部分隧道和地下建筑都是由城市化进程推动的。虽然城市的空间较小，但仍需要更多的基础设施。隧道工程是解决这些问题和满足我们不断发展的城市需求的一种很有前景的选择。

特斯拉公司创始人埃隆·马斯克于 2018 年创建了一家隧道挖掘公司——无聊公司，他计划扩建拉斯维加斯地下交通隧道，这个被称为超级高铁的公共交通系统，据称其速度可达每小时数百千米。随着技术的进步，隧道和地下项目变得更加雄心勃勃：越来越长的海底隧道、石油运输管道，通过处理通风系统收集的排放物来减少污染的公路隧道，一直到在月球上挖隧道，还有什么事情能比这更激动人心呢？

第七章　知识传播机器及人类文明的进步

知识的创造固然重要，但知识的传播和交流同样重要。人类知识史、知识传播史与人类文明史息息相关，甚至可以说，文明史在很大程度上是建立在知识创造和传播的基础上的。知识传播需要借助一定的工具和手段，在漫长的人类历史中，人们创造了文字、书写工具、纸张、书籍、学校、印刷技术、互联网、电子阅读器等一系列的方式和方法，从而保证了知识的传承和发展。没有知识传播技术，无价的思想和知识就会消失，人类就不会有文明。

一、文字的发明、早期的知识及传播

在史前时期，知识通过口头或展示从一代传给下一代。这主要适用于基本的日常任务，如狩猎、生火、制造衣服或收集食品。这种知识的创造还没有结构化，也没有被记录下来。知识创造的巨大变化促进了书写系统的发明。大约在同一时间，农业开始活跃。这两项发明的结合为我们今天的文明奠定了基础。

虽然不是所有的人类文化都需要发展文字，但我们已经习惯使用符号来相互交流，或者仅仅是帮助记忆事物，这已经有数万年的历史了。在古代，我们在人类住所的墙壁上发现了雕刻或绘画的标记及一些便携式记忆装置。而今天，我们依然从事着类似的标记工作。

人们发明文字是为了跨越时间和空间进行交流，以便在交易、迁移和征服的过程中使用它。从最初用于计算和命名事物开始，人类已经逐渐改变和丰富了文字，以反映他们复杂的需求和愿望。

学者们普遍认同，最早的文字形式大约出现在5500年前的美索不达米亚，苏美尔人用芦苇笔在湿黏土上压印，形成楔形标记，现在被称为楔形文字。有人认为，美索不达米亚的文字是从用于记录货物交易的黏土标记计数系统发展而来的。根据标记的形状来推断其所代表的货物：球体、圆锥体和圆盘代表谷物的尺寸，而圆柱体则代表牲畜。这种计数系统从公元前7500年开始在整个新月沃土被使用，使用范围从地中海沿岸一直到波斯湾。

大约在公元前3350年，在美索不达米亚最重要的城市乌鲁克的伊南娜（爱神）神庙群中发现了一些简单的标记，另外还有一些更加复杂的刻痕，它们所包含的确切的含义暂时还没有被破译，因此就连文字学家也不知道它们代表什么。

标记有时被储存在黏土“信封”球中，里面的标记被印在“信封”的潮湿黏土中，这样即使球被密封，里面的东西也能被后人知道。最终，这些标记被印在黏土球或平板上的印记所取代。

然而，简单的标记被压在表面，很容易被识别，但复杂的标记或刻画的图案却不能被清晰地分辨出来。因此，它们的形状和标记被直接用切割好的芦苇画在黏土球或泥板的表面上。

在接下来的600年里，楔形文字的书写过程趋于稳定。曲线被消除了，符号被简化了，象形文字的外观和其原始参考对象之间的直接联系也消失了。符号最初是从上往下读的，之后开始从左往右横着读。为了与此保持一致，这些符号也被重新排列，逆时针旋转了90度。

最终，在公元前2340年，苏美尔被阿卡德人的国王萨尔贡的军队攻陷，阿卡德人是北方闪族人，以前曾与苏美尔人共存。此时，楔形文字已经在几个世纪中被用来以双语书写阿卡德语。萨尔贡是阿卡德人一脉相承的领导人，他建立的帝国从今天的黎巴嫩一直延伸到波斯湾。最终，大概有多达15种语言受到了楔形文字的启发。

苏美尔语一直延续使用到公元前200年。楔形文字主要是用来记录苏美尔语的系统，但它比苏美尔语的寿命长了近三个世纪：它作为其他语言的书写系统一直持续到基督教时代。最后一份可以确定日期的楔形文字书写的文件是公元75年的一份天文文献。

埃及的象形文字也是早期文字之一，最新的发现已经将埃及的书写历史推进到与美索不达米亚的文字历史相接近的时期。在埃及的埃尔卡威岩画遗址中发现了大型的象形文字，每个都超过50厘米高，时间可以追溯到公元前3250年左右，这证明古埃及人很早就发明了独特的书写系统。

从公元前3200年开始，埃及象形文字便开始出现在一些小型象牙板上，用于标记前王朝时期阿比多斯的蝎子王墓中的墓葬物品，也出现在用于研磨化妆品的仪式用具表面，如埃及的文物纳尔迈调色板。

埃及人是最早使用芦苇刷或芦苇笔蘸墨水进行书写的。这种墨水书写在希腊语中被称为僧侣体（“祭司”的手迹），而我们在纪念碑上看到的雕刻和彩绘字母被称为象形文字（字面意思是“神圣雕刻”）。

雕刻和书写的字符在时间上相当相近。这表明，埃及的文字具有两个功能：一个是用于宗教仪式，作为向世人展示的书写文字，另一个是用于皇室和寺庙的管理事务。约从公元前1850年开始，埃及的书写体系就开启了字母表演化的历程。

甲骨文是在中国发现的一种古老文字，它的体系也很完整。它是在中国河南省安阳市殷墟发现的，是商朝的文化产物，距今已经有3600多年的历史。之所以叫甲骨文是因为它被刻在龟甲或兽骨上，是当时的王室用于占卜记事的。

1899年秋天，任国子监祭酒（相当于中央教育机构的最高长官）的王懿荣得了疟疾，派人到宣武门外菜市口的达仁堂中药店买一剂中药，他无意中发现一味叫龙骨的药品上面刻画着一些符号。龙骨是古代脊椎动物的骨骼，在动物的骨头上怎么会有刻画的符号呢？这引起了他的好奇。于是对古代金石文字素有研究的王懿荣便仔细端详起来，他觉得这不是一般的刻痕，很像古代文字，但其形状又非籀（大篆）非篆（小篆）。为了找到更多的龙骨继续做深入研究，他便派人赶到达仁堂，以每片2两银子的高价，把药店刻有符号的龙骨全部买下，后来又通过古董商范维卿等人进行收购，累计收集了1500多片。他对这批龙骨进行仔细研究后认为，它们并非是什么“龙”骨，而是几千年前的龟甲和兽骨。他从甲骨上的刻画痕迹逐渐辨识出“雨”“日”“月”“山”“水”等字，后又找出商代几位国王的名字，由此他肯定这是商代的文字，从此这些刻有古文字的甲骨在社会各界引起了轰动，文人和古董商人竞相搜求。

从殷商的甲骨文来看，当时的汉字已经发展为能够完整记录汉语的文字体系。在已发现的殷墟甲骨文里，其所记载的内容极为丰富，涉及商代社会生活的诸多方面，不仅包括政治、军事、文化、社会习俗等内容，而且涉及天文、历法、医药等科学技术方面的内容。从甲骨文已识别的约1500个单字来看，它已具备了象形、会意、形声、指事、转注、假借的造字方法，展现了中国文字独特的魅力。

早期在各地发现的文字既有相似之处，又有各自的特色。它们都是从象形入手，带有图画的元素，但毕竟还是与绘画不同，它们可以传达某种事物或含义，并且催生了艺术、写作和数学。语言学家对早期文字的研究可以帮助人们推测人类迁徙的线索，拼凑出人类是如何传播和融合的，但是，毕竟这些零碎的历史遗迹距离我们今天过于遥远，即使它可能蕴含着丰富的内容，我们也难以完全理解，只能拼凑出过去所发生的事件的一小部分。而且，还难免有许多错误之处，不可避免地存在片面性和不完整性，我们需要借助新工具和新证据帮助破译早期文字的奥秘，这有助于了解人类的起源以及环境的变化、文明的兴衰，探索人类历史。

有了文字，就必然出现与它相配套的书写工具。第一支笔可能是一根切好的芦苇。制笔业的历史非常悠久，在中东、印度次大陆和欧洲，芦苇被用作手写笔已有数千年的历史。阿拉伯文、波斯文、奥斯曼文和乌尔都文书法中，芦苇笔是被锋利的刀切割的，笔尖向左倾斜，笔尖的角度可以根据你想写的字体而变化。与阿拉伯语和希伯来语不同，罗马和希腊字母是从左到右书写的，芦苇尖的切割方向相反，是向右倾斜的。

在中世纪早期的欧洲，鹅毛笔的使用比芦苇笔更广泛，正是在这个时候，书卷让位于手抄本。随着羊皮纸或牛皮纸变得比莎草纸更容易使用，鹅毛笔与这种书写纸具有天然的协同作用，鹅毛笔和羊皮纸均由相似的天然物质制成。

在中国还有其他一些国家，毛笔一直占据主导地位，现在仍然被喜爱书法的人广泛使用。毛笔由各种动物毛（马、山羊、黄鼠狼）制成，每一种都具有不同的特性。山羊毛制成的笔比较柔软，吸墨量大，适于写浑圆厚实的点画；鼬鼠毛做的狼毫笔则相反。但是毛笔实际上可以由许多类型的纤维制成，例如，竹子不仅可以制作笔杆，还能利用它的纤维制作笔头；还有用鸡的胸毛制成的鸡毫笔，相当柔软。毛笔与书写表面的关系与金属笔截然不同，精确的移动变得更加重要。

有了笔，还需要有墨水。用墨水书写的第一个证据来自埃及，它甚至要早于刻画的象形文字。从那时起，基本上有两种形式的墨水被使用。第一，渗入书写物的表面并对其进行染色的墨水，如铁胆墨水、靛蓝、胡桃木墨水、基于苯胺染料的墨水、许多现代钢笔中的墨水和纤维笔内的墨水。第二，由颜料（材料的彩色颗粒）制成的墨水，只停留在书写表面，而不渗透到材料内。这些彩色颗粒在干燥后会被擦掉，除非它们与结合剂（如阿拉伯胶或鸡蛋）混合，才能将它们固定在原处。

在印度、中国和日本，墨水通常是以碳为基础，混合少量胶或明胶。这些颗粒是从燃烧的油或树脂松木中获得的。

现代笔的墨水还在不断发展中，笔墨技术不仅没有衰退，反而在不断发展壮大。

此外，还有一项发明意义非凡，那就是能够以书面形式相互交流信息的介质——纸张。纸张的发明使莎草纸和羊皮纸被一种更容易获得的材料所取代，成本也更加低廉，而且便于携带。正如有的书上给纸张的定义那样：一种在日常生活中传播思想必不可少的材料。几个世纪以来，纸张为人类进步做出了巨大贡献。由于纸的发明，人类的知识传播成为可能。无论是从哲学或科学知识的传播，还是现代民族国家政治和历史意识的产生，都离不开纸张。因此，纸张的发明促进了人类社会的演变，特别是在知识传播方面发挥了根本作用。

人们普遍认为是蔡伦发明了造纸术，这是中华文明为人类创造的四大辉煌成就之一。在蔡伦发明造纸术之前，中国人最早是把文字刻在龟甲和动物的肩胛骨上，后来又用规格一致的木片（牍）和竹片（简）来书写文章，还有的用丝织品缣帛作为纸张来书写。西方则普遍使用源于埃及的莎草纸作为书写材料，而且许多莎草纸记录至今仍然被保存着。

东汉时期，随着经济和文化的发展，竹简、缣帛越来越不适应书写的需要。为了制造一种比较理想的书写材料，蔡伦在前人利用废丝绵造纸的基础上，采用树皮、麻头、破布、废渔网为原料，成功地制造了一种既轻便又经济的纸张，总结出一套较为完善的造纸方法，使造纸技术发生跨越式的进步。公元 105 年，蔡伦将造好的纸张献给朝廷，受到皇帝的赞扬。从此，人们都用这种纸张，并把蔡伦造的纸张通称为“蔡侯纸”，从此开启了中国纸制品的革命。

南北朝时期的颜之推在《颜氏家训》中写道：“吾每读圣人之书，未尝不肃敬对之，其故纸有五经词义及贤达姓名，不敢秽用也。”意思是写有五经或圣贤名言的纸张是不敢拿来上厕所的。那么，上厕所只能用土纸了，也就是用稻秆、麦秸等所制的粗纸，又称为草纸、手纸或茅坑纸等，大约在东晋即公元 4 世纪时，中国已经开始使用卫生纸。

公元 8 世纪，中国已经广泛使用纸张，这之后的几个世纪，中国将纸张出口到亚洲各个地方，并严保造纸的秘诀。公元 751 年，唐朝安西都护府的军队和阿拉伯帝国、中亚诸国联军在怛罗斯（今吉尔吉斯斯坦境内）相遇从而爆发了塔拉斯之战，由于卡尔鲁克（突厥游牧部落）从中国叛逃到阿拉伯一方，最终导致了唐朝军队的失利。正是这次不起眼的战役，既划定了儒家亚洲和阿拉伯亚洲之间的界限，也成为改变世界历史的强大推动力。因为阿拉伯人俘获了几个中国造纸工匠，于是造纸的秘诀落入了阿拉伯人的手中。没过多久，造纸业便在撒马尔罕和巴格达兴起，他们迅速在其领土上建立了造纸厂。

就这样，造纸技术便逐渐在阿拉伯世界传开，伊斯兰发明家、艺术家和书籍工匠成功地造出了纸张，但这种非常昂贵的产品只用于特殊物品，如绘画、奢侈的装饰品，当然还有书籍，由于生产的复杂性和耗时性，这些书籍很少被制作。然而，11 世纪初，十字军东征打乱了圣地的主要造纸中心，将生产转移到其他地区，并将其推向欧洲。

据史书记载，在蔡伦发明造纸术后的 1000 多年，欧洲才建立第一个造纸厂。西班牙和西西里岛是 11 世纪第一批使用造纸厂生产纸张的国家。随着时间的推移，造纸厂开始在欧洲各地慢慢兴起。纸张首先出现在意大利和法国，然后向北出现在德国、荷兰和英国，之后，它们在各地都能找到。与羊皮纸相比，纸张在那时却被认为是劣质材料，在1221年，神圣罗马帝国皇帝腓特烈二世宣布禁止将其用于公共文件。

欧洲的造纸生产技术和设备虽然引入了一些重要的创新，如使用明胶来黏合纸张，这种添加剂是昆虫不喜欢的；使用水力锤磨机将碎布研磨，减少了生产纸浆的时间；还发明了水印技术，把金属丝添加到纸张上，当纸张被举到光线下时就会显现出来，这样可以插入印记、签名、教会徽标和其他符号。但这并不意味着纸张突然变得更便宜，每个人都能得到。相反，当时的纸张仍然很贵，而且不如羊皮纸耐用，羊皮纸是由动物的皮肤制成的。即使当古腾堡发明了用于印刷书籍的活字印刷机时，人们仍然继续使用羊皮纸，因为人们担心纸张无法长期暴露在空气中（他们确信羊皮纸和牛皮纸在适当的条件下可以储存1000年）。

在19世纪长网造纸机在欧洲和北美洲普及之后，纸张才得以广泛使用。由蒸汽机械驱动的连续卷纸彻底改变了造纸业，使纸张成为现代历史的重要组成部分。

今天，中国和美国生产了世界上使用的大部分纸张，许多国家的政府试图规范其生产、回收，以减少污染、砍伐森林和其他伴随着工业纸张生产的环境危害。虽然现代的造纸工业已很发达，但其基本原理仍跟蔡伦造纸的原理相同。造纸原料十分之七八已被木浆所代替，但想要造高级印刷纸、卷烟纸、宣纸和打字蜡纸等，仍要用破布、树皮、麻头、废渔网等原料。

二、从印刷术、印刷机到3D打印机

在一个充斥着无限多的影像的世界里——报纸、杂志、广告牌、书籍和电脑屏幕上——很难想象过去那个世界每个图像都是独一无二的。然而15世纪之前，图像不仅是独一无二的，而且是罕见的，它们通常都被锁在宫殿里，或者贴在教堂的墙上，很少有人能欣赏到这些艺术作品。

（一）早期的印刷术

传统上，印刷术是一种在压力作用下将一定数量的着色剂涂在特定的表面上以形成文字或插图的技术。然而，随着印刷技术的发明，某些复制文本和插图的现代工艺不再依赖压力的机械概念，甚至不再依赖着色剂的材料概念。因为这些工艺代表了一种重要的发现，可能最终会取代其他工艺，所以现在印刷的定义应该更为宽泛，可以定义为在耐用的表面上复制文字和插图的任何一种技术，包括黑色和彩色。整个印刷史就是从最初以铅、墨水和印刷机为特征，不断重新定义它的发展过程。

在过去5个多世纪，印刷一直保持着对信息传输或存储的准垄断地位，但是，今天这一角色却正受到新的视听和信息媒体的严重挑战，甚至已经出现电子媒介要取代纸质媒介的趋势。印刷对知识传播的贡献非常大，它助推了广播、电视、电影、微缩胶片、磁带录音和其他竞争性技术的产生。印刷不仅仅用于书籍和报纸，而且还用于纺织品、板材、墙纸、包装、宣传单和广告牌，它甚至被用来制造微型电子电路。

印刷技术的存在可追溯到公元前3000年或更早的文物中。这些文物起源于美索不达米亚，也就是今天的伊拉克，那时用圆形印章将图像印在泥板上。在中国和古埃及的早期也使用过类似的印章，然后发展到在布上印刷。后来，中国人开始使用木块在丝绸上印刷。在汉代，当印刷品以三原色即青色（蓝色）、品红色（红色）和黄色生产时，印刷技术出现了进一步的突破。当三原色与黑色的原色结合时，几乎所有其他颜色都可以被创造出来。

罗马帝国时期，也就是公元前130年左右，第一次出现了“Acta Diurna”（每日公报）。这是拉丁语，意思是“日常活动”，可以被认为是有史以来第一份报纸。然而，它们不是印刷品，只是被刻在石头或金属上，然后由抄写员们复制并分发给他们的顾客，以便向帝国的各个省份传播新闻和思想。公元前59年，罗马执政官恺撒把它张贴在市场、寺庙门口和所有的公共场所。这是一个重要的突破，因为报纸和印刷品在几个世纪以来一直是同义词，直到今天才发生变化。

600年左右，中国人发明了木版印刷。740年，中国出现了第一张印刷报纸。唐朝时，中国在图书生产方面处于世界领先地位。已知最古老的印刷文本是《金刚经》，它是在868年用木版印刷而成的，是一部佛教的中文译本，长达5米，现保存在大英图书馆。

木版印刷的制作流程：首先，将文字用墨水写在一张精美的纸上；其次，将纸张的书写面涂在一块木头的光滑表面上，再涂上一层米糊，以保留文字的墨水；再次，雕刻师将没有上墨的地方切掉，使文字以浮雕的方式反面出现；最后，在木块上面铺上一张纸，接着用刷子擦拭纸的背面。这样就能得到一张印有文字的印刷品。

敦煌还有其他一些印刷品，包括877年左右的印刷日历、数学图表、词汇指南、礼仪指导、葬礼和婚礼指南、儿童教育材料、词典和年历。正是在印刷术出现后，卷轴开始被书本格式的文本所取代。当时日本和韩国也使用木版印刷，那个时期也发展了金属版印刷，通常用于印刷佛教和道教文本。

（二）毕昇的活字印刷

雕版印刷虽然是一次革命，一次可以印出几百部、几千部，比起一字一句地靠手来抄写要快得多，但是雕版印刷仍然有缺点，如印一页书就要刻一块板，雕印一部大书，得花好几年工夫，人力、物力和时间都很不经济。例如，971年，四川地区开始雕刻印刷了佛教的5048卷的《大藏经》，共用了13万块木块，花费了12年的时间，因其始刻于北宋开宝年间，故后世称为“开宝藏”。后来，中国人刻苦钻研，力求改进，终于迎来了印刷史上的又一次重大革命，那就是活字印刷的出现。

活字印刷术在北宋出现离不开“稽古右文”的社会大环境。宋太祖立志“宰相须用读书人”。宋太宗也曾说过：“朕无他好，但喜读书，多见古今成败。”宋真宗写过《劝学诗》。宋仁宗更以文治著称，组织编纂《新唐书》《新五代史》，在诗词、古文和理学等方面都有所成就。北宋历代皇帝主张尚文抑武，自然也会带动朝野上下形成以不学无术为耻的社会共识。

北宋王朝从笼络知识分子、扩大统治基础等方面考虑，大幅增录进士，年均录取量是唐代的14倍。有研究表明：北宋官员的收入相当于汉代的10倍，唐代的2倍多。这样的高收入使他们有条件摆脱“稻粱谋”，能够专注于读书、写书与文化传播。北宋决策层还重视图书事业，大量收集散落在民间的古籍，组建昭文馆、史馆和集贤院，开展图书管理和研究，尤其是作为官办图书馆的崇文院，藏书多达8万多卷，学科覆盖面非常广泛。

对于科技人才和科技发明，北宋决策层也是非常重视的。冯纪生进献了火药的制作方法，得到皇帝赏赐。高宣制造了有八个轮桨的“八车船”，得到官府的表扬。沈括业余研究天文历算，朝廷干脆调他去做提举司天监，专门负责观测天象、编纂历书。让专业的人干专业的事，这种激励导向为技术迭代和产业升级带来了历史性契机。毕昇不知不觉站在了时代的风口。

毕昇的生平事迹流传下来的很少，但是沈括在《梦溪笔谈》中却两次提及毕昇，而且描述了活字印刷术的原理。书中写道：“庆历中，有布衣毕昇又为活板。”“昇死，其印为予群从所得，至今宝藏。”① 这两句话中透露了几个重要信息：毕昇是个平民百姓，生活在宋仁宗时期，在庆历年间发明了活字印刷术。毕昇死后，沈括的子侄辈得到了他的活字板，并作为传家宝收藏了起来。

---

① 沈括．梦溪笔谈［M］．上海：上海古籍出版社，2015：121-122.

1041—1048年，毕昇用胶泥做成很多规格一致的四方长柱体毛坯，在一端刻上反体单字，字画突起的高度像铜钱边缘的厚度一样，再用火烧硬，使之成为陶质，一个字为一个印。排版时先预备一块铁板，铁板上放松香、蜡、纸灰等的混合物，铁板四周围上一个铁框，然后把需要的胶泥活字拣出来一个个排进框内，摆满一框就是一版。然后再用火烘烤，等混合物熔化，与活字块结为一体，趁热用平板在活字上压一下，使字面平整，就成为版型。印刷的时候，只要在版型上刷上墨，覆上纸，并施加一定的压力就行了。沈括说："用这种方法，印二三本，还不如雕版效率高，但如果要印几十本乃至上千本，效率就比雕版印刷快捷多了。"①

为了提高效率常用两块铁板，一块印刷，一块排字。印完一块，另一块又排好了，这样交替使用，效率更高。常用的字如"之""也"等字，每字制成20多个印，以备一版内有重复时可以使用。没有准备的生僻字，则临时刻出，用火马上烧成。从印版上拆下来的字，都放入同一字的小木格内，外面贴上按韵分类的标签，以备检索。毕昇起初还试验过用木料做活字，实验发现由于木纹疏密不一，遇水后易膨胀变形，与药剂粘在一起不容易分开，于是改用胶泥。

活字制版弥补了雕版的不足，只要事先准备好足够的单个活字，就可随时拼版，大大加快了制版时间。活字版印完后，可以拆版，活字可重复使用，而且活字比雕版占用的空间小，容易存储和保管。但是，毕昇的发明并未受到当时社会的重视，即使他死后，活字印刷术也没有得到推广。他创造的胶泥活字并没有保留下来，但是幸亏沈括把活字印刷技术写进了《梦溪笔谈》中，才让毕昇的活字印刷术得以流传后世，影响了后来的世界。

（三）朝鲜的铜活字印刷及蒙古人的作用

毕昇的胶泥活字和后来元朝王祯的木活字都没有成为印刷的主流，中国历代还是以刻本印刷为主，用活印刷字的并不多。但是朝鲜却正好与中国的情况相反，当活字印刷术传入朝鲜后，很快就成为印书的主流技术，活字版的书在现存朝鲜古书中占有一半以上。原因主要有两个：一是朝鲜地域狭小，所需书籍的数量有限，但又要各种不同内容的书籍，而活字印刷比雕版印刷更灵活，只要活字数量足够，随时都可以印出多种书籍，比较符合朝鲜的实际需要。二是朝鲜缺少雕版所用木材，而活字可以用铜、铁、铅等材料制造，弥补了雕版的不足，因此在朝鲜很受欢迎。

1234年，高丽仁宗要求崔允仪等17位文官搜集古今礼仪并加以考证，编成

---

① 沈括．梦溪笔谈［M］．上海：上海古籍出版社，2015：121.

《古今详定礼文》五十卷。在中国早期创造的活字的基础上，改进了一种铸造方法，用金属铸造字符。然后，他将这些字排列在一个框架中，在上面涂上墨水，用它们来印刷。当完成印刷后，可以重新排列金属字符，而不需要新凿出字块。这在某种程度上是比较快的。崔允瑞在1250年完成了新书印制。

忽必烈称帝后传播到波斯地区，他接触到中国的印刷技术，他与成吉思汗的另一个孙子旭烈兀分享了这些知识，旭烈兀当时正在统治蒙古帝国的波斯地区。这使印刷技术从东亚传播到波斯地区。科尔盖特大学亚洲历史教授大卫·罗宾逊解释说："蒙古人倾向于把他们的技术带到任何地方，使它们成为当地文化的一部分。"①

蒙古人可能不仅把这种技术带到了波斯，而且还把它带到了欧洲，包括德国。印第安纳大学的中央欧亚研究教授克里斯托弗·阿特伍德（Christopher Atwood）在接受采访时说："一般来说，如果有什么东西从东亚（到西方），没有蒙古人是很难想象的。"②

（四）古腾堡的印刷机

印刷技术的关键创新始于中国，如果没有朝鲜的佛教徒和成吉思汗的后裔们的扩散和传播，欧洲的印刷技术可能还要延后很多年，更不要说印刷机的发明。正如马克·吐温在1900年为庆祝古腾堡博物馆开幕时写的一封信中所说的那样："今天的世界，无论好坏，都归功于古腾堡。一切都可以追溯到这个源头。"③ 事实上，对于西方文明来说，古腾堡的创新长期以来一直都被认为是人类历史上的一个转折点，这项创新为新教改革、文艺复兴、科学革命、普及教育的出现以及几乎我们现在所知的一切事物的无数种变化打开了大门。

1439年，来自德国美因茨的铁匠、发明家约翰内斯·古腾堡（Johannes Gutenberg）发明了印刷机，尽管他不是第一个实现书籍印刷过程机械化的人，但是他的发明却是第一个将批量生产的机械活字应用于印刷书籍的事业当中，这启动了知识传播的革命，引导了欧洲走出黑暗时代，走向现代化，加速了人类的进步。

14世纪初，欧洲的金属匠人已经掌握了木版印刷和雕刻技术。古腾堡就是这些金属匠之一，他在流亡斯特拉斯堡期间开始尝试印刷。与此同时，法国、

---

① M. Sophia Newman. The Buddhist History of Moveable Type［J］. Tricycle，2016（2）.

② NEWMAN M S. So，Gutenberg Didn't Actually Invent Printing As We Know It［EB/OL］. Lithub，2019-06-19.

③ TWAIN M. The Work of Gutenberg［N］. Hartford Daily Courant，1900-06-27（7）.

比利时、荷兰和意大利的金属工匠也在尝试使用印刷机。

1440 年，古腾堡住在法国斯特拉斯堡，据说他在一本奇怪的书中记录了他的印刷机秘密，书名为《企业与艺术》。他当时是否真的尝试过或成功地使用过活字印刷，现在已不得而知。1448 年，古腾堡搬回了美因茨，在他的姐夫阿诺德·盖尔图斯的帮助下，开始组装一台可以工作的印刷机。到 1450 年，古腾堡拥有了一台完善并准备用于商业用途的机器。

古腾堡的印刷机技术的核心是在黄铜或青铜等软金属的六面体上雕刻制造模具，上面刻有一个字符：数字、字母或标点符号，将热的液态铅浇在模具里制作铅字。然后用这些不同的字母创建不同的页面，并将它们放置在托盘上，上墨并压在纸上。这台木质印刷机包括三个关键要素：可调节的金属字符、油基油墨和源自酿酒业使用的螺旋压榨机。

古腾堡的新印刷厂最早开展的盈利项目是为天主教会印刷赦免书，这些赦免书主要用于减少人们为获得各种罪行的赦免而必须做的忏悔。

1452 年，古腾堡与福斯特建立了商业伙伴关系，以便继续资助他的印刷实验。古腾堡继续完善他的印刷工艺，到 1455 年已经印刷了几份《圣经》，后来被称为古腾堡圣经。最初他印刷了大约 180 份，这些圣经由三卷拉丁文文本组成，每页有 42 行字体，并配有彩色插图。古腾堡圣经由于字体大小的限制，每页只能有 42 行，因为字体很大，所以文本非常易于阅读。事实证明，这种易读性在教会神职人员中尤其受欢迎。在 1455 年 3 月的一封信中，未来的教皇庇护二世向主教卡瓦哈尔推荐了古腾堡圣经，他说："字体非常整齐可读，一点也不难懂——阁下不费吹灰之力就能阅读它，而且确实不用戴眼镜。"①

除了 42 行《圣经》之外，一些历史学家认为古腾堡还出版了《诗篇》，这是第一本显示印刷商福斯特和舍费尔名字的书，但使用了新的字体和创新技术，历史学家认为两人都无法单独开发出如此复杂的方法，是由于古腾堡在他们拥有的企业中工作才开发出新技术。古腾堡早期印刷厂现存的最古老的手稿是《西比尔的预言》这首诗的一个片段，它是在 1452—1453 年间使用古腾堡最早的字体制作的。这一页包括一个供占星家使用的行星表，它于 19 世纪末被发现，并于 1903 年捐赠给美因茨的古腾堡博物馆。

在大发现时代的黎明，印刷术的发明一部分是对运动的回应，另一部分是对运动的刺激，通过改变文明的经济、社会和意识形态关系，迎来了现代世界。古腾堡的发明迅速传播开来，新闻和书籍开始以比以前快得多的速度在欧洲传

---

① MARSH W B. Voices from the Past［M］. London：Icon Books，2020：99.

播。发明催生了文艺复兴，并且由于它极大地促进了科学书籍的出版，因此也成为后来科学革命的主要催化剂。印刷书籍的第一个主要作用是在新的社会经济力量中传播文字，然后是一般知识。能够制作多本新书，以及以印刷形式出现的希腊语和拉丁语作品是宗教改革的一个主要因素。识字率也因此大幅提升。古腾堡的发明也因此被认为是从中世纪到近代早期的转折点。

（五）打印机、复印机和3D打印机的出现

在16到18世纪的历史进程中，欧洲的印刷业不断发展和演变，对社会上越来越多的人产生了重大影响。

1631年，重印的詹姆斯国王的《圣经》中，出埃及记第20章14节意外地漏掉了“不”字。当坎特伯雷大主教和查理一世国王得知上帝命令摩西“你必须通奸”时，他们并不感到好笑。印刷商罗伯特·巴克和马丁·卢卡斯因此被罚款，并被吊销印刷许可证。这个版本的圣经被称为《邪恶的圣经》，也被称为《通奸的圣经》或《罪人的圣经》。

新的技术和产品频频出现，如安特卫普的印刷商克里斯托夫·普兰汀的印刷机。印刷品也变得更接近我们今天看到的样子，在1716年至1728年间首次使用了斜体字和引进了卡斯隆罗马老字体，这些字体在今天仍然很受欢迎，数字版本今天仍然在用。1710年，德国画家和雕刻家雅各布·克里斯托夫·勒布隆制作了第一幅多色雕刻作品。这种技术形成了现代彩色印刷的基础。1732年，本杰明·富兰克林建立了自己的印刷厂，并成为《宾夕法尼亚公报》的出版商。在他的出版物中，《穷理查年鉴》最为著名。此外，平版印刷术是在1796年被发明的，至今仍是一种主要的印刷技术。

在工业革命期间，印刷业成为一个产量越来越高的现代产业。例如，第一台使用铁架（而不是木头）的印刷机是由查尔斯·斯坦霍普（Charles Stanhope）在1800年建造的。这种印刷机速度更快、更耐用，可以印刷更大的纸张。紧随其后的是弗里德里希·戈特洛布·科尼格（Friedrich Gottlob Frege）和安德烈亚斯·弗里德里希·鲍尔（Andreas Friedrich Bauer）于1812年发明的第一台铁制圆筒印刷机。1843年，纽约人理查德·马奇·霍（Richard March Hoe）发明了第一台平版旋转印刷机。这种印刷机是将字体放在一个旋转的滚筒上，而不是放在一个平板上，这大大加快了印刷速度。

1890年，毕比、巴伦父子公司建造了第一台柔版印刷机，它与办公室使用的橡皮图章具有相同的原理，只是它每小时能够进行数千次的印刷。这也促进了后来的苯胺印刷机的发明，只是后来由于FDA（美国食品和药品管理局）认定苯胺染料不适合食品包装，禁止苯胺印刷机进行食品包装的印刷，在 1952 年，“苯胺”的名称被“柔印工艺”所取代，它也开始使用更安全的水性油墨。

前几个世纪的许多重大发明和革命确保了欧洲的印刷业在 20 世纪初成为一个占据主导地位并繁荣发展的行业。但革命还没有结束。第一台用于纸张印刷的平版胶印机是由美国纸张制造商艾拉·华盛顿·鲁贝尔（Ira Washington Rubel）于 1903 年制造的，它的印刷图像不是直接从印版或油墨图像载体印到纸上的，而是先转移到橡皮布上，然后再转移到纸上，这种间接印刷反而使图像更加清晰。1923 年，德国的柯尼希和鲍尔公司推出了他们的四色虹膜印刷机，这台印刷机用于纸币印刷。在这一时期出现的许多其他机器生产商今天仍然存在：如成立于 1911 年的德国曼罗兰公司。在 20 世纪上半叶，印刷品，如贺卡、平装书和杂志，在市场上越来越受欢迎，维持了印刷产业的繁荣。

到 20 世纪末，印刷业正处于另一场革命的边缘：数字化。印刷技术的进步离不开办公复印设备的发展，也离不开不断发展的电子信息系统。印刷技术也已经发展到一个新阶段，越来越多的人（在办公室和家里）可以按需印刷。1959 年，施乐 914 型普通纸复印机的问世，使干式复印技术得以普及。然后，在 1975 年，第一台激光打印机问世。在激光打印机中，要打印的内容由电子程序生成并直接打印到纸张上。更准确地说，激光将图像转移到感光硒鼓上，然后使用墨粉将图像直接涂在纸上。使用该系统，每分钟可打印约 20000 行，这个速度打破了纪录。而且更重要的是，从这时起，任何人都可以随时随地在办公室或家中打印他们想要打印的任何内容。

第一批激光打印机与我们今天使用的那些打印机大不相同，它们笨重、复杂且非常昂贵。我们不得不等 1982 年佳能发布第一台桌面激光打印机。然而，其高昂的成本意味着很少有人买得起。直到 20 世纪 90 年代初，激光打印机以及喷墨打印机、点阵打印机和热升华打印机才开始被公众广泛使用。从那时起，打印机成本不那么高了，变得更加便宜、紧凑和高效。

自 20 世纪 80 年代初以来，喷墨打印一直是发展最快的技术，现在它不仅用于打印文本和图像，而且还用于许多工业领域，例如，用聚合物墨水的微小液滴对三维物体进行微加工。数字印刷的工艺和材料的特性给印刷技术带来了巨大的挑战，因为许多新的油墨、基材和表面涂层都有它们自己的敏感性。1985 年，由于 PC 和苹果 Mac 桌面的出现，使内容创作变得更容易，从而进一步改变了印刷业。1993 年，随着惠普的靛蓝 E-Print 100 和赛康 DCP-1 的推出，数字印刷开始起步。

世界印刷业正处于一场数字革命之中。在这个新的背景下，印刷技术已经证明了自己的适应性、创新性、现代性、竞争性和在数字世界中的地位。今天，我们已经到了 3D 打印机的时代。这种打印技术实际上是几十年前开发的，确切地说，是在 1983 年，当时查克·赫尔（Chuck Hull）正在一家使用紫外线来硬化桌面涂层的公司工作，他必须为塑料零件制作原型，赫尔称这是一个“非常繁琐的过程”。这位工程师于 1984 年 8 月申请了他的专利“通过立体光刻技术生产三维物体的设备”，他创造了“立体光刻技术”这一术语，这种方法可以通过添加经过紫外线照射的光敏液体聚合物的重叠层来创造固体物体。该专利于 1986 年 3 月被授予，彻底地改变了印刷业。它很快成为快速原型制作和直接制造中广泛使用的技术。正如赫尔当时所想的那样，他最初的发明是将一层又一层的紫外线固化材料印刷成薄层。

赫尔的专利在美国被授予后，他与其他人一起创立了 3D 系统。仅仅一年后，即 1987 年，他的公司就生产了有史以来第一台 3D 打印机：SLA-1 立体光刻（SLA）打印机。他的 3D 打印技术在汽车制造商、航空航天部门和设计医疗设备的公司中很受欢迎。很快，通用汽车和梅赛德斯—奔驰等行业巨头都使用他的系统来制造原型。

今天，赫尔名下拥有 93 项美国专利和 20 项欧洲专利，并在 2014 年被欧洲专利局授予非欧洲国家类别的欧洲发明家奖，并入选美国国家发明名人堂，在 2015 年因其对立体光刻技术的突破性发明而被工业研究协会授予 IRI 成就奖。

但 SLA 并不是在此期间探索的唯一增材制造工艺。1988 年，得克萨斯大学的卡尔·德卡德（Carl Deckard）为选择性激光烧结（SLS）技术申请了专利，该系统使用激光熔化粉末而不是液体。他后来成立了一家名为 DTM 的公司，将这项技术商业化。卡尔拥有 27 项专利，他被《财富》杂志评为 5 位现代技术先驱之一，被制造工程师协会评为制造大师。

大约在同一时间，斯科特·克鲁普（Scott Crump）也获得了熔融沉积成型（FDM）的专利，也被称为熔融长丝制造，与 SLS 和 SLA 的不同之处在于，它不使用激光加工，而是直接从加热的喷嘴中挤出长丝。FDM 技术已经成为我们今天最常见的 3D 打印形式。

并不是只有三种 3D 打印技术类型，但是，它们是三个基石，为 3D 打印技术的发展和行业的颠覆奠定了基础。

在 20 世纪 90 年代，许多公司开始涌现，并开始对不同的增材制造技术进行实验。2006 年，第一台商业化的 SLS 打印机发布，改变了按需制造工业零件的游戏规则。

CAD 工具也在此时变得更容易获得，允许人们在他们的电脑上开发 3D 模型。这是创建 3D 打印的早期阶段最重要的工具。

在这一时期，机器与我们现在使用的机器非常不同。它们难以使用且价格昂贵，而且许多最终的打印作品需要大量的后期处理。但创新每天都在发生，发现、方法和实践也在不断完善。

2005 年，开源代码改变了 3D 打印的游戏规则，让人们有更多机会接触到这项技术。阿德里安·鲍耶（Adrian Bowyer）博士创建了 RepRap 项目，这是一个雄心勃勃的开源项目，旨在创建一台能够自行构建的 3D 打印机，或者至少可以打印新机器所需的零件，他恰当地将其命名为“复制快速原型机项目”。

2008 年，第一条假肢被打印出来，3D 打印因此被推到了聚光灯下。到了 2009 年，20 世纪 80 年代申请的 FDM 专利进入了公共领域，改变了 3D 打印的历史，为创新 3D 打印技术打开了大门。由于新公司和竞争对手现在更容易获得该技术，3D 打印机的价格开始下降，3D 打印变得越来越容易获得。

2010 年之后，3D 打印机的价格开始下降，它们渐渐被大众所接受。伴随着价格的降低，打印的质量和便利性也随之提高，打印机使用的材料也在不断变化。现在有各种各样的塑料和丝线可以被广泛使用，碳纤维和玻璃纤维等材料也可以进行 3D 打印，一些创意者甚至尝试打印巧克力或意大利面。

2019 年，世界上最大的功能性 3D 打印建筑已经完成。现在，3D 打印被持续用于助听器和其他医疗保健领域，3D 可打印材料的清单也在增加，从建筑到考古，从艺术到医疗，并且其应用范围一直在扩大，许多行业和部门已经将该技术应用于他们的日常工作流程。

未来学家杰里米·里夫金（Jeremy Rifkin）声称，3D 打印标志着第三次工业革命的开始，它将接替 19 世纪末开始主导制造业的生产线装配。但是，也有人为此担心不已，他们认为，随着越来越多的 3D 打印机开始进入人们的家庭，家庭和工作场所之间的传统关系可能会被进一步削弱。一些作家和社会评论家对商业上可承受的增材制造技术的出现可能带来的社会和文化变化也进行了深入的探讨。

拉里·萨默斯认为，3D 打印和其他技术（机器人、人工智能等）对从事日常工作的人来说会产生“破坏性的后果”。在他看来，“享受残疾保险的美国男人已经多于在制造业从事生产工作的人。而且这种趋势都是朝着错误的方向发展的，特别是对于技术含量较低的人来说，因为人工智能取代白领以及蓝领工作的能力将在未来几年迅速增加”。①

迈克尔·斯彭斯认为：“现在来了一个……强大的、数字技术的浪潮，在越来越复杂的任务中取代了劳动力。这种劳动替代的过程在服务行业已经进行了一段时间，比如，自动取款机、网上银行、企业资源规划、客户关系管理、移动支付系统等。这场革命正在蔓延到商品生产领域，机器人和3D打印正在取代劳动力。”② 我们正在进入的世界，其中一个最强大的全球流动将是思想和数字资本，而不是商品、服务和传统资本。适应这一趋势需要我们转变思维方式、政策、投资（特别是人力资本）以及就业和分配模式。

三、计算机与互联网的发明

有了数的概念后，人类就开始了漫长的计算历史。从早期人类依靠手指和脚趾来计数，到现在计算机的出现，计算始终在改变着我们的世界。它塑造了对象的设计方式、我们接收的信息、我们的工作方式及地点、我们与谁会面以及如何开展业务。计算改变了我们对周围世界和远处宇宙的理解。因此，如果我们问自己真正改变了世界的是什么，我们会想到是计算机。自诞生以来，计算机已经融入了我们生活的方方面面——它是现代世界的象征性的、代表的东西。

几千年来，人们一直在使用一定的设备来计数，最早是用手指，然后是使用棍棒和石头，后来又发展到有缺口的棍子和打结的绳子，最后终于出现了写在兽皮、羊皮纸和纸上的符号。最早在新月沃地使用的记录辅助工具包括黏土球、圆锥体等，它代表物品的计数，可能是牲畜或谷物，密封在空心的未烘烤的黏土容器中。

中国的算盘是一种具有2500多年历史的古老计算工具，被称为中国古代历史上的“第五大发明”。算盘的使用可以追溯到春秋时期，在一个矩形木框内排列一串串等数目的算珠称为档，中间有一道横梁把算珠分隔为上下两部分，上半部每1个算珠代表5，下半部每1个算珠代表1。每串算珠从右至左代表了十进位的个、十、百、千、万位数。加上软件——一套手指拨算珠规则的运算口诀，就可解决多种复杂运算，甚至可以开多次方。

罗马算盘是由早在公元前2400年在巴比伦使用的装置演变而来的。罗马算

---

① STERN A. Raising the Floor: How a Universal Basic Income Can Renew Our Economy and Rebuild the American Dream [M]. New York: PublicAffairs, 2016: 48.

② SPENCE M. How will digital change your working world? [C]. World Economic Forum, 2014.

盘与中国算盘的相似性表明，两者有可能是相互启发的，因为有一些证据表明罗马帝国和中国之间存在贸易关系。从那时起，人们发明了许多其他形式的算盘或表格。在中世纪的欧洲计算所里，桌子上会放一块格子布，标记物按照一定的规则在上面移动来帮助计算金额。

（一）计算机的发明历程

根据《牛津英语词典》，计算机首次使用的记录是在1613年英国作家理查德·布雷斯韦特的一本名为《年轻人拾遗》的书中，“我读到了时代最真实的计算机和最好的算术师，他把你的日子减少到一个简短的数字”①。他用这个词来指代算术师，即一个进行计算或运算的人。这个词的含义一直持续到20世纪中期。

用于进行计算的机械设备的历史始于17世纪。苏格兰数学家约翰·纳皮尔（John Napier）在1614年发明了对数理论，许多科学家很快采用了新的省力工具进行烦琐的天文计算。例如1632年，威廉·奥特雷德（William Oughtred）建造了第一个计算尺，从而使执行复杂的数学运算成为可能。从加法到乘法的转化大大简化了计算过程。其他人，如著名的法国哲学家和数学家布莱斯·帕斯卡，走得更远，他设计了一个新的工具，名叫帕斯卡林，一种机械计算器，它能够通过齿轮执行最大999999999的数字的计算，但它只能进行加法和减法运算。

18世纪70年代，瑞士制表师皮埃尔·雅克·德罗兹（Pierre Jaquet Droz）制造了一个机械娃娃（自动机），它可以手持羽毛笔写字。通过切换其内部轮子的数量和顺序，可以书写不同的字母，从而产生不同的信息。实际上，它还可以被用来机械地“编程”读取指令。这个娃娃和另外两台复杂的机器一起，被保存在瑞士纳沙泰尔的艺术和历史博物馆，并且仍能运行。

1831—1835年，数学家和工程师乔瓦尼·普拉纳（Giovanni Plana）设计了一台万年历机器，通过一个滑轮和圆柱体的系统，可以预测从公元元年到4000年的每一年的万年历，推算闰年和变化的日长。苏格兰科学家威廉·汤姆森（William Thomson）爵士在1872年发明的潮汐预测机对浅水区的航行有很大的作用。它通过使用一个滑轮和导线系统，能够自动计算出某一特定地点在某一时期的潮位。

微分分析器是一种机械模拟计算机，旨在通过积分解决微分方程，使用轮子和圆盘机制来进行积分。1876年，汤姆森爵士已经讨论了建造这种计算器的可能性，但他被球盘式积分器有限的扭矩输出所困扰。在微分分析器中，一个

① BRATHWAITE R. The Yong Mans Gleanings［M］. London：John Beale，1613：1.

积分器的输出驱动着下一个积分器的输入，或一个图形输出。扭矩放大器是使这些机器能够正常工作的一项进步。从20世纪20年代开始，范内瓦·布什和其他人开发了机械式微分分析器，机器采用一系列电机驱动，利用齿轮转动的角度来模拟计算结果，这是世界上首台模拟电子计算机。这一开创性工作为第二次世界大战后数字计算机的诞生扫清了障碍。

1942年，物理学家约翰·莫奇利（John Mauchly）提出了一种全电子计算机器的构想。与此同时，美国陆军需要计算复杂的战时炮弹发射弹道轨迹。1943年至1945年间，在政府的资助下，宾夕法尼亚大学摩尔工程学院的莫奇利和普雷斯珀·埃克特（Pres Eckert）建造了ENIAC（电子数字积分器和计算器）——第一台以电子的且不受任何机械部件影响的大型计算机。艾尼阿克使用10位十进制数字，而不是像计算器那样使用二进制数字。

它与其他机器的不同之处在于：这台每秒运算50000次的机器可以轻松地为不同的任务重新编程。成本从最初的150000美元增加到400000美元。U形结构重达30吨，装满了167平方米的房间。这台大型计算机有40个柜子，它们每个都有2.74米高，其中装有18000个真空管、10000个电容器、6000个开关和1500个继电器。看着控制台，观察者们可以看到像一团乱麻的跳线，让他们想起了早期的电话交换机。

但是当ENIAC完成时，战争已经结束。这台机器直到1945年11月才被启动，当时连接到蓄电池的300盏霓虹灯照亮了摩尔工程学院的地下室。两个20马力的鼓风机呼出冷空气，这样ENIAC才没有因产生的热量而熔化。

1946年2月14日，政府揭开了ENIAC的神秘面纱。“陆军部今天宣布了一种新的机器，有望彻底改变工程数学，并改变我们的许多工业设计方法”①，陆军的一份新闻稿这样说。它被描述为一个以“惊人”速度工作的“数学机器人”，将科学思想从冗长的计算工作中解放出来。

莫奇利和埃克特共同创办了第一家商业计算机公司，并建立了ENIAC的继任者。但他们的公司陷入困境后，两人就将公司卖给了斯佩里·兰德公司。更糟糕的是，竞争对手霍尼韦尔公司试图使ENIAC专利无效。尽管他们未完成的计算机并不是一台通用机器，并且缺乏ENIAC的许多开创性属性（例如，控制计算事件时间的“时钟”），但霍尼韦尔发起了一场法庭大战，导致法官宣布阿塔纳索夫为计算机的真正发明者。这一打击永远困扰着莫奇利和埃克特。

与此同时，ENIAC本身也被拆散了，其中一部分在宾大和史密森尼博物馆

---

① ENIAC计算机简史［EB/OL］. 新知网，2018-07-05.

展出。在政府揭示其存在的50年后，它终于在1996年得到了应有的认可。费城终于意识到它不仅可以宣称是宪法的摇篮，还可以宣称是计算机的摇篮，于是举办了一系列的庆祝活动。

20世纪60年代，大型主机在大型工业、美国军事和太空计划中变得更加普遍。在销售这些大型、昂贵、易出错、非常难用的机器方面，IBM成为毫无疑问的市场领导者。

20世纪70年代初，随着史蒂夫·乔布斯（Steve Jobs）和史蒂夫·沃兹尼亚克（Stephen Wozniak）在旧金山举行的第一届西海岸计算机博览会上展出的第一台苹果II，个人电脑出现了爆炸性增长。苹果II拥有内置的BASIC编程语言、彩色图形和4100个字符的内存，价格仅为1298美元。程序和数据可以存储在一个磁盘上。在展会结束前，沃兹尼亚克和乔布斯就获得了300份的订单，从那时起，苹果开始起飞。

1977年推出的还有TRS-80型微型计算机，这是一款由坦迪公司制造的家用电脑。此时，只有苹果和TRS是带磁盘驱动器的机器。随着磁盘驱动器的引入，个人电脑应用开始起飞，因为软盘是一种非常方便的软件发布媒介。

在这之前，IBM一直在为大中型企业生产主机和微型计算机。当它看到计算机发展的趋势后，决定加入这个行列，并开始研制Acorn，后来被称为IBM PC。IBM个人电脑是第一台为家庭市场设计的计算机，它采用模块化设计，因此可以很容易地将部件添加到架构中。当它被推出时，个人电脑配备了16000个字符的内存，还有来自IBM的电动打字键盘，以及一个连接软盘的驱动器，价格为1265美元。

1982年，《时代》杂志没有按照其年度传统命名“年度人物”，而是做了一点不同的事情，将计算机命名为“年度机器”。一位资深作家在文章中指出：“计算机曾经被视为遥远的、不祥的抽象物，就像老大哥一样。1982年，它们真正成了个性化的东西，被缩小到了一定的大小，这样人们就可以拿着、摸着和玩着它们。”①

到1984年，苹果和IBM都推出了新机型。苹果公司发布了第一代麦金塔（Macintosh），它是第一台带有图形用户界面和鼠标的电脑。图形用户界面使该机器对家庭电脑用户更具吸引力，因为它易于使用。因此麦金塔计算机的销售猛增，这是前所未有的。IBM紧跟苹果的步伐，发布了286-AT，它拥有莲花1-

① DEAN J. Publicity's Secret：How Technoculture Capitalizes on Democracy［M］. New York：Cornell University Press，2002：86.

2-3 电子表格和微软的文档处理应用程序，很快就成为商业人士的最爱。

现在人们有了自己的个人图形工作站和强大的家用电脑。一个人在家里拥有的普通计算机要比 ENIAC 那样的机器还要强大几个数量级。可以说，计算机革命是人类历史上发展最快的技术。

（二）互联网的出现和发展

互联网的历史可以追溯到 20 世纪 50 年代的冷战时期，当时苏联发射了人类历史上第一颗人造卫星斯普特尼克（Sputnik）。美国颇受刺激，于是迅速成立了一个专门的国防研究机构，即国防部高级研究计划署（ARPA），主要负责高新技术的研究、开发和应用，其宗旨是“保持美国的技术领先地位，防止潜在对手意想不到的超越”。在与苏联的军事竞赛中，该计划署发现需要一个专门用于传输军事命令与控制信息的网络，以保证通信线路和部分网络设备在遭到核战争或自然灾害破坏时，这个网络系统仍然能够利用剩余的设备和线路继续工作，这个网络被称为“可生存系统”。这个系统的功能是传统的通信线路与电话交换网所无法实现的。

1962 年 8 月麻省理工学院的里克里德提出了“银河网”的概念，他想象出一种覆盖全球的计算机网络，任何人都可以通过这个网络快速访问任何一个网站上的数据和程序。这一设想在 1967 年被在 ARPA 工作的劳伦斯·罗伯茨发扬光大，他提出了基于包转换模式的 ARPA 网的设想。在 ARPA 提供的项目资助下，1969 年夏，在美国加利福尼亚大学洛杉矶分校的校园中，科学家们建立了连接斯坦福等四个大学实验室的世界上第一个采用分组交换技术的计算机网络——阿帕网。1972 年，它作为演示项目在华盛顿市举办的第一届国际计算机和通讯会议上被公之于众。在会议上，ARPA 的科学家将位于 40 个不同地点的计算机连接起来。1972 年，在 ARPA 网络中，实验人员首次成功地发送了第一封网络电子邮件，这也开启了人们利用网络进行交流的先河。

1973 年，赛尔夫和卡恩开始设计互联网络的核心 TCP/IP（传输控制协议/互联网协议）协议，1974 年，他们发表了题为“传输控制协议”的论文，标志着 TCP/IP 的开始，他们也因此获得 2004 年图灵奖。这份新的协议使得任何计算机网络之间都能进行互联和交流，从而开创了社交网络的技术基础。在接下来的几年中，人们相继构建了多个网络，并且提出并开发了许多相互竞争的技术和协议，但是，ARPA 网络仍然是整个系统的核心。那段时期，网络协议层出不穷，直到 1982 年，TCP/IP 才被接受成为连接各种网络的标准通信协议，最终全球互联网正式诞生了。1986 年，美国 ARPA 网络被一分为二，军方部分构成了独立的国防数据网络，其余部分由国家科学基金会管理，被称为国家科学基金会网络，互联网络（Internet）的名称被正式采用。

1989 年中期，MCI Mail 和 CompuServe（全球第一家网络服务的提供商）接入互联网，并且向 50 万名用户提供电子邮件服务。1990 年 3 月，康奈尔大学和欧洲核子研究中心（CERN）之间架设 NSFNET，建立了第一条高速 T1（1.5Mbit/s）连接。6 个月后，蒂姆·伯纳斯·李编写了第一个网页浏览器。到 1990 年圣诞节，蒂姆·伯纳斯·李创建了运行万维网所需的所有工具：超文本传输协议（HTTP）、超文本标记语言（HTML）、第一个网页浏览器、第一个网页服务器和第一个网站。到 1995 年，NSFNET 退役时，互联网在美国已完全商业化，解除了最后的商业流量限制。

因此，"在某种程度上，20 世纪 70 年代构成一个系统的新技术，其存在乃是 80 年代社会经济再结构过程的根本基础。而这些技术在 80 年代的应用，则大体决定了这些技术在 90 年代的应用和轨迹"①。在特殊的社会背景下所产生的互联网技术，伴随着全球化的发展，在一定的文化、社会和空间模式中，从诞生、扩散到发展，技术扮演着越来越重要的角色，成为社会发展的加速器。

计算机的发展历史跨越了近 3 个世纪，比大多数人认为的要长得多。从 18 世纪的机械计算机到 20 世纪中叶的房间大小的巨型机，再到今天的笔记本电脑和智能手机，计算机在其整个历史中发生了根本性的变化。

每一波新的技术都倾向于产生新的系统类型、新的工具创建方式、新的数据形式等，这些都经常推翻它们的前辈。从某种意义上说，进化似乎是一系列革命。但计算机技术的发展不仅仅是创新链，进化这一过程一直是塑造我们世界的物理技术的标志。

对知识力量的认识可能与文明一样古老，但过去与现在不同的是传递信息的速度和能力。知识开始在互联网上传播，而随着移动互联网的发展使得知识更具有交互性，网络成为改变社会的重要平台。大量用户接入到网络上，计算本身也是通过深度融入我们的日常生活而发生转变的，它塑造了大数据的本质。即由人类产生的数据流，包括：交通数据、航空旅行、银行交易、社交媒体等。这些数据和数据产品（例如，交通控制和定向营销）对人们产生直接影响这一事实已经极大地改变了该领域的挑战难度。在计算机和互联网领域，随着新技术的出现，更多的事情也在发生，不仅是取代前辈，还要在此基础上进行自我

---

① 曼纽尔·卡斯特．网络社会的崛起［M］．夏铸九，王志弘，等译．北京：社会科学文献出版社，2001：72.

改造，进而进入下一波技术的更迭。

当然，作为一种传递信息和知识的媒介，技术只是其中的一个方面，如果很多人无法使用计算机和网络，或者通信技术被控制在少数人手中，或者知识和信息的生产、传播也被垄断，那么，人们便不能从中受益。这也是今天人们所担心的“数字鸿沟”问题，或者是政治、技术或资本的专制问题。虽然新技术有利于知识的传播，但是它不会自动发生，它需要有相应的社会其他方面的配合才能实现。信息时代应该促使世界变得更美好，但前提是它必须帮助人们交流、参与并允许他们和他们的统治者之间进行平等的对话以做出明智的选择。

现在，在我们的设备中，手机的计算速度可以达到每秒几万亿次。那么，我们还能继续发明改变文明进程的机器吗?

第八章　战争机器及人类的威胁

人们常说，战争激发了科技进步。毕竟，在生死攸关的时刻更能激发人们的创造力。如果说人类有一种天赋，那就是能够设计出新的、引人入胜的互相残杀的工具。如果我们在治疗疾病方面的创造性与我们的战争能力一样惊人，那么我们就再也不必害怕疾病了。虽然这是一个可悲的事实，但我们在破坏方面的确做得很出色，因为最新的科技往往是优先运用于军事领域，并对战争和人类社会都产生了深刻影响。

人类历史中充满了部落、国家和国家联盟之间的战争。战争中使用的武器已经从锋利的棍棒、岩石发展到自动枪、大炮、飞机和导弹。每一项新的军事技术都改变着人们的战斗方式和战术。此外，武器在社会上还有许多其他用途，包括体育运动、收藏展示以及历史教育。直到今天，武器的使用仍然是文化进化和人类历史发展的主要驱动力，因为人类不仅通过它来扩大自身的文化生态地位，还通过学习其他武器使用者来适应敌人的武器，从而引发一个不断竞争的技术、技能和认知的改进过程。

一、冷兵器时代的武器

人类历史上已知最早的专用武器可以追溯到青铜时代。在青铜时代，青铜取代了武器中的石头。苏美尔人是最先使用青铜武器的人。不过古代工匠们也很快就发现了青铜用于制造武器的缺点，青铜制成的武器很容易破碎，而且无法保持其锋利。

在战争中，除了长矛，还可以使用弓箭和弹弓。弓箭比长矛更受欢迎，因为它们易于操作，在战争中提供了更大的机动性，更准确，而且不需要那么多的原材料。弓箭是猎人的福音，因为他们打猎时用弓箭比用长矛更有效，所以弓箭是古代人最有效的狩猎工具。

公元前 6000 年前后，在安纳托利亚发现铜矿后，铜冶炼术开始在埃及和美索不达米亚传播。公元前3500年前后，冶金技术传入印度、中国和欧洲各国。青铜，一种铜和锡的合金，早在公元前4500年就被使用，因为它比纯铜硬得多。它在亚洲得到了更广泛的使用，印度河流域文明的繁荣是冶金术改进的结果。主要生活在中国黄河上游的新石器时代社区也广泛使用青铜制品，在马家窑遗址发现了许多青铜文物。在中国，青铜器的生产规模很大，主要用于制造武器，包括长矛、长柄斧、戈、复合弓以及青铜皮革头盔。从河南郑州的发掘中可以看出，商代的中国人已经拥有坚固的城墙、大型建筑、青铜铸造厂以及骨器和陶器作坊。

（一）弓和弩的发明

美国的弓箭手先驱弗雷德·贝尔（Fred Bear）说："弓箭的历史就是人类的历史。"恩格斯认为："弓箭对于蒙昧时代的人来说，就如同铁剑对比石器时代，火器对比文明时代一样，是一种决定性的武器。"① 在冷兵器时代，作为远距离的杀伤武器，弓箭一直是决定战争胜负的关键性武器。弓和箭出现在旧石器时代晚期的非洲地区，公元前9000—11000年到达欧洲，似乎在公元前6000年到达美洲。

现存最古老的弓，来自丹麦的霍尔梅加德地区，可以追溯到大约公元前6000年，考古人员在那里的泥沼里挖掘出两把保存完好的榆木单体弓。在公元前2500年前后，欧亚大陆是最早的复合弓的制造地，它是一种更先进的武器，由两种、三种或更多种不同材料组合而成，增强了射箭的速度和射程。在亚洲的多种文化中都发现了这种弓，来自中亚的游牧民族发明了反曲弓，呈"W"形，具有更好的弹性。箭的尖端开始带有由骨头、角、燧石、青铜和最终由钢、铁制成的箭头。来自尼罗河的人使用较长的弓，以获得更好的准确性，他们也使用复合弓。

世界各地的文物显示，它们都根据各自国家的植被生产了不同材料的弓。中国人用竹枝制作弓，而其他国家由于没有合适的木材制作弓则制作了复合弓。根据中国古籍中记载的一个故事，可以看到弓和箭在中国是如何被发明出来的。

在黄帝与南方的蚩尤之间爆发的逐鹿之战中，初期黄帝是处于不利局面的，他被打得节节败退。于是，他便召集部落首领商讨对策，交流后认为，要想击败九黎氏族，那么就一定要有更好的武器，这样才能有获胜的把握。但是新的

① 马克思恩格斯选集（第四卷）［M］. 北京：人民出版社，1995：150.

武器并不是那么容易发明的，还好黄帝的儿子少昊非常聪明，一次他走过河边时，身体不小心碰到了树枝，随即这个树枝又弹了回去。少昊发现这个细节之后非常高兴，心想小树枝都有这样的威力，更粗大的树枝岂不是威力更大？

于是少昊回去之后，便带着儿子“挥”一起研制这种武器，最后终于发明了弓箭。在制造武器的过程中，黄帝任命“挥”为监管弓箭制造的官员，职位号为“弓正”。打败蚩尤之后，因为“挥”是发明弓和制造弓的最大贡献者，于是黄帝封这位孙子由“弓”和“长”组成的张姓，从此他的后代便开始兴旺起来，最终成为中华民族一个不可忽视的人口大姓。中国神话中还有后羿射日的传说，那是比黄帝时代更久远的历史。

有趣的是，罗马人和希腊人强烈鄙视弓箭，但经常被熟练的敌方弓箭手所困扰，尤其是那些骑在马背上的弓箭手。罗马人最终使用了弓箭手，例如，恺撒大帝军队使用了克里特岛弓箭手。

在欧洲，英国长弓的发展使箭成为一种可怕的战场杀器，长弓在古代就已被人所知，但在中世纪才得到完善，并于 14 世纪被引入欧洲战场。英国人凭借着长弓一举成为当时欧洲最强大的国家。长弓本来是威尔士人的武器，12 世纪被引入英国，在 13 世纪爱德华一世时得到了发展。

英国长弓由紫杉木支撑，和人一样高，箭的长度约为人的一半。握弓时要伸出手臂，箭要拉到弓手的耳边。英国长弓的有效射程约为 182 米，但如果箭在正确的人手中可以射出两倍的距离。超长的射程带来的是超强的洞穿力，英国长弓可以射穿 2.5 厘米厚的木板，甚至是厚重的胸甲。英国长弓最可怕之处在于，一个训练有素的长弓手每分钟可发射 10~12 箭，射速是当时火枪的两倍，命中率还远远大于十字弓，因此被称为“重骑兵克星”。

在 1346 年的克雷西战役中，法国派出了 6 万人的大军，其中包括 1.2 万人的重装骑兵。重装骑兵造价昂贵，在欧洲中世纪，如果一场战争双方能投入数千名重装骑兵，便可称之为“重大战役”。1.2 万人的重装骑兵所爆发出的排山倒海的气势足以灭掉欧洲任何一个国家，然而在英国长弓手的面前，法国重装骑兵只发动了 10 次冲锋就被打得灰头土脸，只能低头认输。

英国长弓虽然厉害，但比起蒙古弓来说还是太原始。英国长弓是一种单木弓，而中国早在商朝就进入了“复合弓”时代。复合弓全名“双曲反弯复合弓”，弓体由山竹、木、动物肌腱、角骨等制成，所以叫“复合”。弓体上弦时会呈现出两个优美的弧线，这就叫作“双曲”。不上弓弦时的弯曲方向正好与上弦时相反，这就是所谓的“反弯”。科学证明，双曲面系统能以较小的功获得更大的动力。

事实上，所有文明或多或少都在使用弓箭。在中世纪之前，射箭在匈奴人、蒙古人或塞尔柱突厥人等欧亚民族中非常流行。这些民族在骑射方面特别熟练，并开始使用强大的复合弓。13 世纪时，蒙古人正是靠着人手一把角弓横扫欧亚大陆的。在旋转式手枪出现之前，这些弓是骑马战斗中最可怕且最有效的远程武器。

至于弩，它不如现代复合弓或长弓准确，而且它对训练的要求不一样，但它更容易被使用。弩与弓的根本区别在于弩具有延时结构，不必同时引弓和瞄准，可利用臂、足、腰、机械等多种方式引弓，从容瞄准，伺机发射。弩比弓发射的箭射程远、准确性高、穿透性强，但发射的速度逊于弓，且比弓笨重。早在古希腊和中国战国时期就已出现了弩，以后几乎传遍了所有主要军事国家。

已知最早的弩发明于公元前 1000 年，中国古代不迟于公元前 7 世纪，希腊不迟于公元前 4 世纪。弩使射弹武器在战争中的作用发生了重大转变，例如，在秦的统一战争和后来汉朝对北方游牧民族的战役中都曾使用过弩。

到公元前 5 世纪，弩迅速成为战国时期战争的重要元素。其他弓依赖弓箭手的力量，而弩有一个机械扳机，因此可以在弩手不累的情况下进行多次发射。中国弩的发展依赖于足够先进的青铜技术，可以制造精确加工的扳机机构。早期的弩是便携式的，主要由一名士兵操作。它们用于保护皇室和狩猎。后来的多发弩则主要用于军事行动。

中国人使用绞盘来制造安装在防御工事或马车上的大型弩，被称为“床弩”。在汉朝，绞盘可能就被用于手持弩，但已知的描述只有一个，《武经总要》中介绍了使用绞盘装置的弩的类型，但不确定这是手持弩还是骑射弩。另一种拉弓方法是弩手坐在地上，将弩平放在身前，屈膝后用双脚踏住弩担，腰部套上腰钩后用腰钩两端钩住弓弦，利用腿部、腰部、背部和手臂肌肉的综合力量来发力拉弦上机扣，这被恰当地称为“腰张弩”。而且由于腰张弩轻便灵活，一直被沿用到明朝。

弩在宋代仍然是主要武器。在 11 世纪，沈括认为弩对于中国人就像马对于契丹人一样，是能使中国获得优势的资产，我们不能舍弃擅长的技艺而勉强去做不擅长的事，否则，是不可能取得胜利的。在与外国骑兵的野战中，中国步兵会有一排带盾牌的长枪兵、一排弓箭手和一排弩手。当骑兵接近时，弩手会首先在蹲伏的长枪兵和弓箭手上方射击。长枪兵和弓箭手会保护射速较慢的弩手。

西方也使用弩。它们被古希腊人和罗马人所熟知。到了10世纪之后的欧洲，弩才发展成为一种能够穿透盔甲的强大武器。现存最早的欧洲弩遗骸是在帕拉德鲁湖发现的，其历史可以追溯到11世纪。

在12世纪，弩在许多欧洲军队中取代了手弓。后来的弩使用钢制，能够获得接近（有时甚至优于）长弓的威力，但生产成本更高，装填速度更慢，因为它们需要机械装置的帮助。通常它们每分钟只能射出2发箭矢，而熟练的弓手可以射出12发或更多箭矢。通常他们需要使用长方形盾牌来保护自己，以免受敌人火力的伤害。

当弓箭在战争中衰落后，射箭却作为一种休闲运动逐渐发展起来，传统的射箭技能与现代技术相结合，产生了截然不同的设备和技术。射箭技术的最大进步是复合滑轮弓的出现，它是20世纪60年代由霍利斯·威尔伯·艾伦（Holless Wilbur Allen）发明的。艾伦将传统反曲弓的两端锯掉，然后在每一端添加一个滑轮，因此获得了更高的能量效率、更高的准确性和更多的机械优势。他的这个设计彻底改变了弓箭行业。

艾伦于1969年12月为他的发明申请了专利，与此同时，汤姆詹宁斯公司成为他的复合弓的第一家大型制造商，并在20世纪70年代销售了许多复合弓。从那时起，复合弓要比所有其他类型的弓更受欢迎。

（二）投石机在战争中的应用

投石机在古代的攻城战中发挥着重要的作用。一般攻占城池的方法主要是靠梯子或冲进城门，但这些方法很少能取得成功，除非是出其不意。而投石机的发明有效地改变了攻城战争的面貌，投射的石头能够破坏防御工事，因此它成为火炮发明之前攻城战的利器。主要有两种类型的投石机，一种是牵引投石机，另一种是配重投石机。前者是中国在公元前4世纪发明的，后者出现在12世纪地中海周围，并在13世纪被蒙古人带回中国。

公元前4世纪的战国时期，墨家最早发明了投石机。在《墨子·备城门》中列举了十几种攻城与守城的方法，其中“藉车”可能就是指投石机。后来《孙膑兵法》中也记载了“投机”，在《汉书·甘延寿传》中记载：“投石，以石投人也。”《范蠡兵法》：“飞石重十二斤，为机发，行二百步。”

《三国志》中曾详细记载了发生于公元200年曹操与袁绍之间的官渡之战。

当时，曹军初战失利，不得不退守。袁绍构筑楼橹，堆土如山，用箭俯射曹营。曹操听从了谋士刘晔的计谋，“发石车，击绍，楼皆破，军中呼曰霹雳车”。这里的霹雳车，就是加装了车轮的投石机。西晋潘安仁描写其发射的场景为“炮石雷骇，激矢蝱飞”。然而，最重要的是，投石机与车之间实现了第一次结合，这大大地加强了它的机动性，使它的实用价值得到了大大提升。

牵引式投石机是一个复合机器，它主要利用杠杆原理来发射，就像跷跷板一样，先把杠杆的一侧用力拉到地面上，上面放上石头，再通过人力拉动另一边的绳索，把石头抛向远方。它是何时从中国传向西方的？有一种说法是由阿瓦尔人（一支来历不明的欧亚游牧民族）向西传播，还有一种说法是阿拉伯商人将牵引投石机的知识传播到东方以外。总之，该技术在6世纪后期被拜占庭人采用，并在接下来的几个世纪逐渐被他们的邻国使用。

6世纪，拜占庭和中东的军队在他们的军事行动中使用了这些机器。塞萨洛尼基（Thessalonike）的约翰大主教在他对597年围攻马其顿城市的目击记述中，描述了一组50个牵引式的投石机，称为petrobolos（城市占领者）。他声称这些机器投掷了如此多的石头，人类的建筑都无法承受。

然而，东西方的投石机并没有被完全隔开，到了蒙古帝国时期，东西方的投石机又再次交融，产生了一种威力巨大的“炮”。中国最早的配重投石机出现在1267年，当时蒙古人围攻了樊城和襄阳，这次战役在史书上被称为“襄樊保卫战”。在连续数年未能攻下樊城和襄阳这对双胞胎城市后，蒙古军队请来了两名波斯工程师，建造铰链式配重投石车。它们被称为回回炮，又被称为襄阳炮。据记载，这种炮可以把重达90公斤的石弹射出，并且入地可达七尺深，威力巨大。伊斯梅尔（Ismail）和阿尔·阿德·丁（Al aud Din）从伊拉克来到中国南方后，为攻城战建造了投石机。中国和穆斯林工程师为蒙古军队操作火炮和攻城机。到1283年，在东南亚，查姆人也使用配重投石机来对抗元朝。在中国，投石机最后一次被用于军事是在1480年。

相较于中国牵引投石机，西方主要使用的是配重式投石机，它被描述为“中世纪最强大的武器”。已知最早的关于配重式投石机的描述和插图来自1187年马迪·本·阿里·奥塔苏西（Mardi ibn Ali al Tarsusi）对萨拉丁征服的评论。然而，早在1187年之前，欧洲的配重式投石机已经存在。1090年，哈拉夫·伊本·穆拉伊布（Khalaf ibn Mula'ib）用机器把一个人从萨拉米亚（Salamiya）的城堡里扔了出来。在12世纪初，攻城机就能够攻破十字军的防御工事。大卫·

尼科勒（David Nicolle）认为，这些事件只有在使用配重式投石机的情况下才有可能发生。

早期资料显示，12 世纪拜占庭的历史学家尼基塔斯·蔡尼亚提斯（Niketas Choniates）在描述 1165 年围攻泽夫米农（Zevgminon）时配备的辘轳时，可能指的就是配重式投石机，因为辘轳只对配重式机器有用。据报道，在 1097 年围攻尼西亚（Nicaea）时，拜占庭皇帝亚历克修斯一世科穆尼诺斯（Alexios I Komnenos）发明了新的投石机，这个投石机偏离了传统设计，给大家留下了深刻印象。在 1124 年第二次围攻泰尔（Tyre）时也使用了配重式投石机，据说十字军使用了“大投石机”。保罗·切维登（Paul Chevedden）认为，到 12 世纪二三十年代，配重式投石机被不同的民族使用在不同的地方，如十字军国家、西西里岛的诺曼和塞尔柱。

在欧洲的资料中，最早的关于配重式投石器的可靠记载可以追溯到 1199 年十字军东征时对卡斯泰尔诺沃·博卡·达达（Castelnuovo Bocca d'Adda）的围攻。据《阿尔比派十字军之歌》这部史诗记载，法国贵族西蒙·德·蒙福特伯爵（Simon de Montfort）在 1210 年 6 月对密涅瓦（Minerve）堡垒的战斗中使用了一个投石机，这是一个巨大且有力的机器，人们给这个特殊的战争机器取了个绰号——“坏邻居”，因为它用一块石头就毁掉了一座塔，又用另一块石头毁掉了一座大厅。即使诗歌中有夸大的成分，但这也足以说明了它的威力。到了 1230 年，配重式投石机已经成为攻城战中的常见工具。

随着火药的引入，投石机开始失去其作为首选攻城机器的地位。在布尔戈斯（Burgos）围城（1475—1476 年）和罗德（Rhodes）围城（1480 年）中，仍然使用了投石机。最后记录投石机的军事用途是埃尔南·科尔特斯（Hernán Cortés）在 1521 年指挥西班牙军队围攻阿兹特克首都特诺奇蒂特兰（Tenochtitlán）时。之所以使用它是因为当时火药供应有限。据记载，这次尝试并没有成功，因为第一颗炮弹意外地落在了投石机上，把它摧毁了。

特诺奇蒂特兰的陷落使阿兹特克帝国迅速崩溃。在接下来的 3 年里，征服者将整个中美洲置于西班牙的统治之下，并建立了新的西班牙殖民地。天花也继续肆虐，削弱了土著居民抵抗西班牙人的能力，进一步使他们处于不利地位。此外还由于技术进步导致的严重差距：土著部落还在使用弓箭和长矛作战，而西班牙人则已经使用了火药和钢铁。

二、现代战争机器的出现及影响

众所周知，火药是中国的四大发明之一。具有讽刺意义的是，公元9世纪中国的炼丹家发明火药是为了追求长生不老，但是后来它却演变成为原子弹发明之前最致命的武器，这不仅使战争伤亡人数剧增，而且使战斗方式和边界划分发生改变。更重要的是，对人类历史产生了深远的影响，有人认为它塑造了近现代的政治格局和世界历史，从许多方面改变了人类的历史。

大约在公元850年的唐朝，一个非常聪明的方士混合了75份硝石、15份木炭和10份硫黄。当这种化学混合物暴露在明火中时，就会发生爆炸。至此，火药第一次走进了人类文明的历史，它成为现代战争中使用的几乎所有武器的基础，从枪支到手榴弹、炸弹，从大炮到火箭。中国人为人类文明的进步贡献了一次巨大的推力，彻底地解决了文明与野蛮之间长达一万年的较量。

早在9世纪时，硝石和医药、炼丹术的知识一起，由中国传到阿拉伯。当时的阿拉伯人称它为“中国雪”，而波斯人称它为“中国盐”。他们仅知道用硝来治病、冶金和做玻璃。火药是13世纪时由商人经印度传入阿拉伯国家的。希腊人通过翻译阿拉伯人的书籍才知道火药，而火药武器则是通过战争传到阿拉伯国家。

多年来，许多西方历史书籍都说中国人仅将火药这一发现用于烟花爆竹，但事实并非如此。早在公元904年，宋朝军队就使用火药装置对付他们的主要敌人——蒙古人。这些武器包括“飞火”，一种箭杆上装有燃烧的火药管，这是早期的微型火箭，它可以用燃烧产生的推力将自己推进敌人的队列中，并在人和马之间引起恐惧，使敌方产生慌乱，于是宋朝军队就有了可乘之机。对于第一批接触火药威力的蒙古人来说，他们一定以为那是可怕的魔法。宋代火药的其他军事应用还包括原始手榴弹、毒气弹、火焰喷射器和地雷等。

甚至最早的大炮也是由中国人制造的。麦吉尔大学的罗宾·耶茨（Robin Yates）教授指出，世界上第一幅大炮插图来自中国的宋代，出现在大约公元1127年的一幅画中。这幅绘画是在欧洲人开始制造大炮之前一个半世纪创作的。

到了11世纪中后期，由于见识到了火药的巨大威力，宋朝政府开始担心火药技术会蔓延到其他国家，进而威胁到自身，于是在1076年开始禁止向外国人出售硝石。然而，这种神奇物质的知识还是沿着丝绸之路传到了印度、中东和欧洲。首先是蒙古人俘获了一批宋朝制作火药的工匠，将其编入了自己的军队，这使得蒙古人也学会了制作与使用火药。后来随着蒙古人西征，他们在 1241 年春季与 3 万波兰人和日耳曼的联军在东欧大平原打了一场遭遇战。根据波兰历史学家德鲁果斯（Drugos）在《波兰史》一书的记述，蒙古大军在这场会战中使用了威力强大的火器。而此时一位波兰人盖斯勒（Geisler）躲在战场附近的一座修道院内，偷偷地用笔描绘出了蒙古士兵使用的从一种木筒中迸发出火箭的武器，因其木筒上绘有龙头，所以被当时的西方人称为“中国喷火龙”。盖斯勒也因此成为西方最早的火药学家。而到了 1280 年，火药的第一批配方在西方正式出版。中国的秘密已经公开了。

意大利是获得中国火药知识较早的国家，欧洲人话语中的“火箭”一词就最早出现在意大利语中。1379—1380 年间，意大利两大强国威尼斯和热那亚为争夺海上贸易垄断权发生战争，双方在这场战役中都使用了火器，这是欧洲人制造使用火器的最早记录。火器在传到欧洲以后得到了革命性的发展，后来火药间接地瓦解了欧洲骑士兵团，使得欧洲庄园农场主渐渐丧失了统治地位，原始的小农经济开始瓦解，资产阶级逐渐兴起，欧洲进入了文艺复兴时代。最终火药也成了欧洲人征服世界的利器。

马克思说：“火药、指南针、印刷术——这是预告资产阶级社会到来的三大发明。火药把骑士阶层炸得粉碎，指南针打开了世界市场并建立了殖民地，而印刷术则变成新教的工具，总的来说变成科学复兴的手段，变成对精神发展创造必要前提的最强大的杠杆。”①

（一）现代枪、炮的发明

1132 年，中国南宋的军事家陈规发明了一种火枪，这是世界军事史上最早的管形火器，可以称为现代管形火器的鼻祖。据《宋史》记载：到了南宋开庆元年（1259）寿春府人创造了一种突火枪，该枪用巨竹做枪筒，发射子窠（内装黑火药、瓷片、碎铁、石子等）。燃放时，膛口喷出火焰，子窠飞出散开杀伤对阵的敌人，这是现代霰弹枪的起源。

早期的枪和炮实际上是同一类武器，枪不过是火炮的缩小版。当中国的火药和金属管形火器传入欧洲后，火枪得到了更快的发展。1346 年英国人在加来使用了攻城炮。欧洲现存最早的火器是在爱沙尼亚的奥泰帕发现的，它至少可以追溯到 1396 年。大约在 14 世纪末，欧洲发明了更小的便携式手提大炮，实际

① 中共中央马克思、恩格斯、列宁、斯大林著作编译局．马克思恩格斯全集（四十七卷）［M］．北京：人民出版社，1979：427.

上创造了第一种个人火器——火绳枪。

火绳枪的结构是，枪上有一金属弯钩，弯钩的一端固定在枪上，并可绕轴旋转，另一端夹持一燃烧的火绳，士兵发射时，用手将金属弯钩往火门里推压，使火绳点燃黑火药，进而将枪膛内装的弹丸发射出去。15 世纪末，德国奥格斯堡出现过带膛线的火绳枪，说明那时的人们已经意识到让弹丸旋转可以提高稳定性，使弹丸更精准，不过普及还得再等上 200 多年。

火绳枪是由葡萄牙人传入中国的。中国大概在 16 世纪从葡萄牙人那里获得了火绳枪的技术。明王朝对其进行了仿制，称之为鸟铳，一直被中国人使用到 19 世纪。

最早大规模应用火枪的是土耳其人，而将火枪发扬光大的则是西班牙人。在 1503 年的切利尼奥拉战役中，西班牙人依靠“火枪+长矛”组合的方阵以 6000 兵力击破法军 9000 精锐兵力，且自身伤亡不过 500 人，这是欧洲第一次全靠枪械赢得的战役。

长矛用于防御，火枪用于攻击，这种“火枪+长矛”组合在接下来 100 多年时间里成了欧洲主流的战争模式，也逼迫欧洲各国逐渐开始加重火枪手在阵中的比例，到了 17 世纪中后期，刺刀的普及替代了长矛的地位。至此，传统冷兵器时代宣告结束，骑兵也从主力沦为一支战术机动单位。

由于火绳在雨天容易熄灭，而且夜间容易暴露，在 16 世纪后逐渐被燧发枪所代替。1525 年，意大利人达·芬奇设计了燧发枪，将火绳点火改为燧石点火，用弹簧使燧石打击出火花，引燃火药，推出弹丸完成射击。16 世纪中叶法国人马汉制造了新式燧发枪，这样才逐渐克服了气候的影响，更重要的是简化了射击程序，提高了射击精确度，最重要的是做到了随时瞬间发射，为枪械的改进奠定了基础。

关于燧发枪，还有一件事，差一点改变了美国的历史。在美国独立战争的第 3 年，即 1777 年 10 月的某日，在费城西北杰曼敦地区，两军在相距 167～251 米的阵地上对峙。此时战场上没有枪炮声，正是休战时刻。一边是美国爱国兵（大陆正规军）和一分钟兵（立即应召民兵），另一边是红一军（英军）和托利军（亲英分子部队）。英军司令部曾密令神枪手弗格森少校射杀美国总司令华盛顿以挫败美军士气。弗格森少校是当时苏格兰高地团二营营长，他既是枪械发明家（手握的那支燧发后装枪就是他的杰作，也是英军装备不久的新步枪），又是神枪手。突然美国阵地上出现一个衣着随便的人，漫不经心地看着英国阵地。

此时弗格森从英军战壕里跳出，端着一支燧发后装枪，气势汹汹，高声骂阵。可是站在对面的那个美国人充耳不闻，显得一副很悠闲的样子。弗格森端起枪朝那人瞄了一下，但并没有扣动扳机，而是把枪放下了。他当时判断，这个人不可能是大官，根本不值得耗费他这位“百发百中”的神枪手手中的一粒子弹。弗格森最大的疏忽是忘记了密令中开列的名单上各个目标的外貌特征，而他放走的这个身高 1.83 米的汉子正是大陆总司令乔治·华盛顿。

1780 年 10 月 7 日，弗格森所率领的亲英部队在金斯山战斗中陷入了大陆正规军和一分钟兵的重围。美国狙击手同样干得不错，一枪就射杀了 36 岁的弗格森，1100 名亲英部队死伤 400 人，其余 700 人投降，缴获了许多弗格森发明的燧发后装枪。后来，这种枪成了收藏珍品。

1840 年普鲁士的德莱赛发明了击针发火的后装步枪，他本人认为这种后装滑膛击针枪难有作为。但是这种枪使用的却是定装枪弹，它把弹丸、发射药和火帽连为一体，大大加快了装弹的速度。后人称此枪为德莱赛针刺击发枪。这种后装枪使得以后的连发射击成为可能。

德莱塞步枪给普鲁士军队带来了技术和战术上的优势，在 1864 年与丹麦进行的第二次石勒苏益格战争和为期 7 个星期的普鲁士—奥地利战争中，以及在德国统一的过程中，它都发挥了至关重要的作用。德莱塞步枪虽然在各方面都不及法国的 M1866 后膛步枪，但是在 1870—1871 年的普法战争中仍旧在使用。

德莱赛研制的改进型针刺击发枪是世界栓动步枪的鼻祖，成了第一次世界大战甚至第二次世界大战许多参与国军队标准的制式步枪，栓动步枪直到战后才真正被（半）自动步枪彻底取代，尽管第二次世界大战时已经出现了（半）自动步枪。需要指出的是，德莱赛设计的步枪并不完善，此后，另一名著名的枪械设计者曼立夏对枪栓结构进行了改进，并设计出 19 世纪中期风靡一时的曼立夏步枪。但真正将枪栓式设计成熟化的，却是后来德国著名的威廉·毛瑟和保罗·毛瑟兄弟，他们推出了经典的毛瑟 Gew98 式步枪后，彻底将枪栓式步枪的设计发展到了极致，而且他们还制造了盒型弹仓，将弹仓或弹匣装入机匣进弹口处，依靠枪击后座和复进完成退壳和进弹动作。

早在 1750 年左右，人们已经不再携带剑，枪支成为决斗的首选武器。人们使用各种枪支，直到 1777 年决斗手枪被正式标准化，即“25.40 厘米的枪管，2.54 厘米口径的滑膛燧发枪，携带弹丸”。这种手枪通常都有豪华的装饰，直到 19 世纪中期决斗不再受到大家的青睐。

1836年，塞缪尔·柯尔特（Samuel Colt）在美国获得了一种手持手枪的专利，他发明了第一支大规模生产的多发旋转式枪支。各种旋转设计已经存在了几个世纪，但现有的技术仍无法制造出精确的零件。柯尔特是第一个将这个想法应用于工业时代的加工工具的人。Colt.45左轮手枪被称为“赢得西方的枪”，尽管其他枪支，包括1873年的温彻斯特连发步枪，也声称拥有这一称号。

在伊莱·惠特尼（轧棉机的发明者）的帮助下，柯尔特在他位于康涅狄格州哈特福德的军械库开发了模具，可以锻造构成左轮手枪的金属件。这项创新使柯尔特能够大规模生产这种武器，并将其销售给军队、西南地区的牛仔、落基山脉的淘金矿工和全国的执法官员。大规模生产使柯尔特枪支的价格变得低廉，而可靠性和准确性又使得柯尔特枪成为士兵和边民的最爱。

历史上最受赞誉的枪支设计师是来自犹他州奥格登的约翰·摩西·勃朗宁（John Moses Browning），他于1883年开始为位于纽黑文的温彻斯特连发武器公司进行设计，并创造了一个包含泵式动作的步枪版本。泵式或滑动式枪支的特点是，枪手将枪支前臂的握把向后拉，然后将其向前推，以弹出空弹，并用新弹重新装填枪支。因而，勃朗宁因其在自动装弹枪械方面的贡献而变得相当知名。

在自动武器中，由武器射击产生的动力被用来弹出空弹壳并重新装弹。在勃朗宁的128项枪支专利中，其中最著名的是M1911手枪、勃朗宁自动步枪和他在1933年设计的M2.50口径机枪。

M2机枪被美国军方采用，仅在稍做修改后，就成为美国在越南战争期间发给士兵的主要武器。M1911是美国军队的第一支半自动手枪，这个版本仍然是许多军事、执法和体育射击者的首选武器。在第二次世界大战和朝鲜战争中，美国军队广泛使用勃朗宁自动步枪。

在勃朗宁开发出半自动手枪和机枪之前，印第安纳州印第安纳波利斯的理查德·加特林（Richard Gatling）已经创造了一种更早、更原始的机枪。19世纪60年代初，加特林获得了一项手摇式多管武器的专利，这种武器每分钟可以发射200发子弹。只要枪手转动武器的曲柄，助手向机器输送弹药，加特林枪就能持续射击。

出生于美国的英国发明家希雷姆·马克西姆（Hirem Maxim），用他的马克西姆枪把机枪制造提高到一个新的水平。该武器利用发射的每颗子弹的后坐力将用过的子弹弹出，并拉入下一颗子弹。1884年的马克沁机枪每分钟可以发射

600 发子弹，这种机枪很快就装备了英国军队，然后是奥地利、德国、意大利、瑞士和俄罗斯军队。

马克西姆的新公司维克斯生产的马克沁机枪及其后期版本在第一次世界大战中变得非常普遍，而德国军队则开始使用他们自己的机枪版本。美军最终将勃朗宁机枪带到了前线。各方机枪产生的连环火力导致了堑壕战的发明，因为对于试图躲避新武器快速射出的子弹的士兵来说，掩体变得至关重要。

冷战时期最重要的枪械发明是 AK-47 步枪，它是米哈伊尔·卡拉什尼科夫（Mikhail Kalashnikov）于 1947 年为苏联军队开发的（AK 代表“卡拉什尼科夫自动步枪”）。这种短管武器具有陡峭前视镜柱和弯曲的弹匣，使枪能够快速射击并具有便携性。

卡拉什尼科夫冲锋枪在越南战争中的致命效果促使五角大楼生产了一种新的美国突击步枪 AR-15，后来被称为 M-16。

这两种武器都是气体驱动的，这意味着弹药筒中的一部分高压气体用于为取出用过的弹药筒提供动力，并将新的弹药筒插入武器腔室。两者每分钟最多可以发射 900 发子弹。

大炮早在 12 世纪就出现在中国，但直到 13 世纪后期才被用于战争，并在 14 世纪时传播到整个欧亚大陆。大炮很可能是火枪的平行发展或演变。在中世纪，为攻城战和野战开发了许多大炮。大炮取代了先前的攻城武器，如投石机。中世纪之后，大多数大炮都被弃用，取而代之的是数量更多、重量更轻、机动性更强的野战炮。新的防御工事开始出现，如星形堡垒就是专门为更好地抵御大炮而设计的。大炮以其致命的火力改变了海战，使船只可以在远距离范围内相互摧毁。随着膛线变得越来越普遍，大炮的准确性也得到了显著提高，它们变得比以往任何时候都更加致命，尤其是对步兵而言。在第一次世界大战中，大部分的死亡是由大炮造成的。大炮在第二次世界大战中也被广泛使用。大多数现代大炮与第二次世界大战中使用的大炮相似，包括自动火炮，但海军大炮除外，现在的口径明显在变小。

在中世纪的欧洲，牛津大学的罗杰·培根首先在 1248 年他的作品中描述了火药和它在军事上的应用：“我们可以用硝石和其他物质人工合成可以远距离发射的火……只使用非常少量的这种材料，就可以产生大量光，并伴随着可怕的骚乱。它可以摧毁一个城镇或一支军队……为了产生这种人造闪电和雷声，必须使用硝石、硫黄和粉状木炭。”①

第一门金属大炮是“火罐”，它是由青铜制成的，形状像一个带有窄颈的花瓶。它装有一个可能用皮革包裹的箭头状螺栓，这样可以提供更大的推力，通过一个接触孔进行引爆。这种武器和其他类似武器在百年战争期间被法国人和英国人使用，当时大炮是首次在欧洲战场上被真正使用。这些大炮更多用于心理影响而不是造成身体伤害，即便如此，大炮仍然是一种相对稀有的武器。

在15世纪，大炮取得了显著进步，因此轰击成了最有效的攻城方式。15世纪末，大炮逐渐取代了战场上的攻城车以及其他形式的武器。如英格兰的班堡城堡曾被认为是牢不可破的，但却在1464年的玫瑰战争中成为第一座因大炮轰击而毁损的城堡。

一些苏格兰国王对大炮的发展非常感兴趣，其中包括詹姆斯二世。1460年，詹姆斯二世拖着蒙斯梅格炮前往围攻罗克斯堡，这门攻城炮重达6吨，可以发射150公斤的炮弹，射程可达3.2千米。但是詹姆斯二世却被自己的另外一门大炮意外爆炸炸死了。詹姆斯四世是苏格兰文艺复兴时期的国王，他对大炮也很着迷，他让蒙斯梅格炮多次参与战斗，先攻击敦巴顿城堡，然后是诺勒姆城堡。到1502年，他投资建立了一支苏格兰海军，这支海军拥有大量的大炮，他的旗舰大迈克尔号在1511年下水，拥有36门大炮、300门小炮和120名炮手。

到了16世纪，大炮的长度和炮膛直径都发生了很大的变化，但一般的规则是炮管越长，射程越远。这一时期制造的一些大炮的炮管长度超过3米，重量可以达到9100公斤。因此，需要大量的火药，以使它们能够发射几百米的石球。

中世纪末，更大、威力更强的大炮被推广到世界各地。这一时期大炮对战争的另一个显著影响是使传统防御工事发生变化。尼科洛·马基雅弗利认为：“没有哪堵墙，不管它有多厚，大炮都会在短短几天内摧毁它。”也就是说城堡在战场上的重要性迅速下降。新堡垒的墙壁不再是雄伟的塔楼和城垛，而变得更厚、更有棱角、更倾斜，而塔楼变得更低、更坚固，土、砖和石制的防御工事和掩体也被越来越多地使用起来。这些新的防御工事因其特有的形状而被称为“星形堡垒”。其中有一些以其炮台为特色，如英国都铎王朝的一种曲线形式的防御工事，它由被圆形堡垒包围着的矮小炮塔组成。星形堡垒很快在欧洲取代了城堡。

---

① BACON R. Opus Majus [M]. London: Oxford university Press, 1928: 629.

16 世纪，由于多项技术的进步，使大炮更具机动性。轮式炮车和支撑炮身两侧的耳轴变得很常见，火炮牵引车的发明进一步促进了火炮的运输。因此，野战火炮变得可行，并开始频繁出现，它通常与用于攻城的大型火炮一起使用。更好的火药、改进的铸铁弹丸以及口径的标准化意味着即使是相对较轻的大炮也可以是致命的。

创新仍在继续，特别是德国人发明了迫击炮，一种厚壁的短管炮，它以陡峭的角度向上发射。迫击炮对攻城很有用，因为它们可以越过城墙和其他防御设施。这种火炮在荷兰人那里发现了更多的用途，他们学会了用这种火炮发射装满火药的炸弹。

随着火炮开始在战场上占据真正的位置，瑞典的古斯塔夫·阿道夫（Gustavus Adolphus）看到了机动性的重要，他创造了新的阵型和战术，彻底改变了火炮。阿道夫不再使用 12 磅或更重的炮弹作为野战装备，而是倾向于使用只需几个人就能操作的大炮。有一种被称为“皮革”的火炮可以由 2 个人操作，但后来因为不能让热量尽快消散导致炮身太热而被放弃了，取而代之的是 4 磅和 9 磅的炮。这些炮可以由 3 个人操作，只由 2 匹马拉动。此外，阿道夫的军队还率先使用了一种同时包含火药和弹头的特殊弹匣，这加快了装填速度，从而提高了射速。每个团被分配到两门大炮，尽管阿道夫经常决定将他的大炮安排成炮群。在 1631 年的布赖滕费尔德战役中，阿道夫击败了蒂利伯爵约翰·采克莱斯（Johann Tserclaes），证明了其对军队，特别是对炮兵所做改变的有效性。

在瑞典的领导下，所有国家都修改了他们的火炮。炮兵的神秘感开始消失，炮手成为职业军人。青铜成为最受欢迎的炮弹。

法国的路易十四似乎是第一个赋予炮兵永久性组织的人。1671 年，他组建了一个炮兵团，并建立了教学学校。大约从 1500 年开始的“常备军”原则现在已经普遍使用，由训练有素的专业士兵组成的小军队形成了一个与其他人不同的阶级。随着大炮成为军队的一个有组织的武器，即使在和平时期也必须支付昂贵的人员和设备费用。尽管如此，一些必要的变化还是迟迟没有到来。法国炮兵军官直到 1732 年才获得军衔，在一些国家，炮兵在 1790 年仍然是平民。1716 年，英国将炮兵组织划分成两个永久性连，组成皇家炮兵团。然而，直到美国独立战争期间，曾在皇家炮兵部队服役的将军是否有权指挥所有兵种的军队，仍存在很大争议。

大约在这个时候，还出现了用大炮瞄准目标的想法。炮手通过测量仰角来控制大炮的射程，使用的工具是“炮手四角仪”。大炮没有瞄准镜，因此，即使有测量工具，瞄准在很大程度上仍然是依靠猜测。

在17世纪后半叶，法国工程师沃邦引入了一种更加系统和科学的方法来攻击堡垒。沃邦也是一位多产的星形堡垒建造者，并推广了面对大炮时的“纵深防御”理念。这些原则一直沿用到19世纪中期，当时军备的变化需要更大的纵深防御工程。但直到第一次世界大战之前的几年里，新的工程才开始从根本上脱离他的设计。

大炮在拿破仑·波拿巴上台的过程中至关重要，并在后来的日子里继续在他的军队中发挥着重要作用。在法国大革命期间，督政府的不受欢迎导致了暴动和叛乱。当超过25000名保皇党人在达尼安将军的带领下进攻巴黎时，保罗·弗朗索瓦·让·尼古拉（Paul Franois Jean Nicolas）——巴拉斯副主教被授命保卫首都。由于人数是5∶1，而且组织混乱，共和党人陷入了绝望。拿破仑到达后，他重新组织了防御，同时意识到没有大炮城市就无法守住。他命令约阿希姆·穆拉特（Joachim Murat）把大炮从萨布隆炮兵公园运来，少校和他的骑兵们奋力冲向大炮，把它们带回给拿破仑。当训练有素的达尼安士兵发动进攻时，1795年10月5日，拿破仑命令他的大炮向暴徒发射葡萄弹，这一行为被称为“葡萄弹的味道”。

拿破仑是最早认识到大炮没有被充分使用的将军，他经常将大炮集结成炮群，并对法国大炮进行了一些改革，大大改善了大炮的性能，使其成为欧洲最好的大炮。例如，在弗里德兰战役中，法军成功地使用了大炮，当时66门火炮共发射了3000发实心弹和500发榴弹，给俄军造成了严重的伤亡，俄军的伤亡人数总计超过2万人。在滑铁卢战役中，法军的火炮比英军和普军都要多。由于战场是泥泞的，后坐力使大炮在发射后埋入地下，导致射速缓慢，因为士兵们需要花费更多的精力将它们移回到适当的发射位置；而且，实心弹在潮湿的土地上没有那么大的弹跳力。尽管有这些缺点，但持续的炮火在交战中被证明是致命的，尤其是在法国骑兵的进攻中。英国步兵组成步兵方阵，在法国人的炮火下损失惨重，而他们自己的大炮则在骑兵和长枪兵后退重新集结时才向法军开火。最终，法军在遭受英军大炮和火枪射击的重大损失后，停止了进攻。

大炮在美国内战中对南北双方的军队都发挥了重大作用。南方军的最高指挥者李将军曾说：“大炮象征着自由、安全、保护、纪律和荣誉。大炮也代表了我对内战历史的兴趣。”① 1862 年 12 月，他写信给同盟国的战争部长时说，他的军队迫切需要更多的拿破仑火炮来对抗北方使用的火炮。拿破仑炮的缺乏使他的大炮与对手“非常不平等”，结果“让我们的炮兵感到沮丧”。李将军提议将他军队的大量青铜大炮熔化并重新铸成拿破仑炮。李将军指出“在我看来，最好的野战枪支是 12 磅的拿破仑炮”。

这些大炮之所以被称为拿破仑炮，是因为它的设计最初是在 1850 年被法国皇帝路易·拿破仑采用的。1861 年内战开始时，美国只有几十门拿破仑炮，但到 1863 年的葛底斯堡战役，它们已成为双方最受欢迎的滑膛炮。战争结束前，北方生产了 1100 门，南方生产了 600 门。到 1864 年年底，李将军的北弗吉尼亚军队使用的拿破仑炮要比所有其他品种的总和还要多。

内部铸造螺旋线在 1855 年之前被更多应用于大炮，因为它使炮弹具有陀螺稳定性，从而提高了精确度。最早的线膛炮是阿姆斯特朗炮，它是由威廉·乔治·阿姆斯特朗（William George Armstrong）发明的，它的射程、精度和威力比早期的武器有了明显的提高。阿姆斯特朗炮发射的弹丸可以穿透木船舷，在敌舰内部爆炸，造成更大的破坏和伤亡。英国军方支持阿姆斯特朗炮，剑桥公爵甚至宣称它“除了不能说话，什么都能做”。尽管阿姆斯特朗炮比较先进，但是因为成本较高，且不能击穿铁甲船的装甲，所以并没有替代老式前装炮。之后阿姆斯特朗又设计了新的膛口装填炮，这被证明是成功的，《时代周刊》报道：“即使是那些认为我们现在的铁甲舰坚不可摧的最忠实的信徒也不得不承认，面对这样的火炮，铁甲舰的船板和船舷几乎和木船一样容易被击穿。”②

西方世界的大炮在战争中给他们带来了巨大的优势。例如，在鸦片战争中，英国战舰能从远处轰击中国沿海地区的防御工事，而中国大炮却无法攻击英国战舰。同样，在有史以来最短的战争中，即 1896 年的英属桑给巴尔战争，也是因为英国战舰的炮击迅速结束了战斗。面对越来越强大的野战大炮，人们对新招募的步兵持有一种蔑视的态度，这就是“炮灰”一词的来源，该词被弗朗索瓦·雷内·德·夏多布里昂（François-René de Chateaubriand）在 1814 年首次使用。然而，早在 1598 年，威廉·莎士比亚在《亨利四世》第一部分中就记录了

---

① GLATTHAAR J. General Lee's Army：From Victory to Collapse［M］. New York：Free Press，2008：263.

② BASTABLE M J. From Breechloaders to Monster Guns：Sir William Armstrong and the Invention of Modern Artillery，1854-1880［J］. Technology and Culture，1992（2）：215.

将士兵视为“火药的食物”这一概念。

到了 20 世纪初，步兵武器变得更加强大和精确，迫使大多数火炮离开前线。尽管改为间接射击，大炮在第一次世界大战期间仍然被证明是非常有效的，造成了超过 75%的伤亡。第一次世界大战爆发后，堑壕战的开始大大增加了对榴弹炮的需求，因为它们可以以陡峭的角度射击，更适合打击堑壕中的目标。此外，它们的炮弹携带的炸药量大，对炮管的磨损也小得多。德军充分利用了这一点，在战争开始时比法国人拥有更多榴弹炮。此外还有巴黎炮的使用，这是当时射程最远的炮。这种 200 毫米口径的火炮被德国人用来轰炸巴黎，能够击中超过 122 千米以外的目标。

第二次世界大战引发了大炮技术的新发展。1944 年 12 月下旬，近炸引信出现在欧洲战场上，被称为美国炮兵送给德军的“圣诞礼物”，主要是在阿登战役中使用。近炸引信对露天的德军人员很有效，因此被用来阻止他们的攻击。近炸引信也在防空弹中发挥了巨大的作用，在欧洲和太平洋战区，近炸引信也被用来分别对付 V-1 飞行炸弹和神风特攻队飞机。反坦克炮在战争期间也得到了巨大的改进，1939 年，英国人主要使用 2 磅炮和 6 磅炮。到战争结束时，17 磅炮被证明对付德国坦克更有效，32 磅炮也进入了研发阶段。同时，德国坦克不断升级，除了其他方面的改进外，还有更好的主炮。例如，三号坦克最初设计的是 37 毫米火炮，但在量产时却使用了 50 毫米火炮。为了应对 T-34 坦克的威胁，德军又引进了一门威力更大的 75 毫米火炮。尽管火炮技术得到了改进，三号坦克的生产还是在 1943 年结束了，因为这种坦克仍然无法与 T-34 匹敌，而且，正在被四号坦克和豹式坦克所取代。1944 年，88 毫米的 KwK43 坦克炮及其多种变体开始服役，并被改装为 PaK43 反坦克炮。

世界大战期间制造大口径火炮的趋势在近年来得到了扭转。例如，美国陆军一直在寻求一种更轻、用途更广的榴弹炮，以取代他们老化的武器。由于可以牵引，M198 被选为第二次世界大战时期使用的大炮的后继者，并于 1979 年开始服役。M198 至今仍在使用，但是，M777 超轻型榴弹炮正在慢慢取代它，因为 M777 的重量几乎是 M198 的一半，而且可以直接用直升机运输，而 M198 则需要 C-5 或 C-17 来空运。尽管像 M198 这样的陆基火炮威力大、射程远、精度高，而且它比过去小得多，但是在某些情况下已经被巡航导弹所取代。但海军并没有忽视火炮。朱姆沃特级驱逐舰的武器包括先进的火炮系统（AGS），一对 155 毫米火炮，发射远程陆地攻击炮弹。该弹头重 11 千克，圆周概率误差为

50 米，增程后有效射程至 190 千米，这比巴黎炮的射程更远。AGS 的炮管是水冷的，每门炮每分钟能够发射 10 发炮弹。两座炮塔的综合火力使朱姆沃特级驱逐舰拥有相当于 18 门常规 M198 榴弹炮的火力。美国海军舰艇重新将大炮作为主要武器装备的原因是，由大炮发射的卫星制导弹药的成本远远低于巡航导弹，因此在许多战斗情况下是更好的选择。

（二）坦克出现在战争中

1916 年 9 月 15 日，在索姆河畔的德军战壕里传播着一个谣言："魔鬼来了。"当那些在无人区蹒跚而行的奇怪机器逐渐映入眼帘时，周围的地面都在震动，履带上的金属怪物毫不受前方地面上带刺铁丝网的影响。一些人惊慌失措地逃跑，另一些人则开火，但似乎没有任何东西可以穿透机器的装甲，即使是神圣的机枪也不可以。

早在 1914 年秋天，西线就陷入了僵局，因为大炮和机枪的组合所带来的毁灭性的火力使双方几乎都无法取得进一步的突破。第一次伊普尔战役（1914 年 10 月 20 日至 11 月 22 日）标志着西线公开战争的结束，因为双方都被迫在战场上寻找掩体并挖坑保护士兵，因此堑壕战占据了主导地位，但现在需要一些新的东西来打破僵局。

一种能够为部队提供保护和火力的车辆概念并不新鲜，事实上，坦克概念的提出可以追溯到古代，当时攻城车为部队的移动提供保护。达·芬奇也因设计了类似于坦克的战争机器而受到赞誉。因此，内燃机、装甲板和连续履带的结合以及堑壕战的僵局，都促成了坦克的诞生。

英国人为了应对第一次世界大战而研制出了坦克。1914 年，一位名叫欧内斯特·斯温顿（Ernest Swinton）的英国陆军中校和帝国国防委员会秘书威廉·汉基（William Hankey）提出了一种装甲车的想法，其车轮上有类似传送带的履带，可以突破敌人的防线并穿越困难的阵地。这些人呼吁英国海军大臣温斯顿·丘吉尔相信"陆地船"的概念，并组织了一个陆地船委员会开始开发原型。据报道，为了保密，生产工人被告知：他们正在建造的车辆将用于在战场上运水（另一种理论认为，新车辆的外壳类似于水箱）。无论哪种方式，新车都被装在标有"坦克"的板条箱中运走，这个名字就这样被留下来了。

第一辆坦克原型车"小威利"于 1915 年 9 月亮相。由于其性能不佳，且速度慢、无法穿越战壕，于是，第二辆被称为"大威利"的原型车被生产出来了。到了 1916 年，距离斯温顿中校提交备忘录仅一年多的时间，这种装甲车被认为已经做好了战斗准备，于是坦克在索姆河战役中首次亮相，开启了机械化战争的新时代。这批坦克被称为“马克一号”，但它的温度高、噪声大、笨重，而且还在战场上出现了机械故障。尽管如此，人们还是意识到了坦克的潜力。经过进一步的设计改进，在 1917 年 11 月的康布雷战役中，当超过 400 辆马克四型坦克在 11 千米宽的战线上突破了近 10 千米后，证明了它们跨越铁丝网防御的有效性，也证明了它确实比马克一型更成功，那场战役俘获了 8000 名敌军和 100 门炮。于是，坦克迅速成为重要的军事武器。

随着生产和可靠性的提高，坦克变得更加先进并被大量使用，到 1918 年夏天，作为“全武器”方法的一部分，坦克成为战场上的常见武器。

法国等其他国家也加大了对坦克的开发力度，法国人创造了雷诺 FT 轻型坦克——这是第一个在顶部使用完全旋转的主武器炮塔的坦克，也是此后坦克设计的基础。

德军经常打捞英国和法国的坦克，以便在战场上实现重新用于自己军队的目的，并想要为研究获取信息。德国总参谋部对坦克没有类似的热情，但允许发展反坦克武器。康布雷战役后，德国人制订了自己的装甲计划，尽管创造了 A7V 坦克（重 30 吨，有 18 名乘员），但直到战争结束时，也只制造了 20 辆。他们已经有了其他的坦克设计，但由于材料短缺，德国坦克军团只能使用 A7V 坦克。

美国人也对坦克的发展十分感兴趣。美国远征军总司令潘兴将军在 1917 年 9 月要求在美国生产 600 辆重型坦克和 1200 辆轻型坦克。美国生产的第一辆重型坦克是 43.5 吨的马克八型。它装备有两门 6 磅炮和五门机枪，由 11 人操作，最大速度为 10 千米每小时，射程为 80 千米。然而，在战争结束前只完成了测试车辆。

尽管德国最高统帅部埃里希·鲁登道夫（Erich Ludendorff）将军在战后称赞盟军的坦克是德国战败的主要因素，但坦克作为一种武器的作用直到第二次世界大战期间才被完全认识。

第二次世界大战时，最有效的坦克部队被证明是德国装甲部队。其在 1939 年由 3195 辆车组成，包括 211 辆四号坦克。德国装甲部队如此强大的原因是，它们不是分散在各个步兵和骑兵部队之中，而是全部集中起来，在装甲师中大规模编队使用。在 1939—1941 年的战役中，装甲部队发挥了重要作用，这也加强了坦克和其他装甲车辆的技术发展。德国人的四号和苏联的 T-34 都在 1942

年重新装备了炮管更长、速度更快的火炮。不久之后，这些坦克开始被更强大的坦克所取代。

第二次世界大战后，人们普遍认识到，所有坦克都必须装备精良才能对抗敌方坦克。这最终结束了将坦克划分为专门的步兵坦克和骑兵坦克。然而，大部分国家仍然没有充分认识到将坦克集中在完全机械化编队中的优势，英国和美国军队继续将军队分为装甲师和机动性较差的步兵师。第二次世界大战后，坦克也遭受了对其未来的周期性悲观主义。因为新的反坦克武器的出现，如火箭发射器和无后坐力炮，以及认为坦克的价值主要在于其装甲防护的错误观念导致了这种态度的加剧。然而，苏联军队保持着庞大的装甲部队，随着冷战的加剧，他们对西欧构成的威胁越来越严重，加上在1950年朝鲜战争时，苏联制造的T-34-85坦克造成的破坏，为坦克的发展提供了新的动力。

20世纪50年代中期，战术核武器的发展进一步刺激了坦克和其他装甲车辆的发展。核武器鼓励使用装甲部队，因为相对于脆弱的人而言，后者具有机动性和高战斗力的特点。此外，由于装甲车辆对爆炸和放射性的保护，证明其能够在相对接近核爆炸的地方进行作战。

随着一段时间后对核武器重视程度的降低，而对常规部队重视程度逐渐提高，坦克仍然保持着其重要地位。这是因为坦克被认为是对其他装甲部队最有效的反击武器，而装甲部队构成了地面上的主要威胁。

离我们最近的一次坦克大战发生在1991年的海湾战争，它可能是战争史上最激烈的一次坦克战争，也被称为“20世纪最后一场坦克大战”。在伊拉克的沙漠中，超过3000辆坦克和数百辆装甲车，在不到36小时的时间里发生了激烈的战斗。1991年2月23日，美军的第2装甲骑兵团在经过3天的轻度战斗后，偶然发现了伊拉克最大的装甲编队，于是，诺福克战役以一轮大规模火力强攻开场，在近2万枚火炮和火箭弹的轰炸下，伊拉克部队的22个营和数百个火力点被摧毁。联军的坦克部队与伊拉克的苏制坦克发生了激烈交战，最后伊拉克被摧毁了160辆坦克、180辆运兵车和12门大炮，而美国只损失了4辆坦克，伊拉克共和国卫队的两个旅也被摧毁，这是该卫队的第一次地面战失败。从战略上讲，这一行动让伊拉克人丧失了主动权。同样重要的是，对于萨达姆的精英来说，这是一次令人沮丧的失败。

（三）空战武器及导弹

空战直到20世纪才开始出现，这似乎是合理的。毕竟，莱特兄弟是在1903

年才发明了第一架飞机。但是，事实上，空战的历史要比这古老得多。

在战争中首次使用航空工具可以追溯到公元前200年的中国。关于风筝的记录在中国历史上很普遍，这些记录表明，风筝最早是在战争中用来刺探军事情报和通信。

到了3世纪，空战从风筝发展到了气球，中国大约在公元3世纪发明了热气球的原型，并开始用于军事通信。从18世纪开始，欧洲也开始使用热气球作战。1794年，法国航空部队在弗勒鲁斯战役中使用了一个系留的侦察气球，这是军事史上热气球第一次对战斗结果造成了影响，法国军队因此赢得了胜利。

到了美国内战时期，使用航空技术支持战斗的情况大大增加了。萨迪厄斯·洛尔（Thaddeus Lowe）是一个值得注意的贡献者，他的气球队为联邦战争做出了贡献。洛尔的第一次行动发生在1861年7月，他在第一次马纳萨斯之战中利用气球观察了南军的阵地。他还利用自己在空中的优势，通过旗语信号指挥炮兵向叛军开火。洛尔和其他气球爱好者组成了巴隆斯军团联盟军，该军团于1863年8月被解散。

飞机是从1911年开始用于战争的，最初是用于侦察，然后用于空战来击落侦察机。使用飞机进行战略轰炸出现在第二次世界大战期间。在第二次世界大战期间，纳粹德国同样开发了许多导弹和精确制导弹药系统，包括第一枚巡航导弹、第一枚短程弹道导弹、第一枚制导地对空导弹和第一枚反舰导弹，弹道导弹在战争期间变得至关重要。在冷战时期，美国和苏联都拥有了核弹头，它们作为威慑力量被储备起来，以确保对方不会在战争中首先使用。

在意大利—土耳其战争期间，意大利航空部队的飞行员卡洛·玛利亚·皮亚扎（Carlo Maria Piazza）驾驶着布莱里奥十一型单翼飞机在利比亚的的黎波里西南部的绿洲上空执行侦察任务。航空作家沃尔特·博因（Walter J. Boyne）写道："世界上第一次战斗飞行发生在10月23日，当时皮亚扎上尉于早上6点19分起飞，侦察土耳其阵地。在61分钟的飞行中，他发现了几个敌人的营地……"①

然而，第一次世界大战期间的空战标志着与过去的决裂。这是飞机第一次大规模介入并发挥重要作用的冲突。战争开始时，航空器的用处遭到了各方高级军官的怀疑。事实上，在冲突的第一年，飞机主要参与了观察任务。然而，

---

① BOYNE W J. The Influence of Air Power Upon History [M]. South Yorkshire: Pen & Sword Books Limited, 2005: 37.

快速的技术进步提高了飞机的性能。1915 年，为德国人工作的荷兰飞机制造商安东尼·福克（Anthony Fokker）完善了一项法国的发明，研制了机枪同步器。这一发明使得德国人库尔特·温特根斯在 1915 年 7 月 1 日的空战中成为第一位通过同步机枪击落敌机的战斗机飞行员。而且，这也产生了一个革命性的后果——创造了战斗机。这种类型的飞机在 1915 年的战争中给德国人带来了巨大优势。当盟军开发出他们自己的同步机枪后，空战（俗称狗斗）就诞生了。

德国的空中优势一直持续到 1916 年 4 月，也就是凡尔登战役开始的两个月后。此后，英法通过建立法国战斗机中队和扩大英国皇家飞行队获得了空中作战的主导地位。1917 年上半年，当德国人改革了他们的中队并引进了现代战斗机时，天空的控制权再次易手。1917 年 4 月，被称为“血腥四月”，英国人的伤亡人数是德国人的 4 倍。但事情正在发生变化。法国和英国再次拥有了空中控制权，并一直保持到停战。

1915 年，德国人组织了齐柏林飞艇对英国和法国进行战略轰炸，空战又迈出了重要的一步。1917—1918 年“哥达”和“巨人”轰炸机投入使用。这种以后勤和制造中心为目标的新型任务，预示着新的战略。对港口和工厂的轰炸很快被各方采用并导致平民的死亡。

虽然在战争期间，被空中机器炸死的平民人数不多，但这些空袭还是造成了广泛的恐怖。从 1915 年到 1918 年，英法利用飞机和气球在被占领区上空投放宣传单，以对抗德国的心理战。还向德国士兵投放宣传品，试图打击他们的士气。

1915 年，航空业引起了德国的注意。获得至少 5 次胜利的战斗机飞行员被称为“王牌”，并在冲突结束前，他们一直被视为战线上的名人而受到崇拜。这一现象说明了战争文化具有渗透到社会各个方面的能力，但也突显了一个悖论：空中英雄变得光鲜亮丽，主要是因为他们干净，被认为是高贵的，而他们的步兵同行则仍然是无名之辈，深陷在战壕的泥泞中。公众对飞行王牌的浪漫化崇拜是陆军和空军之间紧张和嫉妒的原因。

一方面，到战争结束时，回过头来看，空中任务对地面战争的影响主要是战术上的，战略轰炸还很不成熟。部分是由于其资金和使用受到限制，因为它毕竟是一项新技术。另一方面，在这场战争中，火炮可能是所有军事武器中效果最大的，这在前文中已经说过。

战术空中支援对部队的士气有很大的影响，并且在 1918 年间与地面部队的行动相协调时，证明了其对军队有帮助。但这种行动过于依赖天气而且无法产生特别大的影响。在冲突期间，航空业也取得了巨大的技术飞跃。空中战争是一个试验场，在那里战术和想象被检验。空军部队多次重组，以满足人们对空战日益增长的需求。更为重要的是，第一次世界大战期间制定的空中战略为现代空战奠定了基础。

第二次世界大战见证了空中力量军事应用时代的到来。战争期间，军用飞机技术和机载武器的发展产生了最迅速和最剧烈的变化。第一次世界大战中飞机的发展虽然迅速，但却是逐步进化的，而在第二次世界大战期间则产生了真正革命性的发展。新的飞机类型被开发出来，单翼飞机迅速成为主导，速度和火力迅速增加，产生了新式螺旋桨驱动的战斗机，它在俯冲时的速度能打破音障，如斯图卡俯冲轰炸机和英国的霍克台风轰炸机。

随着一种新的“夜间战斗机”被开发出来，雷达变得更重要，其主要用于预警和猎杀夜间飞机。对地面上的指挥官来说，摄影侦察也变得越来越重要。装有深水炸弹的潜艇猎捕机在世界各大洋上空飞行。第二次世界大战也促进了近距离空中支援的发展，即使用攻击机直接支援地面部队，这些攻击机经常在非常接近战斗前沿的地方进行攻击。

飞机现在扮演着猎杀坦克的特殊角色，如在改装的德国斯图卡飞机上使用了大口径火炮，或者在许多其他国家的飞机上使用无制导火箭。在海上，正如中途岛战役所显示的那样，飞机成为结束战列舰霸主地位的主要武器。空中力量也显示了大型战舰在空射鱼雷和炸弹面前的脆弱性，尽管大型舰队对空袭有相当大的防御能力。

王牌飞行员虽然很重要，但航空技术更加重要。德国的“Me 262”是世界上第一架可操作的喷气式战斗机，它比螺旋桨驱动的飞机要快得多，最高时速可达 900 千米，于 1944 年 4 月在德国空军服役。同月，英国的喷气式战斗机“流星”也投入使用，尽管螺旋桨式战斗机在未来的许多年里仍然在军队服役，但喷气发动机技术意味着飞机可以比以往任何时候飞得更快、更高。

第二次世界大战见证了轰炸机时代的到来，与第一次世界大战的同类飞机相比，轰炸机的载弹量和航程都有了巨大的提高。战略轰炸的概念给城市带来了前所未有的破坏。美国的 B-29 超级堡垒是第二次世界大战中最大的盟军轰炸机，因为它能给机舱加压，所以飞行员在执行远程轰炸任务时不再需要忍受零度以下的低温。1945 年 8 月，超级堡垒向日本的广岛和长崎投掷了原子弹，核武器的首次使用使战略轰炸达到了新的水平。

航空器还影响了另一个领域的战争——运输和供应。1941 年入侵克里特岛和 1944 年盟军市场花园的行动中，伞兵首次被大规模使用。Ju-52 和 DC-3 等运输机使大规模的空降行动成为可能，并允许在运输网络落后或不存在的环境中快速补给。虽然直升机在第二次世界大战期间开始应用，但并未产生重大影响。直到朝鲜战争期间，直升机才被大规模应用于战斗。

第二次世界大战中的空中力量是这场冲突的重要组成部分。在第一次世界大战中，空中力量是部队的有益补充或宣传武器。与此不同的是，第二次世界大战中的空中力量能决定整个战区的命运，如不列颠之战。此外，随着空降兵、近距离空中支援和海军航空兵的使用，空中力量前所未有地融入了战争。

第二次世界大战中，导弹也开始崭露头角。德国 V2 火箭是世界上第一种弹道导弹。它装备了一枚一吨重的弹头，引爆时能造成巨大的伤亡和破坏。在 1944 年 9 月 8 日至 1945 年 3 月 27 日期间，共有 1115 发 V2 登陆英国。V2 预示着火箭和导弹技术新时代的到来以及超级大国之间军备竞赛的开始，苏联和美国都雇用了研究 V2 的德国科学家，使得导弹技术得到快速发展。

空对空导弹是在第二次世界大战后由多个国家共同开发的。空对空导弹是从一架飞机上发射，目的是击中另一架飞机。这项新技术意味着飞机不再需要进行“混战”，而可以在视距外攻击敌机。在 20 世纪 50 年代开始的冷战中，美、苏两个超级大国的战机上都携带了空对空导弹。

除了空对空武器系统，空对地武器也得到了迅速发展。越南战争导致了凝固汽油弹和燃料空气炸药的发展，以及激光制导炸弹的产生。反坦克导弹也被开发出来，如“小牛”和“地狱火”，旨在攻击装甲车薄弱的顶部装甲。反跑道武器会在敌人的飞机跑道上产生大量的弹坑，并在后面留下小地雷以阻碍维修。在海上，空中发射的反舰导弹取代了空中发射的鱼雷，在 1982 年的马岛战争中反舰导弹被证明具有破坏性。

从 1954 年至 1957 年，苏联火箭设计师谢尔盖·科罗廖夫（Sergei Korolëv）领导了世界上第一枚洲际弹道导弹——R-7 的开发。R-7 导弹于 1957 年 8 月成功进行了飞行测试，其可以运载一枚针对美国的核弹头或将航天器送入轨道。1957 年 10 月，R-7 发射了世界上第一颗人造卫星斯普特尼克（Sputnik）。1961 年，经过改进的 R-7 发射了第一个载人航天器“东方号”，宇航员尤里·加加林搭乘它进入了太空。

美国在苏联发展热核武器和弹道导弹技术的刺激下，成立了战略导弹评估委员会，该委员会于 1954 年建议加速美国洲际弹道导弹项目“阿特拉斯”计划。1954 年 8 月，空军成立了西部开发司来执行这项任务。1957 年 9 月 20 日，在苏联发射人造卫星之前，空军弹道导弹部门就成功从佛罗里达州卡纳维拉尔角发射了一枚雷神导弹。12 月 17 日，该司又从卡纳维拉尔角成功发射了阿特拉斯导弹。在取得这些成功之后，空军导弹计划进展迅速。1960 年，在英国的 4 个皇家空军中队部署了 15 枚雷神导弹。到 1962 年年底，弹道系统司的现场激活特遣部队已将 132 辆阿特拉斯发射器移交给战略空军司令部。“泰坦 I”于 1960 年进行了首次试飞。

1960 年，弹道导弹部门开始研制两种第二代导弹，“泰坦 II”和“民兵”。与最初的泰坦 I 一样，泰坦 II 是一种两级液体燃料导弹。然而，与其前身不同的是，它使用的是可储存推进剂和全惯性制导系统，并且可以从硬化的地下筒仓发射。这些改进使泰坦 II 的反应速度更快、生存能力更强。

民兵是美国第一款使用固体燃料而不是液体燃料的洲际弹道导弹。它拥有泰坦 II 的所有优点，并且使用固体燃料给它带来了两个额外的优势：更加简单和经济。第一枚民兵试飞导弹于 1961 年 2 月 1 日发射。民兵导弹于 1962 年 12 月移交给战略空军司令部。

在美、苏两国开展太空竞赛之际，突然爆发了古巴导弹危机。1962 年 10 月，一架美国 U-2 间谍飞机秘密拍摄到了苏联在古巴岛上建造的核导弹基地。肯尼迪总统并不想让苏联和古巴知道他发现了导弹基地，于是，他与他的顾问秘密会面，讨论了这个问题。

经过多次漫长而艰难的会议后，肯尼迪决定对古巴进行海上封锁。正如他所称的，这种“隔离”的目的是防止苏联人带来更多的军事物资。他要求拆除已经在那里建好的导弹，并销毁这些场地。10 月 22 日，肯尼迪在一次电视讲话中向全球人民讲述了这场危机。

没有人知道苏联领导人尼基塔·赫鲁晓夫将如何应对海上封锁和美国的要求。但这两个超级大国的领导人都认识到了发生核战争所带来的毁灭性，并公开同意了一项交易，即苏联将拆除武器基地，以换取美国不入侵古巴的承诺。在另一项保密超过 25 年的交易中，美国还同意从土耳其撤走核导弹。尽管苏联从古巴撤走了导弹，但他们加紧了军事武器库的建设。虽然导弹危机结束了，但军备竞赛却没有结束。

1963 年，有迹象表明苏联和美国之间的紧张局势有所缓和。肯尼迪在美国大学的毕业典礼上发表演讲，督促美国人重新审视冷战时期的刻板印象，并呼吁采取和平战略，维护世界多样化。肯尼迪用与他的就职演说大不相同的语言告诉美国人，"归根结底，我们最基本的共同联系是我们都居住在这个小星球上。我们都呼吸着同样的空气。我们都珍惜我们孩子们的未来。而我们都是凡人"①。

这标志着超级大国之间关系的升温，两国在克里姆林宫和白宫之间建立了一条"热线"，并于 1963 年 7 月 25 日草签了《禁止在大气层、外层空间和水下进行核武器试验条约》，8 月 5 日，美、苏、英三国外长在莫斯科正式签约。

朝鲜战争和越南战争将直升机推向了前端。朝鲜战争显示了直升机作为运输工具和医疗救护平台的重要性，而越南战争通常被称为直升机战争，因为美国的直升机在冲突中是如此普遍和重要。此外，一种新型的直升机也出现了，即携带制导和非制导火箭、大炮和机枪的攻击直升机，承担着近距离空中支援和后来的坦克猎杀任务。直升机也被证明是理想的反潜平台，由于苏联有一支庞大的潜艇舰队，所以西方采取了反击措施。苏联也装备了大量的军用直升机，如著名的米-24"雌鹿"武装直升机，以及一些巨大的运输直升机。

19 世纪 60 年代，英国开发的鹞式飞机是第一架能够进行垂直起降操作的固定翼飞机，并被昵称为"跳跃喷气式飞机"。鹞式的后期版本被用于航空母舰的舰载机，在马岛战争期间也被使用过。

对摄影侦察的要求使美国洛克希德公司著名的"臭鼬工厂"开发新项目，这推动了间谍飞机技术的发展。U-2 间谍飞机和著名的 SR-71"黑鸟"是世界上最好的侦察飞机。由于超级大国希望有能力将大型军事装备和部队运到很远的地方，运输要求也在增加。能够运载 70 吨主战坦克且拥有更大喷气发动机的运输机出现了。此外，大型雷达首次被安装在专门设计的飞机上，用于空中预警。飞行中的空中加油技术也得到了完善，使飞机的航程几乎没有限制。电传操纵系统使飞机在计算机辅助下变得更容易操纵。

随着冷战的结束，世界军事航空的需求也发生了变化。对大型核轰炸机和大型快速拦截机的需求已经消失，取而代之的是简单和多功能的飞机。在冷战即将结束时，隐形技术的发展使飞机难以被雷达和其他传感器探测到。

对于西方国家来说，重点是减少服役的飞机种类和数量。由于需要降低军

---

① KENNEDY J F. American University Address［C］. Washington，D. C，1963.

费开支，许多西方大国正在寻求高科技、低人力、低数量的系统，如美国的F-22猛禽和欧洲的战斗机。1993年，美国军方启动的JAST攻击机项目将取代美国和英国服役的许多类型的飞机。大多数现代作战飞机正朝着计算机自动化系统加单一飞行员的方向发展，而不是飞行员加导航员或武器官。光纤控制系统也为作战飞机提供了更多的灵活性，自20世纪60年代以来一直在试验的倾斜旋翼飞机终于在美国的“鱼鹰”上看到了真正的应用，它提供了直升机的灵活性和固定翼飞机的更大航程和更快速度。

西方国家的军队，特别是美国和英国，长期致力于无人驾驶作战飞机的研发。自20世纪90年代以来，无人机技术一直在稳步发展，武装遥控无人机显然是作战飞机的未来，因为在战斗中最昂贵的是飞行员。

英国历史学家艾伦·约翰·珀西瓦尔·泰勒（Alan John Percivale Taylor）认为，“战争一直是发明之母”。特别是第一次世界大战通常被认为是技术史上的一个转折点，许多新式武器相继被投入战争中，使得战争以更激烈的方式展开，这夺走了1000多万人的生命，人们重温历史时，总是感觉到新技术使战争比以往任何时候都更加可怕和复杂。

虽然对于大战责任的争论仍然很激烈，但无可争辩的是第一次世界大战期间科学、技术、医学都有了很大进步，甚至整个社会行为也发生了革命性的变化。贵族统治被推翻，社会主义运动和劳工运动抓住机会取得了长足的进步，建立了第一个社会主义国家。美国成为世界第一强国，欧洲殖民地的独立运动促进了许多新的民族国家的诞生，当然，也导致了希特勒的崛起。

第二次世界大战与第一次世界大战直接相关。这是人类历史上最宏大、最致命的战争，造成了近7000万人丧生。与第一次世界大战一样，第二次世界大战也带来了医学和技术的进步：疫苗接种有助于降低死亡率并促进人口增长；电子计算机的进步从根本上改变了战后世界。而且战争期间欧美科学家还研制出了原子弹，不仅改变了未来潜在战争的性质，也标志着核电工业的开始。

第二次世界大战也推动了1945年联合国的成立，它标志着新的国际规范和理想体系的诞生，旨在确保所有国家的和平、安全与繁荣。与此同时，一些多边组织，如国际货币基金组织、世界银行和世界贸易组织的前身关贸总协定等经济组织的建立为建立开放市场并避免全球性的萧条奠定了基础。

在大屠杀和其他可怕的罪行之后，各国普遍认识到建立一个具有既定规范和共同价值观的世界的好处。盟国成立了国际军事法庭来起诉危害和平罪、战争罪和危害人类罪，并在1945年至1946年进行了纽伦堡审判。它是今天国际刑事法院的前身。战后还制定了《世界人权宣言》和《日内瓦公约》。

正如我们所看到的那样，战争总是在演变。没有什么是永远不变的，变化为我们提供了更多创新形式的武器。不断变化的技术不断影响着战争机器的设计，而且它们年复一年变得更先进、更智能，正是这些技术促使战斗也在不断发生变化。

第九章　机器如何改变世界

当我们说机器改变世界时，并不意味着只有机器才能改变世界，排除了其他可以改变世界的各种力量。事实上，我们把机器这个主语随便换成其他一些事物、人物或者别的东西，也丝毫不显得违和。我们可以说思想、文化、文字、战争、哲学家、孔子、佛陀、耶稣、造纸、印刷、抗生素、万维网等改变了世界。

那么，我们为什么说机器改变世界？它又是如何改变世界的？

赫拉克利特说："生活中唯一不变的就是变化。"这句话道尽了万事万物的根本特性，无物常留，万物都会过去，现有的事物就像河流一样，奔流不息。即使我们不愿变化，自然也在以自己的韵律改天换日。一个社会、国家或个人如果拒绝变革，就没有增长，没有进步。无法改变、进步或成长最终只会导致停滞。而停滞就是不健康的河流，就像一个闲置而陈旧的池塘，自然也做不到流水不腐。

现在有 80 亿人生活在地球上。在过去的 300 年间，人口的快速增长，是有史以来观察到的最显著的人口变化趋势。据人口学家预测，到 2050 年世界人口数量将增加到 90 亿，到 21 世纪末将稳定在 90 亿~120 亿之间。而要满足这些人的生存发展就需要有更多的资源，如粮食、海产品、能源、矿产以及日益庞大的经济体，以支持经济发展和不断提高的生活水平。那么，是什么力量创造了大量的物质财富以满足人们的需要呢？答案是显而易见的，那就是起源于 18 世纪的工业革命，它造就了一个以机器代替手工劳动的时代。因此，可以说，工业革命不仅是一次技术革命，更是一场深刻的社会变革，极大地改变了世界的面貌。

一、一个缓慢的过程

机器的发明是一回事，机器的扩散和发挥效应则是另外一回事。我们都知道，机器的发明通常是以单个事件或跳跃的方式出现的，但是它的传播和应用似乎是一个持续而缓慢的过程，在发明国如此，在向世界范围内扩散时更是如此。因此，机器对世界的改变自然也是一个缓慢而渐进的过程，当然也不能排除突然的跳跃，机器要与许多因素结合起来才能得到广泛应用，才能营造采用新机器和新技术的氛围，才能为世界带来重要变革。

历史上有许多这样的例子，新机器被发明出来已经很长时间了，但是它的应用还很少，并未得到普及，它不可能一下子被社会所接受，因为任何社会系统都有它自己的反应时间。

例如，农用拖拉机是现代农业中最重要、最容易识别的技术，它在 20 世纪上半叶从根本上改变了农业工作的性质，显著地改变了农村的结构，并使数以百万的人从农业中解放出来，推动了制造业和服务业的发展。

早在 19 世纪 70 年代，工程师就成功地生产出蒸汽式牵引发动机，也就是今天的蒸汽拖拉机。这些机器的重量超过 13 吨，还不包括它上面装的水的重量，它可以靠自己的力量移动，并且具有令人印象深刻的马力。但是，它的尺寸、机械复杂性和持续的爆炸危险使这些拖拉机不受青睐，没法在北美的大多数农场中使用。

此外，它还容易陷入泥泞中难以移动。由于自身的缺陷，它在美国的推广并不顺利。1890 年的产量不足 2000 台，1910 年才增加到 4000 台。在那个时期，蒸汽动力的增长速度要远远小于动物动力的增长速度，很显然，它那时还不能替代马匹。

那么，改良后的拖拉机又会面临什么样的遭遇呢？

随着内燃机的商业化，出现了更实用的替代方案。1902 年，第一台商用汽油动力机器代替了蒸汽发动机，并很快被正式称为“拖拉机”。这台拖拉机与蒸汽牵引发动机有许多相似之处，重量在 9~13 吨，带有巨大的钢轮和履带，既大又昂贵，同样没有得到用户的青睐。

1907 年，亨利·福特与约瑟夫·加兰姆合作生产了他们的第一台汽油动力拖拉机，福特将他的设计称为“汽车犁”，而不是“拖拉机”。当时，由于第一次世界大战马匹的短缺，这种机器畅销了几年。在 1920—1921 年农产品价格暴跌导致销售额大幅下降后，福特将机器的价格从 625 美元降到 395 美元，拖拉机只是给美国农业带来了小小的涟漪。

后来，对拖拉机又进行了多项技术改进，如 1927 年发布了一种电动升降机；1932 年首次使用橡胶轮胎；还使用了柴油发动机降低了燃料的成本；特别是 1937 年，爱尔兰发明家哈利·弗格森（Harry Ferguson）完善了“三点式悬挂”装置，它可以在不平坦的地形上，通过不断地调整农具的平面，以达到更好的耕作效果。在接下来的30年里，除了尺寸和马力的增加外，技术上几乎没有什么新变化。从19世纪30年代中期开始，尽管美国经济持续萧条，但拖拉机的销量却在逐渐增长。

除了技术的完善之外，还有一个重要的原因是：第二次世界大战之后，由于劳动力的减少，人力短缺导致工资大幅上涨，使用机器更能削减成本。因为使用拖拉机每天能够比使用马匹多耕种很多土地，所以，拖拉机大大节约了成本。农用拖拉机对美国的社会和经济结构产生了广泛而深刻的影响。通过提高农业劳动生产率，机械化解放了数百万农民。许多人开始搬迁到不断发展的城市中，为制造业和服务业的发展提供了劳动力。

国家的面貌也发生了变化。农场变得更大了，因为一个农场主可以耕种以前需要几户家庭才能耕作的土地，尤其是在平原州，当地企业服务的农户在大量减少。以前用于饲养马匹的土地开始转变为其他用途的土地。农业家庭的生产方式和农村的生活方式都发生了巨大改变。

这只是拖拉机在美国的应用状况，如果考虑到世界范围内的改变，时间将拖得更长一些。

中国在1945—1948年间南京和其他地区的实验农场里使用拖拉机。到了20世纪50年代，在黑龙江的农垦区也开始使用拖拉机，但是由于中国农村的地块较小阻碍了大型农业机械的使用，直到21世纪初，随着土地流转和集约化农业生产模式的转变，联合收割机才得以广泛使用。

很多技术，如X射线机、数字电视机都经历了低迷期，活字印刷术在中国也有长达几百年的停滞期。

正如埃弗雷特·罗杰斯（Everett Rogers）在《创新的扩散》一书中所说的那样："影响一个人决定采用或拒绝创新的5个特征是相对优势、兼容性、复杂性、可试用性、可观察性；而影响创新扩散的因素有4个，即沟通渠道、社会系统、时间和采用率。"①

机器的使用也是这样，当一台机器没有达到它的"临界点"时，它的扩散就会停滞。就像人们看到的电动车的情况一样，它实际上已经存在很多年了。现在它的发展是属于第三波的应用。

幸亏有了一批又一批的创新者，机器的前景才显得较为乐观。机器的替换也是需要时间的，时间是扩散的一个重要变量。大多数创新都有一个随着时间变化的"S"形的采用曲线。一个社会系统的成员可以促进或阻碍机器的采用。

---

① 埃弗雷特·罗杰斯．创新的扩散［M］．北京：中央编译出版社，2002：14-22.

如果这个机器的创新恰好与它的文化兼容，它就会获得成功，并迅速得到推广。如果它们不相符合，就会导致失败。

总而言之，新机器能不能被使用，以及它能在多大程度上带来变化，这背后有许多心理和社会经济方面的原因。其中最基本的、不需要复杂论证的解释是：大多数人都是被所谓的一致性所吸引的。因为，社会系统的运作在很大程度上具有日常相同性，我们总是习惯性地看一下别人是怎么做的，然后才决定自己的行动。大多数人只对渐进的变化感到舒服，或者他们不愿意脱离舒适区，所以大规模的破坏是不可取的。这也可以从另外一个方面解释“枪打出头鸟”这个俗语的意思，如果某些人的标新立异不能被大多数人所认同，那就不会有接受和模仿，也不会进而产生众多的追随者，那么改变将难以出现。

二、多方博弈的结果

改变世界绝不是轻而易举的，也不是由某一单方面力量可以决定的，它既是多方力量博弈的结果，也是一个引导并相互传递的结果，机器对日常生活的影响可能要经历几十年、上百年甚至上千年的时间，这种影响和变化被证明是由几种主要驱动力相互作用的结果。

当我们回想一下纸的发明从中国传播到欧洲用了1000年的时间，我们也许就能够对此状况感到释然了。当然，在今天这个一体化的世界中，由于有了更多的传播渠道，技术或创新的跨境传播速度更加快了。一种新技术或一个新机器刚刚诞生时，资本如果发现了它的赚钱效用和潜在的价值，那么，它肯定会在全球范围内快速地蔓延、生根，那些跨国公司必然会把新技术传播到全球的其他地区，全球的供应链和价值链也必然推动技术的进一步传播。

推动变革的主要驱动力有国家、战争、公司、媒体、组织和个人等。

国家在利用机器改变社会方面占据绝对的主导地位，因为只有国家才能采取一种自上而下的方式推动机器的应用，前提是它要认识到机器的威力，特别是能给国家带来什么好处。

1492年，哥伦布得到了西班牙女工伊莎贝拉一世的资助，那也仅仅是她动用了自己的私房钱而不是国家的钱，因为当时要用国家的钱，需要经过一个专门的审查委员会的核查，但是委员会的成员并不相信哥伦布的航海计划。哥伦布无法回答一个委员的问题：如果地球是圆的，向西可以到达东方，那么必然有一段航行是从地球下面向上爬行，帆船如何才能向上爬呢？这样的问题在万有引力发现之前是难以解释的，哥伦布哑口无言导致西班牙人认为他就是一个骗子。

现代国家在推动科技发展方面可以用“不遗余力”来形容，即便是市场经济国家也开动了国家协作的马达，助推着国家在世界竞争中占据有利地位。

这种结合从17世纪英国皇家学会的章程中就可以发现端倪，科技研究不再只是科学家个人的事情，它开始与那些拥有政治权力的人联系起来，不仅从他们那里得到保护和支持，而且作为回报要向他们提供有用的结果。

法国皇家科学院是由路易十四的大臣科尔伯特创建的，并受到王室的严格控制；其成员领取工资，国库每年拨出12000里弗用于设备和实验；某些外国学者（如惠更斯）也曾被聘用而从那里获得巨额薪水。相比之下，伦敦皇家学会享有纯粹正式的官方支持，直到1740年的年度预算不到232英镑。然而，两者都渴望通过向国家提供服务来获得认可。例如，通过解决海上经度计算的问题，国家为此向他们提供了丰厚的回报。

第二次世界大战期间和第二次世界大战之后的科研越来越呈现出一种“大科学”的气象，它的特征就是由政府或国际机构提供资金支持，由科学家和技术人员团队使用大型仪器和设施来进行科学研究。第二次世界大战时开始的变革，最生动地体现在美国贝尔实验室和杜邦公司等巨大的工业实验室的建立上。美国政府在战争期间也资助了一些大型研究项目，如美国的曼哈顿计划以及麻省理工学院的雷达研究。战后的大型研究项目有阿波罗计划、哈勃太空望远镜、CERN的高能物理粒子加速器等。这些项目超出了一国国界朝着世界范围的协作方向发展，国家成为科学研究的主要支持者。正是在此基础上，机器才不断地推陈出新，世界变化的步伐也在加快，呈现出一派欣欣向荣的局面。

此外，无论是在高度集权的国家还是在民主国家都可以通过强制力来推动机器的使用。例如，道路上的各种监控设备、汽车上的各种主被动设备、清洁发电设备等，都随着法律的规定而得以推广，如果缺乏强制力作为保证的话，那么这些产品的使用就会大大减少。

从原始人类争夺食物和地盘的战斗到世界性的战争，不仅带来了人员的伤亡，也促进了武器的发展，进而带来了世界广泛而深刻的改变。可以说，战争一直是驱动世界发展的强大力量。由于新的武器和技术在战争中被开发出来并被使用，一方面导致了更多的破坏和人员的伤亡，需要在战后及时地恢复和重建；另一方面又带来了新技术传播，毕竟先进的武器最能引发失败者的模仿，从而形成一条传播链条。战争还促进了后勤保障的发展，带来了医疗技术的创新，如居里夫人的X射线诊断车就是为了救助战争中的伤员而发明的。

战争甚至改变了女性在社会中的角色。当第一次世界大战爆发后，男人们去打仗，女性则承担起男人的工作，她们成为电车和公共汽车售票员、打字员、秘书以及农场的工人。她们的穿着打扮、容貌也有了变化，她们开始穿裤子而不是裙子，越来越不喜欢紧身胸衣，短发也开始流行。战争为这种改变提供了机会。先进的武器不断塑造着世界的政治版图。

第二次世界大战期之后，变革得到了极大的加强，战争直接刺激了新的武器系统的发展，如原子弹、雷达、计算机、喷气发动机、火箭等，随着战争的结束，这些技术也从军事上扩展到民用上，使得工业化体系在标准化、大规模生产等方面得到了显著加强。

科技与工业的结合在工业革命初期并不密切，机器更多是由工匠和工程师在工作实践中创造的。但是，转折点很快就出现了，这要归功于李必希，他在1858—1862年间利用有机化学在染色行业的进展，在德国创造了“应用科学”。冯·贝尔（Von Baer）的团队正在研究靛蓝的合成，他们得到了巴斯夫公司的直接支持，该公司在研究和开发方面投资了近100万英镑。同样，爱迪生于1876年创建的门罗帕克公司是第一个机电研发实验室，也是投资银行最早投资风险资产的实例。爱迪生公司与其说是标志着伟大发明家英雄时代的结束，不如说是标志着科学研究的开始。他把欧洲最好的机构训练的科学家和技术人员带到了门罗帕克，因而才有了新机器不断地被发明出来。

这时，科技变得越来越依赖资本，依赖于公司对人力和专业设备的巨额投资。这种变化与生产经济中发生的各种变化一样激进，科技成为工业不可或缺的一部分。公司雇用大量科研人员，他们的工作就是及时关注工业领域的发展前沿并研发出新产品，而且与公司的契约还影响着他们的某些科研成果的公开发表。与此同时，科研人员的角色也有所改变，他们在大学里是教师、管理者和科研人员；在各种国家机构中则是研究的承包商、研究提案的评估者、现有项目的官方顾问、军事或外交顾问、战略问题的专家等；在商业机构中则是公司的私人顾问以及制造自己发明设备的商人。这些转变自然引起了一些问题，因为与传统的价值观不同，研究人员面临着一定的利益冲突，这迫使他们做出政治、意识形态或商业的承诺，而不像他们的前辈那样由于科学的“中立性”而拥有更多的自由和自主权。

改变也取决于机器与媒体的相互交织，尤其是从印刷机诞生之日起，印刷机、电报和互联网都是它们相互交叉的例子。机器首先塑造了媒体的发展方向，影响着信息的共享方式。现在反过来，媒体成为推动机器广泛应用的一支不容忽视的重要力量，进而使生产方式、生活方式和交流方式都发生了重大变化。可以说，技术创造媒体，没有技术，媒体就不会存在。同样，没有媒体，技术的推广就会受到影响，世界的改变将会延缓。

从早期的报纸，到电报的发明，再到广播、电视的出现，人们分享想法的方式发生了变化，人们拥有了更多、更有效的传播知识和信息的媒介，而且媒体在社会建构国家以及世界方面发挥着巨大作用。例如，列宁在1900年创办了《火星报》，不仅凝聚了社会民主党人的力量，而且在俄罗斯日益壮大的共产主义运动中发挥着重要作用。我们也可以从电视对美国社会的影响中清楚地看到媒体的力量。1990年后，98%的美国家庭至少拥有一台电视机，每个人平均每天要看两个半到5小时的电视。所有这些电视都具有强大的示范效应，为民众提供各种参考意见，同时强化社会规范、价值观和信仰，增强新事物的扩张速度。

曾几何时，广告以铺天盖地之势闪亮登场，它用视觉图像配上动人的音乐取代了平面媒体上的文字和图像，以达到引导、诱惑消费者做出选择的目的。各种种类繁多的机器或新产品都需要通过广告来扩大自己的销售量，它还被用于布道和政治运动的宣传。广告不仅在销售者与购买者之间建立联系，更是在生活方式和价值观上发挥着其难以匹敌的优势，带动着世界朝着“他们”预想的方向前进。

21世纪前后，新媒体的力量逐渐展现，它包括各种社交网站、博客、播客、短视频、虚拟世界、智能手机的社交APP等，这个名单几乎每天都在增长，尽管它们提供的信息无法保证真实性，但是新媒体的即时性却把人们的注意力吸引到屏幕上。

据调查，人们平均每天花在电脑、手机上的时间已经超过了4小时，有的国家更是多达6小时，这已经超过了花在电视上的时间。那些信息流源源不断呈现在你眼前，总有新鲜的东西在吸引着你的眼球。手机已经成为操控人类的黑魔法，再结合AI算法，我们都将变成实验中的小白鼠，成为大数据中的一个字节。APP决定着我们何时开心、何时沮丧，是什么性格，具有什么态度，而且你无所遁形，人类终将沦为机器的奴隶。如果说有一天智能手机将控制人类，那一点也不令人惊奇。

是否使用新机器也与每个人对待新事物的态度有很大的关系。有的人会很快用上新机器，有的人则要经过一段时间的过渡才会接受，还有一些人会破坏新机器，就像历史上的那些卢德主义者那样。

相传1779年，在英国莱斯特一带，有一名叫内德·卢德（Ned Nudd）的织布工曾怒砸两台织布机，后人以讹传讹成所谓卢德将军或卢德王领导反抗工业化的运动，遂得此名。后世也将反对新科技的人称作卢德主义者。即使到今天，也有一些所谓的新卢德主义者，他们把“工业社会对人的异化及其对生态环境造成的危害归咎于科学技术”。

罗杰斯根据一个人尝试新产品和服务的“创新性”（愿意和准备）以及采用创新所花费的时间，把各种采用者分为五类：创新者、早期采用者、早期多数、晚期多数以及落伍者。除了采用者外，还存在着一群人，他们对该产品或服务没有任何需求，这群人被称为非采用者，他们也可以被分为五类：不知道的群体、象征性拒绝者、象征性采用者、试行采用者和试行拒绝者。任何社会都有勇于创新的人，也有固守传统的人，这并不奇怪，大家只是对于变化的感受不同而已。但是无论是选择合作还是选择抵抗，都不能改变什么，只是起到了加速或延缓的作用。事实证明，该来的总会来，该变的也总会变，问题在于我们是否为迎接改变做好了准备。

三、体现在物质层面

正如麦当娜在 1984 年唱的《物质女孩》歌词中写道：“我们生活在一个物质世界。”正是这个物质世界为人类的生存提供了必要的、基本的原材料，所有的一切资源都来源于自然，人类借助从自然界中获得的各种物质资料，并加以转化为生存发展的必需品才进化到今天这个物质相对繁荣的时代。

当我们回顾过去几千年的历程时，发现世界好像没有太大的变化，古人利用着木头和各种矿石，吃着家禽的肉、蔬菜和粮食，穿着植物纤维做的衣服，住着土和石头盖的房子。但当我们环顾一下四周时，变化又挺大的，作为亚洲人居然能吃到原产于南美洲的土豆、玉米、番茄和辣椒；住着高楼大厦；穿着合成纤维的衣服；使用着火车、汽车、电视、互联网、电灯、手机等设备，这些都是近现代才创造发明出来的。我们已经被各种机器所包围，甚至连汽车警报器发出的蜂鸣声、手机的音效声、电子设备发出的电子杂音等都是过去闻所未闻的。那么，机器具体带来了哪些改变呢？

一个最为直观的事实是：世界人口数量在快速增长，而且越来越向城市聚集。直到 1803 年时，世界人口数量才达到 10 亿。又花费了 124 年，到 1927 年，人口数量达到 20 亿，然后人口增长的速度像飞奔的列车一样越来越快。在 14 世纪以前，世界上人口超过百万的城市屈指可数，最多也不超过 10 个。而现代人口超过千万的城市至少有 30 座。

导致人口快速增长的原因有很多，但是最根本的原因则是工业革命之后人类生产力得到了突飞猛进的发展，人类可以获得更多的自然资源，制造更多的机器，生产出更多的粮食，以满足更多人口的各种需要。马克思说：“资产阶级在它的不到一百年的阶级统治中所创造的生产力，比过去一切世代创造的全部生产力还要多，还要大。自然力的征服，机器的采用，化学在工业和农业中的应用，轮船的行驶，铁路的通行，电报的使用，整个大陆的开垦，河川的通航，仿佛用法术从地下呼唤出来的大量人口——过去哪一个世纪料想到在社会劳动里蕴藏有这样的生产力呢？”①

农业和其他各行各业的发展，都建立在科学技术发展的基础之上，而科技成果最直接的、最突出的体现就是机器，发明家们利用科学家发现的基本原理制造出来机器，拓展了人的肢体、延伸了人的器官、提高了生产的效率、产生了人口增加的结果。我们经常看到现代战争中热武器的使用导致大量的人员伤亡，但是人口却以更快的速度迅速反弹。归根结底还是在于粮食的充足和医疗事业的进步。

城市化的出现也是源于生产力的提高，其导致了人类的生活环境和生活方式发生了巨大转变。这一转变的过程与工业革命的到来是分不开的，以机器大生产为标志的工业化浪潮推动了城市化，因为一方面新型工业急需大量的劳动力，另一方面农业生产力也在大幅度提高，最终引发了农村剩余劳动力向城市的转移。早在 1851 年，英国就有 580 多座城镇，城镇人口占总人口的 54%，成为世界上最早实现城市化的国家。

城市化又反过来促进工业化，按照集聚经济的解释，大企业比小企业有更高的效率，为了最小化大企业工人的通勤成本，往往会在企业周边集聚形成小型社区，企业生活区又逐渐朝着大型工业化城市的方向发展。

城市化经济效益高的另一个来源是公共基础设施的建设。通过提供高速公路、公共设施以及通信设施等，城市地区能显著地降低其范围内所有企业的生产成本，所以相比小城市，规模更大、基础设施水平更高的大城市的制造企业的确有更高的生产力水平。

这个理论也很好地解释了城市的规模会越来越大的原因，因为基础设施是一个地区或城市是否具有竞争力的重要标志。为了提高城市的竞争力，就要合理规划、设计，改造地理环境便成为一项重要的任务。例如，要建设道路、铁路、高速公路、机场和排水系统等，要进行生活区、工业区、商业区、休闲区的功能区分，要提高土地的利用效率等，这些对地理环境有较高的依赖，大规模的建设更离不开大型机器的助力，缺乏工业化的有力支撑，必然导致城市化进程中诸如“棚户区”的大量出现、居民贫富差距加大、社会秩序动荡、污染严重等种种问题的出现。

---

① 马克思恩格斯全集（第 4 卷）[M]. 北京：人民出版社，1956：471.

从更大的视角看，自从人类诞生以来，我们就开始了对环境的改造，但是，这种改造毕竟是缓慢的、微小的。原始农业也要开垦土地，种庄稼以获得食物，也要兴修水利以灌溉农田，但是这些举措对周围环境以及野生动植物的影响却远比现代小得多。让我们绝对想不到的是，随着工业化的发展，人类对陆地、海洋和大气的影响已经上升到前所未有的高度，不仅威胁着动植物的生长，甚至威胁到人类自身的生存。因此，才有了全球近 200 个国家的代表坐在一起，就全球气候问题进行谈判，他们要为去碳化制定目标，为绿色发展指明方向。

被称为环保运动之父的乔治・帕金斯・马什（George Perkins Marsh）早在 1864 年就写出了《人与自然》一书，它是第一本抨击美国关于地球富足和取之不尽神话的书，因而被芒福德称为“保护运动的源泉”。这本书中大多数的例子都源于马什本人在中东、北非和南欧旅行的发现。在那里，由于数千年来人类对自然资源的滥用导致了光秃秃的山坡和对曾经肥沃的山谷的废弃。马什强调了保护森林的重要性，因为森林、河流和水道、沙丘和土壤在一个更大的生态系统中相互联系共同支持着地球的生命。

这个链条是这样的：森林消失，泉源枯竭，土壤侵蚀，生态群落恶化，农业失败。一切依赖于受森林和可靠流域保护的稳定制度的事物，换言之，文明本身都处于危险之中。他总结说，罗马帝国的衰落至少部分归因于“人类对自然法则的无知无视”。这与我们所看到的最早文明古国相继衰落的事实是相符的，而且，那些地方已经成为土地荒漠化最严重的地区。

这些状况都是由于人类的行为所引起的，人类对动物和植物、水和土地等所施加的影响极大地改变了地球的物理现状。当无数的大坝截断河流以获取能量驱动涡轮机转动时，当石油、天然气管道被深埋地下时，当各种矿坑把地表变得千疮百孔时，当一座座桥梁、隧道穿山越岭时，很多人都在感叹人类伟大的征服力量。但是正如马什所说的那样：“当我们摆弄自然时，可能会有不可预知的后果。当我们大肆摆弄自然的时候，整个文明就会崩溃。”①

这为我们上了一课，我们今天正在变成与《人与自然》中的告诫相匹配的时代，我们甚至面临着比马什预测的任何时候都更严重的环境灾难。农业地区由于使用磷酸盐和硝酸盐肥料，导致土地板结和河流的富营养化。杀虫剂和除草剂的使用污染了河流，造成大量鱼类死亡。电子垃圾中的有害物质以及塑料制品也会污染土壤。还有随之而来的灾难：气温上升，形成的超级风暴、干旱

① MARSH G P. Man and Nature：Or Physical Geography as Modified by Human Action［M］. Cambridge：Belknap Press，1965：44.

及洪涝，海洋酸化及世界渔业的崩溃，南北极冰雪融化和海平面的上升。

现在还有一些人在用阴谋论自欺欺人，难道他们看不到北极的冰川几乎融化殆尽了吗？甚至科学家发现北极的温度最高达到了43℃，这还不足以说明问题吗？由于人类对煤和石油等化石燃料的大量使用，导致了大气中二氧化碳气体的持续增加，这种与人类活动有联系的事实已经得到国家和科学界的普遍承认，我们真应该为此担负起责任，而不是再找借口推脱。

更为直观地来看，我们的建筑变得越来越高，现代大都市夜晚的灯光越来越明亮，喧嚣的噪音也在以更高的分贝刺激着我们的耳膜。我们再想一想：有2600多颗人造卫星在围绕着地球盘旋，有8亿辆汽车行驶在道路上，有3万多架民航飞机和5万多架军用飞机在天空上翱翔，有9万多艘各类船舶航行在水面上，还有1000艘左右的潜艇潜行在海底。众多的机器已经成为我们日常生活和城市生态的一个重要组成部分，我们要做的不是摆脱它们，实际上也无法摆脱，而是要改变与机器的关系，从一种依赖关系转变为一种共生关系。

尤其是在下一代人工智能机器即将到来之际，我们更应该开发一片可供机器茁壮成长的土地，让机器通过自主学习，学会如何生存，如何与环境共处，如何与人类共处。虽然机器的任何扰动都可能对自然造成负面的影响，这符合热力学第二定律，只有通过增加系统外（环境）的无序或熵增，才能在系统（如人类社会）内增加秩序。机器可以在人类社会中创造“秩序”（在建筑物、工厂、交通网络、通信系统等中表现出来的秩序），它是以增加环境“混乱”为代价的。但当我们从整个宇宙来看时，我们还是可以找到解决之道，我们可以在局部范围内使用能量来反击熵增，并维持人类生存和发展必需品的供给，我们要学会利用太阳丰富的能量，它可以为我们提供N个世纪的给养，关键是要发明高效转化太阳能量的机器。目前，太阳能和风能发电总量只占全球发电量的10%，可见未来我们还有很长的路要走，如在多晶硅、钢、铝、半导体芯片、铜等纷纷涨价的时候，太阳能行业也面临着许多潜在的阻力。总之，自从建造金字塔的时代以来，人类世界从未在如此短的时间内发生过如此巨大的物质环境的变化，而这些变化又是科学的进步直接推动技术创新的结果。

四、难以改变人性

当今的世界物质空前富足，人类的物质生活越来越丰富多彩，然而我们对这个被大量物质包围着的世界又有多少了解呢？由于当代生产的复杂性，即使那些对制造产品负有专业责任的人，如工程师、工人、科研人员等，也往往难以透彻了解其全貌，因为他们只是专家，这也意味着他们会被狭隘的知识所困。

物质产品往往会掩盖人们对材料、工具、组件和包装生产链的认知。没有人能够像过去的通才那样拥有全面的知识，大规模生产的问题是，视野越广，越难以看清近在咫尺的东西。

而使大规模生产成为可能的机器本身成就了非凡的工艺壮举，这种缺乏透明度的流程导致了一系列的道德困境，规模和距离给消费者带来一系列挑战，因为你不知道生产者在产品里添加了什么东西，那些化学添加剂虽然标注在包装上，但是它们对身体有什么影响却不清楚，而且添加的剂量大小也没有说明。所以，生产者和消费者之间的信息差会导致社会结构的破裂，不信任和仇恨会在阴暗的角落里滋生。

当机器深刻地改变世界的同时，它是否也在给人类的精神消毒？或者说，人类在获得物质福利时能否以牺牲自由为代价？在以科学为主导的近 400 年间，机器在认识经验世界方面发挥了无与伦比的价值，但是科学是否足以理解人性？以科学为理论基石的技术发明——机器决定了物理世界的面貌，那么，它能否决定你做事的方式，决定你能做什么或者不能做什么？

科学的成功源于它很好地解释和预测了世界，科学方法论的核心是将自然和自然有机体看作一台机器。不是因为蜜蜂或黑猩猩像电脑或电视一样工作，而是因为它们像所有机器一样缺乏能动性和意志，它们只是它们自己命运的潜在主体，是自然力量操纵的对象。那么，我们人类又是处于自然的何种境地呢？我们是生物体中独一无二的吗？我们可以塑造自己的命运吗？我们有目的、能动、意识和意志吗？我们能够打破大自然的生物和物理规律的束缚吗？

长期以来，关于人性的话题一直令人倍感兴趣，因为每个人都会以此作为一把尺子来衡量自己和他人的言行，并预测他人可能对周围环境的各种反应，因此我们都需要一种关于什么使人兴奋或使人沮丧的理论。这很大程度上取决于关于人性的理论。在我们的日常生活中，人性的理论可以帮助我们赢得朋友或影响他人，帮助我们处理人际关系，培养我们的孩子，并控制我们的行为。人性的理论对学习的假设指导了我们的教育政策，对动机的假设指导了我们的政治和法律政策。

中国传统的人性论有“性善论”“性恶论”“不善不恶论”等，西方在经历了中世纪基督教的人性理论后在 20 世纪主要有 3 种世俗人性理论，这些学说通常被称为“白板说”“高贵的野蛮人”和“机器中的幽灵”。

“白板说”是英国哲学家约翰·洛克所创的理论，他认为我们每个人生下来时除了一些本能外，其他的一切天性都是由后天的经验决定的。它不仅是一个经验的假设，而且在今天仍然具有道德和政治上的意义。“白板说”意味着教条，如君权神授，不能被视为不言而喻的真理，它从人的大脑中产生出来，而且必须由人们共享的经验来证明，因此是可以辩论的。“白板说”是革命性的，它打破了世袭的皇室和贵族高人一等的固有观念，如果他们的大脑和普通人的大脑一样是空白，那么他们就不能声称自己具有先天的智慧或美德。同样，“白板说”也破坏了奴隶制度，因为奴隶不能被认为是天生低下的。

“高贵的野蛮人”则是法国哲学家卢梭提出的一种观点。他认为原始社会是最美好的社会，原始人是最高贵的，理性是不可靠的，知识的进步有碍于人类的幸福。而与卢梭同时代的霍布斯对自然状态下的生活的描绘则大相径庭，从他的名言“人对人像狼一样”就可窥得一斑，支配人性的力量是欲望和恐惧，人是利己的。

“高贵的野蛮人”是很有吸引力的一种学说，它是对一切自然事物，如天然食物、天然药物、自然分娩等的广泛尊重，同时也是对任何人造事物（如机器）的不信任。它是对专制式儿童教育方式的批判，这种方式已经流传至今并仍在使用。它对我们的社会问题的理解是：不将它归结为人类的内在品性使然，而是将它作为可以被我们修复的缺陷。

第三种学说是笛卡儿创立的，他认为人的思想或心灵与身体完全不同。这一观点后来被英国哲学家吉尔伯特·赖尔（Gilbert Ryle）讥讽为“机器中的幽灵学说”。这种观点同样很有吸引力，因为它给人以希望，即我们拥有自由意志，并且思想可以在身体死亡后幸存下来。人们不喜欢把自己想象成一堆发条组成的机器。我们通常认为，机器是无感的，它们只有一些工作上的作用，如磨面或织布。相比之下，人类是有感情的，有一些更高的目的，如爱、崇拜、对知识和美的追求。机器遵循不可抗拒的物理定律，而人类的行为是可以自由选择的。有了选择就会对未来的可能性感到乐观，有了选择也就有了责任，有了让他人对自己的行为负责的权力。①

这些不同的观点尽管各有各的拥趸，然而现代科学却告诉我们没有什么灵魂，也没有什么超自然的东西，只有物质和能量在虚空中漫无目的地旋转。科学告诉我们，眼睛是一台相机，心脏是一个血泵，人脑是一台思维机器。我们所有的知觉、情绪、最深切的渴望、最深切的喜怒哀乐，甚至自由意志都是由大脑引起的。虽然我们都是科学的忠实粉丝，但我们还是很难接受这样的说法，“你没有什么特别之处！你只是一个没有灵魂、无私的一大块肉！”机器既然能

① PINKER S. The Blank Slate：The Modern Denial of Human Nature［J］. The General Psychologist，2006（1）：1-8.

够决定物质世界，那么，它又为什么不能决定人的精神世界，不能解决生命的意义、生活的意义呢?

整个18世纪上半叶，关于宇宙结构的科学观点已经形成两个对立体系：笛卡儿体系和牛顿体系。笛卡儿物理学在法国和欧洲大陆的大部分地区都占据主导地位，而牛顿力学则“统治”着英国。

1727年春，年轻的伏尔泰从巴黎前往伦敦，然后，他突然发现自己被两种不同的世界观所困扰，由于受到严重的文化冲击，他便写信给家乡的朋友倾诉：一个法国人到了伦敦，发现科学观点发生了巨大变化，这使人感到疲惫。他离开时世界是满满的，但等他回去时却发现世界是空的。在巴黎，你会看到宇宙是由微妙的物质组成的微小旋涡；而在伦敦，我们却什么也看不到……在笛卡儿主义者那里，所有的变化都是由物体之间的碰撞来解释的，我们对此并不了解；在牛顿主义者那里，它是通过一种更加模糊的吸引力完成的。在巴黎，你觉得地球的形状就像一个圆瓜；在伦敦，它的两边都是平的。

结果我们今天都已经很清楚，牛顿力学成为世界主流的观点，但是它却在20世纪被相对论和量子力学所取代。那么，这是不是说科学只是一种观察世界的进化方式，而不是确定客观真理的手段。既然科学是可疑的，那么它认识的自然也就值得怀疑。

正如尼采所说的那样：“科学在证明它可以带走并消灭这些目标之后，是否可以提供行动的目标。”① 他明智地认识到，在揭示关于我们的本性和宇宙本质的真相时，科学可能会让我们完全失去信心。科学不是万能的，它只能告诉我们是什么，不是什么，而不能告诉我们该怎么做，或者对是什么或不是什么有什么样的感觉。科学问题是事实问题，而不是价值问题。科学在从宗教下面抽走地毯的同时，还给我们留下了许多东西——艺术、文学、哲学、政治、道德、人际关系，甚至还有其他的某类精神实践。

在科学和技术发展中创造出来的机器，使我们的世界与古代世界不同，但是由于巨大的变化只在短短的几百年间才出现，它对于改造物质世界的影响力还难以作用于我们的精神世界，更何况我们的生物基因和文化基因在漫长的进化中已经根深蒂固，又怎么能期望它在短期内就改变人心或人性呢？物理世界并不是世界的全部，莎士比亚在《哈姆雷特》中说：“天地之间的事物可能比你的哲学所梦想的还要多。”② 改变也只是呈现在我们能够看得见的地方，那些隐

---

① HUNT L H. Nietzsche and the Origin of Virtue [M]. London: Routledge, 1993: 106.

② HUI A. Horatio's Philosophy in Hamlet [J]. Renaissance Drama, 2013 (1/2): 151.

藏于内心深处的东西是看不见的，那正是我们要不断超越的路标，即我们要把目标指向物质世界之外的现实。

毫无疑问，在过去的几百年里，世界经历了物质福利的转变，从衣服、食物、交通、卫生、教育的增加，到人工照明成本的下降，这些看似平凡却又极为重要的变化一直让人类高唱赞歌。然而，事情好像也在发生另外的变化，经济活动的增加开始与人类的福祉脱钩。

这种分歧每天都在世界各地上演，当强大的公司和政治利益集团以经济"进步"的名义破坏弱势群体的生活时，这种分歧就被残酷地隐藏在全球 GDP 增长的统计数据中。最近的一篇报道描述了生活在亚马逊雨林的原住民是如何被迫离开他们的土地，为巴西阿尔塔米拉的贝洛蒙特水电站让路的。其中一位名叫雷蒙多·布拉戈·戈麦斯（Raimundo Brago Gomes）的人告诉我们："我不需要钱就能活得很开心。我的整个房子都是大自然……我有自己的一片土地，在那里我种植了一些东西，各种各样的果树。我捕鱼，制作木薯粉……我养育了三个女儿，为自己的所作所为感到骄傲。我很富有。"① 但是现在，他领取国家养老金，在支付房租和电费后，他每天只剩下大约 50 美分来养活自己、妻子、女儿和孙子。

这或许是另外一个话题，世界会变得更好吗？

① Paul Murdin. Full Meridian of Glory：Perilous Adventures in the Competition to Measure the Earth［M］. New York：Copernicus Books，2009：51.

后　记

终于到了开始写后记的时刻，本人不禁长吁了一口气。由于时间紧张，除了工作和必要的放松之外，本人每天都一心扑在查找资料、构思和写作上。最让人感叹的是，还无时无刻不受到手机的干扰，简直让人无法安静下来专心做一件事情。尤其是在新冠疫情期间，各种信息、打卡、沟通、会议等都要通过手机来完成，你不知道铃声响一下意味着什么，只有拿出手机看一看才能确定。因此，机器一方面增强了人对自然的操控，另一方面增加了人自身的异化，人与机器的互动不是通过任何创造性的方式展开的，而是以一种令人难以置信的无聊和单调的方式发生的。作为结果，人的有限时间被浪费了。

本书主要是从历史主义的视角和东西方的交流方面来探讨今天的世界是如何形成的，尤其是自第一次工业革命之后开启的人类魔幻之旅的这段历程。作为一本通俗读物，本书以机器为中心，从贯穿于人类生活的衣食住用行等基本方面入手，介绍了机器在历史的长河中是如何取代人的手脚并逐渐发展起来的，最后塑造了今天世界的样子。其中，在介绍机器的演变过程、机器传播中的相互影响、发明家的故事、机器的基本用途、工作原理等方面也有详有略，本人希望能够以深入浅出的语言，融知识性、趣味性和思想性于一体，向读者展示一个丰富多彩的创造历程，记住那些为了人类美好生活而奋斗的先驱们，了解世界的现状与未来的发展趋势，激发我们的想象力和探索精神。

之所以能够如期完成写作，首先要感谢父母、妻子、孩子的背后支持，没有他们的付出，本人就可能需要花费更多的时间、精力来应对无所不在的压力。其次，也要感谢所在单位河南牧业经济学院提供的项目资金资助，其中包括：科研创新团队项目和博士科研基金项目。最后，还要感谢同事、同学、朋友的鼓励和期望，使自己获得了更多的信心和动力。

由于本人水平有限，本书中如有错漏之处，恳请读者批评、指正、包涵。

2021 年 10 月 31 日